Erkenntnisse und Irrtümer in Medizin und Naturwissenschaften

Hans R. Kricheldorf

Erkenntnisse und Irrtümer in Medizin und Naturwissenschaften

Springer Spektrum

Hans R. Kricheldorf
Institute for Technical and Makromolekular
Chemistry
Universität Hamburg
Hamburg
Deutschland

ISBN 978-3-662-43362-1 ISBN 978-3-662-43363-8 (eBook)
DOI 10.1007/978-3-662-43363-8

Die Deutsche Nationalbibliothek verzeichnet diese Publikation in der Deutschen Nationalbibliografie; detaillierte bibliografische Daten sind im Internet über http://dnb.d-nb.de abrufbar.

Springer Spektrum

Planung und Lektorat: Dr. Rainer Münz, Anja Groth
Redaktion: Frauke Bahle, Merzhausen
Einbandentwurf: deblik, Berlin

Gedruckt auf säurefreiem und chlorfrei gebleichtem Papier

Springer Spektrum ist eine Marke von Springer DE. Springer DE ist Teil der Fachverlagsgruppe Springer Science+Business Media
www.springer-spektrum.de

„Wenn in den Naturwissenschaften ein Irrtum spät entdeckt wird, kostet das meist nur Steuergelder. Wenn in der Medizin ein Irrtum spät erkannt wird, kostet das meist Menschenleben."

Hans R. Kricheldorf

Für Marianne Nawe sowie für Greti und Horst Werther, die durch ausschließlich symptomatische Behandlung Colitis ulcerosa bzw. Morbus Crohn vorzeitig sterben mussten.

Danksagung

Bei der zügigen Fertigstellung des vorliegenden Buches haben mich mehrere Kollegen, Freunde und Bekannte unterstützt, bei denen ich mich hiermit bedanken möchte.

Prof. Christian Jürgens (Universität Lübeck) hat alle Kapitel mit medizinischem Themen überarbeitet. Dr. Anke und Prof. Dr. Peter Heisig (Universität Hamburg) haben das Kapitel „Genetik und Darwinismus“ nachgebessert. Dr. Norbert Czerwinski (Karlsruher Institut für Technologie) verdanke ich die elektronische Bearbeitung der Abbildungen. Prof. Saber Chatti (INRAP, Tunis) hat die Formeln von Retinal beigetragen, Dr. Rainer Münz (Springer Verlag) hat zur Struktur des Buches hilfreiche Anregungen gegeben und Frau Frauke Bahle hat das Manuskript redaktionell überarbeitet.

Hamburg, im Mai 2014 Hans R. Kricheldorf

Inhalt

1 Einleitung

„Die zehn Gebote Gottes sind deshalb so klar, weil sie ohne Mitwirkung einer Expertenkommission zustande gekommen sind."

(Charles De Gaulle)

Literatur über Naturwissenschaften im Allgemeinen kommt aus verschiedenen Bereichen und mit verschiedenen Intentionen. Philosophen und Wissenschaftstheoretikern diskutieren gerne über Sinn, fundamentale Strukturen, Erkenntnisgrenzen und Zuverlässigkeit naturwissenschaftlicher Forschung. Für manche wissenschaftstheoretischen Beiträge aus dieser Ecke ist zu beobachten, dass sie „die Wissenschaft" und „die Wissenschaftstheorie" im Allgemeinen behandeln, ohne den Wissenschaftsbegriff zu definieren und ohne zwischen verschiedenen Kategorien von Wissenschaften, zum Beispiel Geistes- und Naturwissenschaften, zu unterscheiden. Daher wurde in Abschn. 1.4 der Versuch gemacht, an einigen Beispielen verschiedener Wissenschaften die gravierenden Unterschiede hinsichtlich Zielsetzung und Arbeitsmethoden aufzuzeigen. Eine Konsequenz mangelnder Differenzierung ist, dass Schlussfolgerungen getroffen werden, die im Hinblick auf die Naturwissenschaften zumindest merkwürdig klingen. Dazu einige Beispiele:

Lorenz Krüger schreibt im Vorwort zu *Die Entwicklung der neuen Studien der Struktur der Wissenschaftsgeschichte* von Thomas Kuhn: „Für die Erforschung der Wissenschaft, insbesondere auch der Wissenschaftsphilosophie, markiert das Werk T. Kuhns einen wichtigen Einschnitt; vor-Kuhnsche und nach-Kuhnsche Wissenschaftsbetrachtung erweisen sich im Grundsatz nach Zielsetzung, Thematik und Methoden als zunehmend deutlicher unterschiedene Unternehmungen." Ein ausführlicher Kommentar zum Gesamtwerk von T. Kuhn folgt in Abschn. 1.4.

Stephen Toulmin schreibt in *Voraussicht und Verstehen – Ein Versuch über die Ziele der Wissenschaft* (S. 76): „Genauso wie die Frage ‚Ist die Musik in ihrer Art gut?' eine andere Frage ist als ‚Ist dies gute Musik?', so gibt es in der Wissenschaft die beiden verschiedenen Fragen ‚Ist dieses Ergebnis in seiner Art natürlich und selbstverständlich?' und ‚Ist dies ein Beispiel für die natürliche und selbstverständliche Art von Vorkommnissen?'"

Und auf Seite 16 schreibt er: „Tatsächlich darf man zweifeln, ob es jemals so etwas wie eine endgültige Darstellung der Ziele der Wissenschaft geben kann, vor allem eine die gleichzeitig erschöpfend und kurz wäre." Die Antwort des Autors ist in Abschn. 1.2 zu finden. Toulmin erläutert weiter auf Seite 17 und 19: „Die Wissenschaft hat nicht ein Ziel sondern viele." Und: „Die Wissenschaft als Ganzes – die Tätigkeit, die Zwecke, die Methoden und Ideen – entfaltet sich in der Variation und Selektion." Weiter: „Es gibt kein Universalrezept für alle Wissenschaften und alle Wissenschaftler, genauso wenig wie es eines für alle Kuchen und für alle Köche gibt. Es gibt viele Dinge in der Wissenschaft, die überhaupt nicht nach vorgegebenen Regeln und Methoden gemacht werden können."

Noch krasser klingt diese Sichtweise bei dem als skeptischer Wissenschaftstheoretiker bekannte Paul Feyerabend. In seinem Werk *Wider den Methodenzwang* ist auf Seite 31 zu lesen: „Es ist also klar, dass der Gedanke einer festgelegten Methode oder einer festgelegten Theorie der Vernünftigkeit auf einer allzu naiven Anschauung vom Menschen und seinen sozialen Verhältnissen beruht. Wer sich dem reichen von der Geschichte gelieferten Material zuwendet und es nicht darauf abgesehen hat, es zu verdünnen, um seine niedrigen Instinkte zu befriedigen, nämlich der Suche nach geistiger Sicherheit in Form von Klarheit, Präzision, ‚Objektivität', ‚Wahrheit', der wird einsehen, dass es nur einen Grundsatz gibt, der sich unter allen Umständen und in allen Stadien der menschlichen Entwicklung vertreten lässt. Es ist der Grundsatz: *Anything goes.*" Ein Kommentar zu diesem Philosophen und seiner These findet sich in Abschn. 2.3.

Eine zweite Herkunft mehr populärwissenschaftlicher Publikationen sind Wissenschaftsjournalisten mit unterschiedlicher Vorbildung. Publikationen von dieser Seite verfolgen vorwiegend zwei Marschrichtungen. Entweder sie präsentieren Fortschritte in Naturwissenschaft und Technik in lobenden Worten, oder sie kritisieren Irrtümer, unzuverlässige Aussagen sowie Schäden für Mensch und Umwelt. Ein Beispiel für positive, geradezu schwärmerische Berichterstattung ist Gustav Schenk, der in den 1960er- und 1970er-Jahren mehrere gut bebilderte, lesenswerte populärwissenschaftliche Bücher über verschiedene Forschungsbereiche der Naturwissenschaften herausbrachte. In der Einleitung seines Werkes *Das Unsichtbar Universum* schreibt er: „Die Naturwissenschaft ist das geistige Medium, das uns umhüllt. Die Naturwissenschaft gibt auch denen Atemluft, die nichts von der Wissenschaft wissen. Unter den Naturwissenschaften ist es die Physik, die in unserer Zeit den menschlichen Geist lenkt und ihm alle grundlegenden Inhalte gibt." Ein Hoch auf den naturwissenschaftlichen Weltgeist möchte man hier hinterherrufen.

Die Bücher *Irrtümer der Naturwissenschaften* von Luc Bürgin und *Kampf gegen die Natur – Der gefährliche Irrweg der Wissenschaft* von Konrad Adam sind zwei typische Vertreter der kritischen, in den letzten Jahrzehnten zunehmend beliebteren Marschrichtung. Das Buch von Adam ist kein auch nur annähernd objektiv informierendes Sachbuch, sondern eine Hetzschrift gegen die Naturwissenschaften im Allgemeinen und gegen Naturwissenschaftler im Besonderen. Adam verwendet viele Seiten auf die Diffamierung einiger Naturwissenschaftler, über deren charakterliche Qualitäten man sicherlich geteilter Meinung sein kann. Dazu gehören die Väter der ersten Atombombe, ferner Edward Teller, der Urheber der Wasserstoffbombe, und schließlich auch der Raketenexperte Werner von Braun, der erwiesenermaßen Leiden und Tod Tausender Zwangsarbeiter in Kauf nahm, um seine Ziele zu erreichen. Die übrigen Naturwissenschaftler werden in Sippenhaft genommen. Adams Strategie auf eine andere Bevölkerungsgruppe übertragen, könnte zum Beispiel lauten: Alle Katholiken sind Massenmörder, weil Papst Urban II. und mehrere Nachfolger zu Kreuzzügen aufriefen, in deren Gefolge Millionen Menschen umgebracht wurden.

Bürgin schreibt in der Einleitung seines insgesamt spannend und lesenswert geschriebenen Buches über Irrtümer in den Naturwissenschaften: „Beispiele dieser Art vernehmen Studenten während ihrer Ausbildung selten, denn wie alle Menschen haben auch Naturwissenschaftler die seltsame Neigung, unangenehme Entwicklungen innerhalb ihrer Disziplin mit den einherziehenden Jahren zu verdrängen. Mit geschwellter Brust verkaufen sie ihren Schützlingen Wissenschaft als eine Geschichte von Erfolgen. Die internen Machtkämpfe, die großen Durchbrüche, die vorangingen, werden großzügig unter den Tisch gekehrt. Diesem Makel will dieses Buch begegnen, indem es die wissenschaftlichen Tragödien beim Namen nennt und von kapitalen Irrtümern und Fehlurteilen berichtet, die in unseren Lehrbüchern verschwiegen oder in wenigen Zeilen vernebelt werden.“ Damit zeigt L. Bürgin, dass er die Probleme naturwissenschaftlicher Studiengänge nicht kennt. Er ignoriert:

- Lehrbücher sind nicht dafür da, um über Irrtümer zu berichten, sondern um das rapide wachsende Wissen kompakt zu sortieren, zu komprimieren und didaktisch aufzubereiten.
- Studenten sind sinnvollerweise vor allem daran interessiert, den für Prüfungen relevanten Stoff zu lernen und das Studium möglichst schnell zu beenden, um eine gut bezahlte Stelle in der Wirtschaft erreichen.
- Viele Universitäten bieten Vorlesungen zur Geschichte der Naturwissenschaften an, in denen über Irrtümer ausgiebig berichtet wird. Doch werden diese Vorlesungen mangels Prüfungsrelevanz nur von wenigen Studenten besucht.
- Die erwähnten Irrtümer wurden nicht von Journalisten oder Philosophen, sondern von Naturwissenschaftlern erkannt und korrigiert (s. Sektion II).

L. Bürgin schreibt ferner: „Wissenschaftler vergangener Zeiten … hätten sie heute ihr Allgemeinwissen unter Beweis zu stellen, würde wohl auf einen Schlag klar, was sie zuvor wohl nur vage bedacht hatten, dass nämlich Objektivität immer nur im historischen Rahmen bedacht werden darf. Noch nie war klarer als heute, wie schnell sich wissenschaftliche Bezugssysteme zu verändern pflegen. Noch nie war deutlicher, dass sich das, was gemeinhin als objektive Erkenntnis bezeichnet wird, bereits morgen als subjektive Meinung entpuppen kann.“ Diese Aussage zusammen mit den zitierten historischen Irrtümern legen dem unerfahrenen Leser nahe, es gebe überhaupt keine langfristig verlässlichen Erkenntnisse der Naturwissenschaften.

Diese Fundamentalkritik an der Verlässlichkeit naturwissenschaftlicher Erkenntnisse stammt nicht von L. Bürgin, sondern von einer dritten Gruppe von Autoren, die sich regelmäßig zu Sinn und Eigenschaften der Naturwissenschaften äußern, nämlich von Wissenschaftstheoretikern und Naturwissenschaftlern, insbesondere von Physikern. Beispiele finden sich in den Ausführungen Karl Poppers mit dem Titel *Logik der Forschung*, in der von Reiner Hedrich verfassten Rezension des von dem Physiker Wilfried Kuhn publizierten Buches *Ideengeschichte der Physik* oder in dem Buch des Theoretischen Physikers Thomas Millack mit dem Titel *Naturwissenschaften und Glaube im Gespräch*. Stellvertretend soll hier der Physiker und Nobelpreisträger Max Born (1892–1970) zitiert werden:

> Ideen wie absolute Gewissheit, absolute Genauigkeit, endgültige Wahrheit und so fort sind Erfindungen der Einbildungskraft und haben in der Wissenschaft nichts zu suchen.

Auf diese Fundamentalkritik wird in Abschn. 1.3, 1.4 und Kap. 2 ausführlich eingegangen. Dass weit überwiegend Physiker und nicht Geologen, Meteorologen, Chemiker oder Pharmazeuten sich berufen fühlen, dem Rest der Welt zu erklären, was und wie Naturwissenschaften zu verstehen sind, beruht auf einer langen Tradition, die ihre Wurzeln im 19. Jahrhundert hat. Wie in Abschn. 1.2 näher erläutert, glaubten die Physiker am Ende des 19. Jahrhunderts, den Lauf der Welt mittels einer Handvoll von Naturgesetzen erklären zu können. Sie empfanden ihr Fach als „Leitwissenschaft“ mit der Berechtigung, die gesamten Naturwissenschaften repräsentieren zu können, und diesen Anspruch erheben manche Physiker auch noch zu Beginn des 21. Jahrhunderts. Nun sind, wie in Kap. 1 und 2 dargelegt, die Eigenschaften der Fachrichtung Physik und ihrer Geschichte nicht in jeder Hinsicht für alle Naturwissenschaften repräsentativ, und Verallgemeinerungen aus dem Bereich Physik können sich als Halbwahrheiten erweisen, die zu Fehleinschätzungen Anlass geben.

Fundamentalkritik an der Glaubwürdigkeit naturwissenschaftlicher Forschungsergebnisse kommt allerdings auch vonseiten andere Naturwissenschaftler. So schreibt der Professor für Biochemie Robert Shapiro in seinem Buch *Origins* (Ursprung des Lebens) auf Seite 37 unter der Überschrift *Science – realm of doubt*: „I have chosen this title to make the strongest possible contrast between the common view of science described above and its essence. Science is not a given set of answers, but a system for obtaining answers. The method by which the search is more important than the nature of the solution. Questions need not to be answered at all, or answers may be produced and then changed. It does not matter how often or profoundly our view of the universe alters, as long as these changes take place in a way appropriate to science."

Dieser Charakterisierung der Naturwissenschaften muss aus zwei Gründen widersprochen werden. Erstens: Wenn das Fragen und Antworten sowie das immer wiederkehrende Modifizieren der Antworten (Erkenntnisse) kein Ziel hat, betreiben Naturwissenschaftler nur ein geistreiches Gesellschaftsspiel und eine gigantische Vernichtung von Steuergeldern. Das erste Ziel kann nur heißen, einer möglichst zutreffenden und möglichst zuverlässigen Beschreibung und Analyse von Naturphänomenen möglichst nahezukommen. Das weitere Ziel besteht in der Nutzung dieser Erkenntnisse zum Wohle der Menschheit. Zweitens: Shapiro ignoriert die Wurzeln der Naturwissenschaften. Die Menschheit hat sich während ihrer Emanzipation vom Menschenaffen bemüht, Regelmäßigkeiten und gesetzliche Abläufe in der sie umgebenden Natur zu erkennen und in die Zukunft zu extrapolieren (Kap. 2). Diese von der Evolution schon im Säugetiergehirn angelegte Fähigkeit war nicht als Spielerei gedacht, sondern als Strategie, um in einer von Mikroben, Gliederfüßlern (Arthropoden) und Naturkatastrophen beherrschten Welt einige Jahrmillionen überleben zu können.

Schließlich soll hier noch der Biologe Rupert Sheldrake erwähnt werden, der 2012 ein Buch mit dem Titel *Der Wissenschaftswahn* publizierte. Dieses Buch enthält manche bedenkenswerte Fragestellungen und Kommentare, aber als Ausgangspunkt seiner Ausführungen findet sich in der Einleitung auch folgende Aussage (S. 15): „In diesem Buch vertrete ich die Ansicht, dass die Naturwissenschaft von ihren eigenen jahrhundertealten und inzwischen zu Dogmen verhärteten Ansichten ausgebremst wird. Wissenschaft wäre ohne diese Annahmen besser daran, nämlich freier und interessanter, und würde mehr Spaß machen." Diese Ansicht erinnert verdächtig an P. Feyerabends „Anything goes." Wirklich problematisch sind dann jedoch die folgenden Sätze:

„Der größte Wahn der Naturwissenschaft besteht in der Annahme, sie wüsste bereits die Antworten. Zwar müssten die Details noch ausgearbeitet werden, aber im Prinzip seien die Grundprobleme gelöst." Diese Behauptung muss nun schlicht als Unwahrheit bezeichnet werden. Jeder Wissenschaftler, der auch nur über ein Minimum an Selbstkritik verfügt, ist sich bewusst, dass das Meer des Unbekannten und Unerforschten unendlich größer ist als die Nussschale des Wissens, in der er sich fortbewegt. Ergänzend sei der österreichische Naturforscher Adolf Pichler (1817–1900) zitiert: „Die Forschung ist immer auf dem Weg und nie am Ziel." Auf Seite 17 seines Buches stellt Sheldrake auch die Behauptung auf, es gebe in Naturwissenschaft und Medizin das Dogma „Mechanistische Medizin ist die einzig wirksame Medizin". Der Autor des vorliegenden Buches hat noch keinen Arzt kennengelernt, der diesem Dogma anhängt, und Sheldrake ignoriert und diffamiert Selbstverständnis und Intentionen von Psychoanalyse, Psychotherapie und Psychosomatik (Kap. 3).

Die teils seltsamen, teils irreführenden, teils diffamierenden Kommentare, welche über die Naturwissenschaften von verschiedenen Seiten zum Besten gegeben werden, haben den Autor zu dem Versuch motiviert, das Bild der Naturwissenschaften wieder etwas gerade zu rücken. Das weltweite Fortschreiten naturwissenschaftlicher Forschung produziert täglich einen immensen Fluss neuer Daten und damit auch neue Hypothesen und Erkenntnisse. Da die Naturwissenschaftler so wenig wie andere Menschen perfekte Roboter sind, wird die Datenflut auch von einem, allerdings um Zehnerpotenzen geringeren, Fluss an Fehleinschätzungen und irrtümlichen Interpretationen begleitet, von denen aber nur ein äußerst geringer Anteil einer breiteren Öffentlichkeit bekannt wird.

Was bei dieser nicht gerade neuen Erkenntnis aber meist unterschlagen wird, ist die Tatsache, dass die Naturwissenschaften auch über einen automatischen „Selbstheilungsmechanismus" verfügen. Dieser beruht darauf, dass der Aufbruch in Neuland immer mithilfe von zuvor erarbeiteten Kenntnissen, Methoden, Geräten und Materialien erfolgt. Dabei wird das zuvor erarbeitete Wissen einer ständigen Überprüfung unterzogen, die ggf. zu Korrekturen führt. In anderen Worten, Grundlagenforschung hat den Charakter eines Januskopfes, der einerseits in die Zukunft und auf das wissenschaftliche Neuland blickt, aber andererseits auch stets die früheren Ergebnisse im Auge behält und kontrolliert. Dabei muss auch gesehen werden, dass Entdeckung und Korrektur eines Irrtums meist einen besonders fruchtbaren Erkenntnisgewinn darstellen, und in den Naturwissenschaften ist jeder Irrtum mit seiner Korrektur ein Gewinn an Erkenntnis. Hierin unterscheiden sich die Naturwissenschaften vom Alltagsgeschehen, über das der Schriftsteller Erich Kästner (1899–1974) bemerkte: „Irrtümer haben ihren Wert, jedoch nur hie und da. Nicht jeder der nach Indien fährt, entdeckt Amerika."

Die zwei wichtigsten Ziele, welche dieses Buch verfolgt, sind:

- Es soll der Frage nachgegangen werden, ob und inwieweit die Naturwissenschaften langfristig verlässliche Erkenntnisse hervorbringen können (Teil I).
- Es soll an einer Auswahl älterer und neuerer Beispiele demonstriert werden, wie Irrtümer durch das Voranschreiten der Forschung wieder beseitigt werden, womit auch ein Blick in die Entstehungsgeschichte der modernen Medizin und Naturwissenschaften verbunden ist (Teil II).

Literatur

Adam K (2012) Kampf gegen die Natur – Der gefährliche Irrweg der Wissenschaft. Rowohlt, Berlin

Bürgin L (1997) Irrtümer der Wissenschaft. Herbig, München

Feyerabend P (1983) Wider den Methodenzwang. Suhrkamp, Frankfurt a. M.

Hedrich R (2003) Book Review: Wilfried Kuhn „Ideengeschichte der Physik – Eine Analyse der Entwicklung der Physik im historischen Kontext". J Gen Philos Sci 34: 159

Krüger L. (1978) Vorwort. In Kuhn T. Die Entwicklung des Neuen. Studien zur Struktur der Wissenschaftsgeschichte. Suhrkamp, Frankfurt a. M.

Kuhn W (2001) Ideengeschichte der Physik – Eine Analyse der Entwicklung der Physik im historischen Kontext. Vieweg, Braunschweig

Millack T (2009) Naturwissenschaft und Glaube im Gespräch. Onken, Kassel

Shapiro R (1986) Origins – a skeptics guide to the creation of life on earth. Bantham Books, New York

Sheldrake R (2012) Der Wissenschaftswahn. O. W. Barth, München

Toulmin S (1968) Voraussicht und Verstehen. Ein Versuch über die Ziele der Wissenschaft. Suhrkamp, Frankfurt a. M.

Teil I

Erkenntnisse und Definitionen

2 Was versteht man unter Naturwissenschaften?

„Jeder Fehler scheint unendlich dumm, wenn andere ihn begehen.“
(Georg Ch. Lichtenberg)

2.1 Wie erfolgt eine Definition?

Wenn Menschen miteinander reden, passiert es häufig, dass einer der Gesprächspartner einen Begriff verwendet, den der andere nicht versteht. Bemerkt er dies, wird er aus Höflichkeit oder im Interesse eines besseren gegenseitigen Verständnisses versuchen, den unverstandenen Begriff zu erklären. Damit steht er bewusst oder unbewusst vor dem Problem, eine sinnvolle Definition auf die Beine zu stellen. Richtig zu definieren ist also nicht nur ein geistiges Hobby von Wissenschaftlern und Philosophen, sondern ein Problem, das in jedem Alltagsgespräch auftreten kann.

Der Autor machte jedoch bei der Befragung von Chemiestudenten und promovierten Chemikern die Erfahrung, dass zumindest dieser Teil der Naturwissenschaftler meist nicht auf Anhieb erklären kann, wie eine Definition zustande kommt. Bei anderen Fachrichtungen mag die (Aus-)Bildung diesbezüglich besser sein.

Da in diesem Buch Definitionen eine wesentliche Rolle spielen, soll hier kurz auf diesen Begriff eingegangen werden. Definition ist ein Fremdwort, das von dem lateinischen „finis“ (Grenze) abstammt. Eine Definition begrenzt also die Bedeutung eines Begriffes und zeigt damit auch die Unterschiede zu ähnlichen Begriffen auf. Der amerikanische Wissenschaftshistoriker und Theoretiker Stephen Toulmin formulierte in seinem Essay *Ein Versuch über die Ziele der Wissenschaft* folgende Aussage (S. 21): „Definitionen sind wie Hosengürtel. Je kürzer sie sind, umso elastischer müssen sie sein. Ein kurzer Gürtel sagt noch nichts über seinen Träger, wenn man ihn hinreichend dehnt, kann er fast jedem passen. Und eine kurze Definition, die auf eine heterogene Sammlung von Beispielen angewandt wird, muss gedehnt, qualifiziert und umgedeutet werden, bevor sie auf jeden Fall passt.“

Dieser Aussage soll hier entgegengesetzt werden, dass es zum einen nicht der Zweck einer Definition ist, alle Beispiele einer heterogenen Sammlung zu umschließen. Zum anderen ist es der Vorzug einer engen Definition, dass sie präziser ist und damit das Risiko von Überlappungen und Fehlinterpretationen reduziert.

Die 2000-jährige Wissenschaftssprache Latein hat auch hier die kürzeste und präzise Gebrauchsanweisung parat: „Definitio fit per genus proximum et differentia specifica." Suche einen Überbegriff und separiere die dazu gehörigen Unterbegriffe durch spezifische Eigenschaften. Diese Vorgehensweise kann man als die Standardmethode des Definierens bezeichnen; sie beinhaltet aber auch den Clou, dass sie ihrer eigenen Gebrauchsanweisung nicht gehorcht. Das heißt, sie demonstriert gleichzeitig, dass es auch andere sinnvolle Methoden des Definierens gibt. Es gehört jedoch immer zu einer guten Definition, dass der zu erklärende Begriff in der Definition weder als Substantiv, noch als Adjektiv oder Adverb auftaucht. Die Definition eines Apfels als runde Frucht, die apfelartig aussieht, ist dementsprechend keine gute Definition. Allerdings ist Apfel auch ein Beispiel dafür, dass es bei trivialen Objekten des Alltags oft sehr schwierig ist, eine kurze, saubere Definition zu finden. Der russische Schriftsteller Fjodor Dostojewski (1821–1881) demonstrierte allerdings, dass man die komplexe Alltagserscheinung Mensch sachlich und formal richtig mit zwei Worten charakterisieren kann: „Der Mensch ist ein undankbarer Zweibeiner." Das Beispiel einer perfekten Fehlleistung findet sich zum Beispiel in Wikipedia mit der Erklärung: „Literaturwissenschaft ist die Wissenschaft von der Literatur."

Wenn Otto Normalverbraucher rasch definieren muss, geschieht dies meist mittels eines Nebensatzes, der mit „wenn" beginnt. Am Begriff Chemie lässt sich der Unterschied zwischen Standarddefinition und salopper Umgangssprache wie folgt illustrieren. „Chemie ist die Lehre von Struktur, Eigenschaften und Reaktionen von Atomen und Molekülen" oder „Chemie ist, wenn es stinkt und kracht".

Zum Schluss soll dem geneigten Leser die vielleicht schönste, sicherlich aber amüsanteste, in der deutschen Literatur zu findende Standarddefinition zur Kenntnis gebracht bzw. in Erinnerung gerufen werden. Sie stammt vom Physiklehrer des Gymnasiums in Babenberg. Babenberg liegt in der Feuerzangenbowle, und der Physiklehrer hat den Spitznamen „Bömmel". Als der neue Oberprimaner Pfeiffer zum ersten Mal in den Genuss einer Physikstunde kam, stand die Funktionsweise der Dampfmaschine zur Erklärung an. Und also sprach Bömmel (seiner Herkunft entsprechend in rheinischem Dialekt): „Wo simmer denn dran? Aha, heute krieje mer de Dampfmaschin. Also wat is en Dampfmaschin? Da stelle mer uns janz dumm. Und da sache mer so: En Dampfmaschin dat is eine jroße schwarze Raum, der hat hinten un vorne en

Loch. Dat eine Loch, dat is de Feuerung und dat andere Loch, dat krieje mer später!“ Damit ist Bömmel sicherlich ein aussichtsreicher Anwärter auf den Preis für die unspezifischste *differencia specifica* aller Zeiten.

2.2 Was heißt Naturwissenschaften?

In seinem Buch *Die exakten Geheimnisse unserer Welt* präsentiert der Autor Isaac Asimov eine einleuchtende Erklärung über den Ursprung der (Natur-) Wissenschaften, die hier verkürzt wiedergegeben werden soll (S. 11–13):

„An einem frühen Punkt der Entwicklung des Lebens trat jedoch bei einigen Organismen die Fähigkeit zur selbstständigen Fortbewegung auf. Das bedeutete einen ungeheuren Schritt nach vorne. [...] Auf diese Weise hielt das Abenteuer Einzug auf der Erde – und die Neugier. Lebewesen, die sich im Konkurrenzkampf um ein begrenztes Nahrungsangebot zu zögerlich oder bei der Erkundung ihrer Umwelt zu vorsichtig verhielten, verhungerten. Sehr früh wurde die Neugier an der Umwelt zu einer Vorbedingung des Überlebens. [...] Die Entwicklung hin zu immer komplexer strukturierten Organismen ging einher mit einer Vermehrung der Sinnesfunktionen und mit einer Spezialisierung und Verfeinerung der Sinnesorgane. Immer mehr und immer differenziertere Informationen aus und über die Umgebung konnten aufgenommen werden. [...] Irgendwann kommt ein Punkt, an dem die Fähigkeit, Informationen aus der Umwelt aufzunehmen, zu speichern und zu interpretieren, über die schiere Notwendigkeit der Daseinserhaltung hinauswächst. [...] Wenn die Neugier auch wie jedes andere menschliche Bedürfnis unerquickliche Formen annehmen kann, ... so bleibt sie doch eine der wohl wertvollsten Eigenschaften der menschlichen Natur. Denn die edle Seite der Neugier ist die Wissbegier – der Wunsch zu lernen. [...] Es scheint also, als ob die Wissbegier uns stufenweise in immer ätherischere und anspruchsvollere Bereiche der geistigen Betätigung führt – vom Wissen um Bewerkstelligung des Nützlichen zum Wissen um die Gestaltung des Schönen und zum ‚reinen‘ Wissen, d. h. zu der ‚Wissenschaft‘.“ Eine griffige Definition von Naturwissenschaft lieferte I. Asimov allerdings nicht.

Nun gibt es zahlreiche Schriften, in denen das Wesen der Naturwissenschaften als Ganzes beschrieben wird, meist im Zusammenhang mit anderen Wissenschaften und unter dem Aspekt der Wissenschaftstheorie. Derartige Schriften stammen typischerweise aus der Feder von Philosophen. Zudem gibt es zahlreiche Aufsätze oder Bücher, in denen Teilaspekte der Naturwissenschaften kommentiert werden, und hier sind Wissenschaftsjournalisten am häufigsten vertreten. Weiter gibt es seltener, aber besonders gewichtige Beiträge zum Verständnis der Naturwissenschaften vonseiten der Naturwissenschaftler selbst, insbesondere vonseiten der Physiker. Mehr als 95 % allen Schrifttums über Naturwissenschaften hat überraschenderweise gemeinsam, dass die Autoren keine Definitionen der zentralen Begriffe Naturwissenschaften und Grundlagenforschung präsentieren. Diese Tatsache kann zwei Ursachen haben. Entweder sind alle Autoren überzeugt, dass sie selbst und ihre potenziellen Leser diese Begriffe hinreichend klar verstehen und Definitionen daher überflüssig sind. Dann ist jedoch schwer verständlich, warum so viele unterschiedliche Ansichten über Naturwissenschaften publiziert wurden und werden. Oder die Autoren haben Angst, sich durch klare Definitionen angreifbar zu machen. Wie auch immer, dem vorliegenden Buch sind zwei Definitionen vorangestellt, nicht in der Annahme, die besten Definitionen aller Zeiten gefunden zu haben, aber in der Absicht, eine präzise Basis für konsistente Diskussionen zu bieten.

- **Naturwissenschaft** ist die Beschreibung aller Erscheinungen der Natur (und des Kosmos) sowie die Erklärung dieser Erscheinungen auf der Basis von (Natur-)Gesetzen und deren Wechselwirkungen.
- **Grundlagenforschung** ist die Suche nach Naturgesetzen sowie nach dem Verständnis ihrer Konsequenzen und Wechselwirkungen.

Charakteristisch für die Arbeitsweise (Methodik) der naturwissenschaftlichen Forschung ist die Suche nach Beobachtungen, Messungen und Experimenten, die unabhängig von Zeit, Raum und subjektiven Eigenschaften der Forscher reproduzierbar sind. Hierin besteht ein entscheidender Unterschied zu mehreren anderen Wissenschaften, worauf in Abschn. 2.5 näher eingegangen wird.

In seinem in 2009 erschienen Buch mit dem Titel *Naturwissenschaft und Glaube im Gespräch* geht der Theoretische Physiker Thomas Millack einen alternativen Weg. Anstelle einer kurzen Definition präsentiert er im zweiten Kapitel eine ausführliche Abhandlung seines Verständnisses von Naturwissenschaften, wobei er vor allem auf die Methodik (Beobachtung, Modellbildung, Verifikation, Vorhersage) eingeht und als charakteristische Eigenschaften die Begriffe objektiv, wiederholbar und formal diskutiert.

Das Wort Naturwissenschaften wird im nachfolgenden Text als Sammelbegriff verschiedener Fachrichtungen verwendet, die unter den Begriffen Astronomie, Biologie, Chemie, Geologie, Pharmazie, Physik usw. bekannt sind. Es gibt jedoch zwischen den einzelnen Fachrichtungen formale Unterschiede (die Existenz inhaltlicher Unterschiede ist trivial, sonst gäbe es keine verschiedenen Fachrichtungen), die dann eine Rolle spielen, wenn es um die Frage geht, inwieweit zentrale Begriffe wie Naturgesetzt, Modell, Hypothese, Reproduzierbarkeit für alle Fachrichtungen zutreffend definiert und verstanden werden können. Diese formalen Unterschiede sollen hier als (komplementäre) Polaritäten bezeichnet werden, denn es handelt sich nicht um Alternativen oder Gegensätze.

Bedeutung für das wissenschaftliche Weltbild des Menschen Die heutigen Fachrichtungen liefern aufgrund ihrer inhaltlichen Ausrichtungen sehr unterschiedliche Beiträge zum naturwissenschaftlichen Weltbild des Menschen und zu seinem Selbstverständnis. Die größten Beiträge können heute und in naher Zukunft von folgenden Fächern erwartet werden: Theoretische Physik im Verbund mit Kernphysik, Evolutionstheorie im Verbund mit Genetik und Gehirnforschung im weitesten Sinne. Die Chemie hat seit der Eliminierung des Vitalismus Anfang des 19. Jahrhunderts (Abschn. 8.3) keinen derartigen Beitrag mehr geleistet, wenn man die Molekularbiologie der Biologie zuordnet.

Bedeutung für den Alltag der Menschen Was das Niveau unsere heutigen Zivilisation und die Fortschritte im Alltagsleben betrifft (Abschn. 2.4), hat die Chemie – neben der Physik – mehr als alle anderen Fachrichtungen entscheidende Beiträge geliefert. Das betrifft zum Beispiel die Sicherung der Ernährung von etwa 90 % der westlichen Bevölkerung, ferner Hygiene und Infektionsverhütung, es betrifft über 90 % aller Medikamente der Medizin und etwa 95 % aller Polymere (Abschn. 8.4 und 8.5), von denen zum Beispiel auch die Verfügbarkeit von Elektrizität und aller Verkehrsmittel abhängt.

Abstraktionsgrad Den höchsten Abstraktionsgrad erreicht die Physik, während diejenigen Disziplinen, die im Wesentlichen natürliche Erscheinungen beschreiben, den niedrigsten Abstraktionsgrad repräsentieren (womit keinerlei Wertung verbunden ist).

Ausmaß der experimentellen Laborforschung Hier repräsentieren Chemie und Physik den einen Pol, da mehr als 95 % aller Forschungsergebnisse aus Laborexperimenten stammen. Teilgebiete der Biologie oder Geologie, bei denen Beschreibungen natürlicher Phänomene im Vordergrund stehen, repräsentieren den anderen Pol.

Häufigkeit von Laborexperimenten Hier bilden bestimmte Disziplinen der Physik den einen und die Chemie den anderen Pol. Arbeitsgruppen, die an Teilchenbeschleunigern arbeiten, können typischerweise zehn bis 50 Versuche pro Jahr durchführen. Arbeitsgruppen auf dem Gebiet der Laserstrahlung kommen oft nur auf zwei bis zehn neuartige Experimente pro Jahr, wenn neue Apparaturen gebaut und erprobt werden müssen. Als Beispiel für eine durchschnittlich große Arbeitsgruppe von Chemikern an einer Universität kann der Autor seinen eigenen ehemaligen Arbeitskreis nennen. Dieser bestand aus zwölf bis 17 Personen, die sich aus ein bis drei Diplomanden, fünf bis acht Doktoranden, einem promovierten Gastwissenschaftler (postdoc), zwei Chemotechniker(inne)n und einem promovierten Assistenten zusammensetzte. Da die Experimente mit relativ einfachen Geräten und meist mit Chemikalien aus dem Handel oder der chemischen Industrie durchgeführt werden konnten, kamen 500 bis 800 Versuche pro Jahr zur Ausführung. Auf jeden Versuch kamen im Durchschnitt zwei Messungen, die zeigen sollten, ob der Versuch den erwarteten Verlauf genommen hatte. Diese Zahlen sind keinesfalls Extremwerte. Das heißt, eine chemische Forschergruppe kann im Durchschnitt etwa 20- bis 50-mal so viele Experimente pro Jahr durchführen wie Teilchen- oder Laserphysiker. Diese Zahlen beinhalten keinerlei Wertung. Aber für einen Forscher, der viele Versuche pro Jahr durchführen kann, ist es schneller und billiger möglich, die Reproduzierbarkeit von Experimenten zu testen sowie Gesetzmäßigkeiten der Forschung kennenzulernen, insbesondere das Entstehen von handwerklichen Fehlern, Fehlinterpretationen und Irrtümern wie auch deren Korrektur.

Die obige Aufzählung von Polaritäten zeigt, dass bei allen Vergleichen die Physik und insbesondere die Kern-(Teilchen-)Physik den einen Pol bilden. Das birgt die Gefahr in sich, dass Begriffe und Deutungen, die auf der Physik und deren Geschichte basieren, nicht für die gesamten Naturwissenschaften zutreffend sind und dennoch auf die gesamten Naturwissenschaften angewandt werden.

2.3 Was heißt Naturgesetz?

Da der Begriff „Naturgesetz“ in den genannten Definitionen von Naturwissenschaft und Grundlagenforschung eine entscheidende Rolle spielt, soll hier auf Bedeutung und Definition dieses Begriffes ausführlich eingegangen werden. Während in modernen Lehrbüchern der Physik, Chemie oder Biologie unter dem Stichwort „Naturgesetz“ keine Erklärungen bzw. Definitionen zu finden sind, enthält das in der zweiten Hälfte des letzten Jahrhunderts verbreitete Physiklehrbuch für Gymnasien der Professoren Friedrich Dorn und Franz Bader die kurze Definition: „Naturgesetze sind allgemeine Aussagen über die Natur.“

Diese Aussage ist insofern falsch, als dass es sich bei den weitaus meisten Naturgesetzen um sehr spezifische Eigenschaften von Teilen der Natur handelt. Der Autor möchte daher die folgende Definition zur Diskussion stellen: „Naturgesetze sind fundamentale Eigenschaften der Natur bzw. der Schöpfung, auf deren Basis alle Erscheinungen und Veränderungen der Natur sowie alle reproduzierbaren Experimente aus Menschenhand ihre charakteristische Prägung erhalten."

Hier ist zu ergänzen, dass der Ausdruck Naturgesetzt ein für die deutsche Sprache typisches Kombiwort ist, das ausführlicher und präziser eigentlich Gesetz der Natur lautet, wie in anderen europäischen Sprachen auch: law of nature, loit de la nature, legge della natura usw. Dieser Begriff sagt also a priori nichts weiter aus, als dass es sich um Gesetze handelt, welche der Natur eigen sind, im Unterschied zu Gesetzen, die von Menschen erlassen werden, um das Zusammenleben in einer Gesellschaft zu regeln. Jede andersartige oder darüber hinaus gehende Interpretation bedarf daher einer Begründung.

Ferner ist zu berücksichtigen, dass alles, was der Mensch wahrnimmt und denkt, auf biochemischen und physikalischen Aktivitäten seines Gehirns beruht. Die Wahrnehmung von Naturphänomenen und Naturgesetzen ist daher immer relativ zur Struktur und Erkenntnisfähigkeit des menschlichen Gehirns. Die Evolution hat die Entwicklung des Gehirns im Tierreich schrittweise vorangetrieben mit dem Ziel, die Überlebensfähigkeit und Verbreitung von Tierstämmen, Gattungen und Arten kontinuierlich zu verbessern. Der geringstmögliche Informationsfluss, der dies ermöglichte, musste genügen. Ein Wesen mit umfassendem Verständnis der gesamten Schöpfung ist als Fernziel der Evolution nicht erkennbar und im Homo sapiens auch sicherlich nicht realisiert. Die Frage, was die Natur an sich ist, ohne die begrenzte Sichtweise des Menschen, ist daher unnütz. Solange der Mensch nicht mit einer andersartigen und höheren Intelligenz kommunizieren kann, kann es zu dieser Frage keine rationale Diskussion geben.

Einerseits hat die Natur hier mithilfe der Evolution zum Menschen ein Wesen und ein Organ geschaffen, mit dem sie in begrenztem Umfang fähig ist, sich selbst zu reflektieren. Etwas skeptischer drückte es der Aphoristiker Felix Renner aus: „Der Mensch ist der strafende Blick der Natur auf sich selbst." Dieser Sachverhalt gibt dem Menschen zweifellos eine Sonderstellung unter den bisher bekannten Lebewesen. Aus der Sicht eines Naturwissenschaftlers ergibt sich daraus aber nicht der Anspruch, ein Ebenbild Gottes zu sein oder zu werden. Vielmehr ist hier die Skepsis Mark Twains (1835–1910) bedenkenswert: „Gott hat den Menschen erschaffen, weil er vom Affen enttäuscht war. Danach hat er auf weitere Experimente verzichtet." Der Biologe und Nobelpreisträger Konrad Lorenz (1903–1989) meinte zu dieser Thematik: „Ich glaube, ich habe die Zwischenstufe zwischen Tier und *Homo sapiens* gefunden. Wir sind es!"

Andererseits ist der Mensch wohl doch etwas mehr als ein durch Zufall entstandener Zigeuner am Rande des Universums, wie das der Evolutionsbiologe und Nobelpreisträger Jaques Monod (1910–1976) formulierte (Abschn. 6.4). Auf die Frage nach dem Sinn dieser erstaunlichen Entwicklung der Evolution können die Naturwissenschaften keine Erklärung geben, so wenig wie auf jede andere Frage nach Sinn. Naturgesetze, sofern sie denn richtig erkannt wurden, erklären das „Wie" und eventuell das „Warum" von Ereignissen in der Natur und von Experimenten im Labor, aber sie erklären nie den Sinn der gesamten Natur.

In seiner mehrfach publizierten Züricher Antrittsrede von 1922 mit dem Titel *Was ist ein Naturgesetz?* beginnt der Theoretische Physiker Erwin Schrödinger (1887–1967) seine Ausführungen mit der Aussage (S. 10): „Als Naturgesetz bezeichnen wir doch wohl nichts anderes als eine mit genügender Sicherheit festgestellte Regelmäßigkeit im Erscheinungsablauf ..." (Zum Unterschied von Regeln und Gesetzen vgl. Abschn. 3.4) Diese Aussage hinterfragt E. Schrödinger im nachfolgenden Text kritisch, aber den Begriff „Naturgesetz" stellt er nicht grundsätzlich infrage. Es war sein besonderes Anliegen aufzuzeigen, dass fast allen Naturgesetzen ein statistischer Vorgang zugrunde liegt und keine einfache Kausalität (S. 10):

> Die physikalische Forschung hat in den letzten vier bis fünf Jahrzehnten klipp und klar bewiesen, dass zumindest für die erdrückende Zahl der Erscheinungsabläufe, deren Regelmäßigkeit und Beständigkeit zur Aufstellung des Postulates der allgemeinen Kausalität geführt haben, die gemeinsame Wurzel der beobachteten strengen Gesetzmäßigkeit – der Zufall ist. [...] Bei jeder physikalischen Erscheinung, bei der wir eine Gesetzmäßigkeit beobachten, wirken ungezählte Tausende, meisten Milliarden einzelner Atome und Moleküle mit. [...] Das einfachste und durchsichtigste Beispiel für die statistische Auffassung der Naturgesetzlichkeit – zugleich ihr Ausgangspunkt in historischer Beziehung – bildet das Verhalten der Gase.

E. Schrödinger kommt dann ausführlich auf die kinetische Gastheorie zu sprechen (S. 11, 12) und fährt fort (S. 13): „Ich könnte noch eine große Anzahl experimentell und theoretisch genau untersuchter Fälle ausführen, so das Zustandekommen der gleichmäßig blauen Himmelsfarbe durch die völlig unregelmäßigen Schwankungen der Luftdichte, oder den streng gesetzmäßigen Zerfall radioaktiver Substanzen, der aus dem regellosen Zerfall der einzelnen Atome sich aufbaut, wobei es ganz vom Zufall abzuhängen scheint, welche Atom sogleich, welche morgen, welche in einem Jahr zerfallen werden."

E. Schrödinger machte damit richtige Aussage über fast alle, wenn nicht alle Gesetze der Physik. Der Begriff „Naturgesetz" ist allerdings kein Eigentum der Physiker, und E. Schrödinger wie auch andere Physiker (s. unten) haben nicht bedacht, dass manche Lehren der Physik nicht notwendigerweise auch für andere Bereiche der Naturwissenschaften gelten. So basieren die Gesetze tausender biochemischer Reaktionen, die den biologischen Funktionen aller Lebewesen zugrunde liegen, eben nicht auf statistischem Verhalten der Einzelmoleküle. Vielmehr müssen alle gleichartigen Moleküle, die an einem bestimmten Reaktionstyp teilnehmen, in genau gleicher Weise reagieren, und alle Moleküle, die an einem individuellen Reaktionsablauf teilnehmen, reagieren in einer konzertierten Aktion, damit ein biologisch sinnvolles Signal oder Produkt in der benötigten Intensität bzw. Menge entstehen kann. Die in Abschn. 9.3 beschriebene Umwandlung eines Lichtstrahls in einen Impuls des Sehnervs ist dafür ein konkretes Beispiel. In anderen Worten, bei biochemischen Reaktionen gibt es einen direkten kausalen Zusammenhang zwischen Einzelreaktion, Gesamtverhalten aller analog reagierenden Moleküle und biologischer Auswirkung. Auch im Hinblick auf die folgenden Diskussionen soll hier ein Satz des bedeutenden Evolutionsbiologen Ernst Mayr (1904–2005) zitiert werden: „Die Biologie ist keine zweite Physik."

In der zweiten Hälfte des 20. Jahrhunderts und zu Beginn des 21. Jahrhunderts wurde und wird der Begriff „Naturgesetz" von dem Wissenschaftstheoretiker Sir Karl R. Popper (1904–1994) und der Mehrheit der Physiker einer Fundamentalkritik unterzogen. Ein großer Teil dieser Kritik, vor allem vonseiten der Physiker, basiert allerdings auf der Tatsache, dass die Physiker des 19. Jahrhunderts diesen Begriff mit einer Bedeutung überladen haben, der in diesem Begriff a priori gar nicht enthalten ist. Die aufgeworfene Problematik hat ihre Wurzel in der Geschichte der Naturwissenschaften im Allgemeinen und der Physik im Besonderen. Die Physik ist älter als die moderne Chemie und hat wie bereits erwähnt den höchsten Abstraktionsgrad der Naturwissenschaften. Hinzu kommt, dass die Mathematik für die Formulierung von Gesetzen schon viel früher zur Verfügung stand als die Formelsprache der Chemie, die erst 1874 durch eine Publikation des späteren Nobelpreisträgers (1901) Jakob H. van't Hoff (1852–1911) zur Vollendung kam. Die Physiker am Ende des 19. Jahrhunderts waren überzeugt, über ein nahezu komplettes Weltbild zu verfügen. Beispielhaft ist die Antwort des Münchner Physikprofessors Philipp von Jolly auf die Frage des jungen Max Planck nach dem Sinn eines Physikstudiums (1874). Jolly rät ab, weil „in dieser Wissenschaft schon fast alles erforscht ist, und es gelte nur noch einige unbedeutende Lücken zu schließen".

Die Physiker des 19. Jahrhunderts beanspruchten die Deutungshoheit über den Begriff „Naturgesetz". Sie beluden diesen Begriff mit dreierlei Ansprüchen, von denen sich keine im Nachhinein als sinnvoll oder richtig erwies.

Erstens: Naturgesetze, das waren nur die hehren Gesetze der Physik, welche die Welt regierten. Die unzähligen Gesetze, welche Biologen, Chemiker, Geologen und andere Naturwissenschaftler in ihrer Forschung entdeckten und erarbeiteten, wurden nur (biologische, chemische oder geologische) Gesetze genannt. Sie waren bestenfalls Naturgesetze dritter Klasse. Von Hermann

Helmholtz (1821–1894) stammt der Satz: „Das letzte Ziel aller Naturwissenschaft ist, sich in Mechanik aufzulösen." Und noch nach 1900 äußerte der Physiker und Nobelpreisträger Sir Ernest Rutherford (Abschn. 9.1) die Ansicht: „All science is either physics or stamp collecting." Diese Kombination von beruflichen Scheuklappen und Arroganz verhinderte, dass die Physiker die in den folgenden beiden Punkten aufgezeigten Probleme wahrnahmen.

Darüber hinaus vermittelt die Physik insofern ein reduziertes Bild der Natur, als sie nur ein paar Dutzend wichtiger Naturgesetze präsentiert. Einschließlich der angewandten Forschung, wie der Laser und Festkörperforschung, mag die Zahl der physikalischen Gesetze in die Tausende gehen. In der Biologie sind aber Millionen Gesetze notwendig, um die Strukturen und biochemischen Reaktionen aller Arten von Pflanzen und Tieren zu charakterisieren. Auch in der Chemie gibt es Millionen Gesetzmäßigkeiten, denn allein bis zum Jahr 2013 wurden ca. 10 Mio. verschiedene Substanzen synthetisiert. Auch wenn man all diesen Gesetzen verglichen mit dem Newtonschen Gravitationsgesetz nur eine minimale Bedeutung beimisst, so bleiben sie dennoch Naturgesetze (zur Frage der Bedeutung von Naturgesetzen findet sich eine Diskussion am Ende von Abschn. 3.4). Das heißt, schon nach 200 bis 300 Jahren moderner Naturwissenschaften sind zig Millionen Naturgesetze bekannt oder absehbar, und diese Zahl wird auch in Zukunft weiter wachsen. Wenn man dazu berücksichtigt, dass der Mensch ohnehin nur einen Teil der gesamten Natur wahrnehmen kann, so ergibt sich für die Menschheit auch in Zukunft kein Ansatzpunkt für eine Abschätzung oder gar Berechnung aller Naturgesetze, die unsere Raum-Zeit-Welt beinhaltet.

Zweitens: Für Physiker gehörte es zum richtigen Verständnis von Naturgesetzen, dass diese in mathematische Formeln gegossen werden konnten. Vorreiter dieser Mentalität waren Thales von Milet (624–546 v. Chr.) und Galileo Galilei (1564–1642) der in seinem1623 erschienen Werk *Il saggiatore* sinngemäß schrieb: „Mathematik ist das Alphabet, mit dessen Hilfe Gott das Buch des Universums geschrieben hat." Immanuel Kant (1724–1804) machte in seinem Werk *Metaphysische Anfangsgründe der Naturwissenschaft* 1786 folgende Aussage: „Ich behaupte aber, dass in jeder besonderen Naturlehre nur so viel eigentliche Wissenschaft angetroffen werden könne, als darin Mathematik anzutreffen ist."

In seinem neuesten Buch *Gottes Würfel* (2013) schreibt der Physiker Helmut Satz (S. 205): „Man sagt, Mathematik sei die Sprache der Physik, die Gott benutzt, wenn er mit den Menschen reden möchte. Das mag sein, obwohl er sicherlich vielsprachig ist und sich auch durch Musik oder Dichtung verständlich machen kann. Trotzdem lässt sich schwer übersehen, dass er letztlich doch immer wieder auf Mathematik zurückgreift. Wie sonst können wir verstehen, dass die Anordnung der Blüten auf allen Blumen nach einer

Folge geschieht, die der italienische Mathematiker Leonardo da Pisa, besser bekannt als Fibonacci, aufgestellt hat, um das Anwachsen einer Kaninchenkolonie zu beschreiben: 0, 1, 1, 2, 3, 5, 8, 13, 21, 34."

Diese Aussage klingt weit konziliant er und flexibler als diejenige Kants und ist dennoch zu einseitig. Die Physiker ignorieren dabei, dass man chemische Gesetze mit chemischen Formeln ausdrücken kann, wobei die zwei Seiten einer Gleichung über Reaktionspfeile und nicht über Gleichheitszeichen miteinander in Beziehung gesetzt werden. Die Bedeutung chemischer Gesetze und chemischer Gleichungen gehen weit über die Chemie hinaus. Sie betreffen alle Fachrichtungen der Naturwissenschaften und auch die Medizin, denn in jeder Fachrichtung gibt es Disziplinen, in denen Struktur und Reaktionen von Molekülen eine Rolle spielen.

Ferner wird ignoriert, dass es Naturgesetze gibt, die sich hinreichend mit Worten oder Tabellen ausdrücken lassen, ohne irgendeiner Gleichung zu bedürfen. Beispiele für den diesen Fall ist die Entwicklung des Periodensystems der Elemente durch Dimitri Mendeleev (Abschn. 8.1) oder das Gesetz von der gegenseitigen Neutralisierung von Laugen und Säuren. Werden gleiche Mengen (präziser: gleiche Zahlen sauren an Protonen und Hydroxidionen) wässriger Säuren und Laugen zusammengegossen, so entstehen Wasser und Salze. Ein fundamentales Gesetz der Geologie besagt, dass die räumliche Abfolge von Gesteins- oder Sedimentschichten die zeitliche Abfolge geologischer Ereignisse widerspiegelt, welche diese Schichten erzeugt haben (Abschn. 9.5). Und eine fundamentale Erkenntnis der Biologie lautet, dass die Individuen aller Wirbeltierarten auf Erden sterben müssen.

Es ist völlig unstrittig, dass die Mathematik für den Fortschritt der modernen Naturwissenschaften das wichtigste geistige Rüstzeug darstellt und dazu die geistige Basis für alle technischen Nutzanwendungen bildet. Dennoch muss die Extremposition E. Kants, nach der mathematische Formulierbarkeit das entscheidende Kriterium für naturwissenschaftliche Erkenntnisse darstellt, als falsch und irreführend zurückgewiesen werden. Hätte Kant recht, dann würden die fundamentalen biologischen Erkenntnisse, die von L. Pasteur, E. Buchner, Ch. Darwin, A.R. Wallace und B. McClintok erarbeitet wurden (Kap. 7), nicht zu den Naturwissenschaften gehören – eine absurde Vorstellung. Schließlich soll ein prominenter Kritiker von zu viel Mathematik in den Naturwissenschaften zitiert werden. A. Einstein bekannte: „Seit die Mathematiker über die Relativitätstheorie hergefallen sind, verstehe ich sie selbst nicht mehr."

Drittens: Die Physiker des 19. Jahrhunderts statteten ihre Naturgesetze mit dem absoluten Anspruch aus, dass diese immer und überall gültig sein müssten. Die Charakterisierung von Naturgesetzen gemäß diesem Anspruch wird nun von Physikern des 20. und 21. Jahrhunderts mit Recht kritisiert

– allerdings ohne Berücksichtigung der Tatsache, dass es sich dabei um die geistige Hinterlassenschaft ihrer beruflichen Vorgänger handelt und nicht um ein Glaubensbekenntnis aller Naturwissenschaftler.

Den Biologen, Chemikern und Geologen war schon im 19. Jahrhundert klar, dass alle ihre Gesetze auf einen bestimmten Temperaturrahmen begrenzt sind. Es war ein typisches Forschungsthema der Chemie in der zweiten Hälfte des 19. Jahrhunderts zu untersuchen, bei welchen Temperaturen sich organische Chemikalien zersetzen und welche Zersetzungsprodukte dabei entstehen. Manche biologisch wirksamen Moleküle zersetzen sich schon ab 100 °C, fast alle organischen Moleküle spätestens ab 500 °C und Gesteine sowie Mineralien im Temperaturbereich von 2000 bis 3000 °C. Das heißt, die Gültigkeit aller Gesetze, welche die Struktur, Eigenschaften und Reaktionen von Molekülen betreffen, hat eine Temperaturobergrenze. Für chemische Reaktionen gibt es darüber hinaus auch eine Untergrenze, denn wenn die translatorischen (räumlichen) Bewegungen eingefroren sind, können zwei oder mehr Atome oder Moleküle nicht mehr miteinander reagieren.

Die neuere Kritik am Begriff „Naturgesetz“, wie er in der Physik des 19. Jahrhunderts verstanden wurde, holt also nur das nach, was in den übrigen Naturwissenschaften schon lange Stand der Kenntnis ist: Alle Naturgesetze haben einen beschränkten Gültigkeitsrahmen. Inwieweit ein solcher Geltungsrahmen experimentell oder theoretisch erforscht wird, hängt davon ab, wie viel Interesse, Geld und Zeit dafür vorhanden sind.

Einen wesentlichen und vor allem auch öffentlichkeitswirksamen Beitrag zum Verständnis von Naturwissenschaften und Naturgesetzen leistete der Wissenschaftstheoretiker und Philosoph Sir Karl R. Popper (1902–1994). Die folgenden Zitate stammen aus Band 3 seines Gesamtwerkes mit dem Titel *Logik der Forschung*. Popper bestreitet grundsätzlich, dass sich aus experimentellen Befunden zuverlässig wissenschaftliche Theorien ableiten und Naturgesetze mit Sicherheit identifizieren lassen. Diesbezüglich hatte er allerdings schon einen geistigen Vorfahren in Person des Philosophen Ludwig Wittgenstein (1889–1951) (Abschn. 7.4). K. Popper wörtlich (S. 3):

> Die empirischen Wissenschaften können nach einer weitverbreiteten, von uns aber nicht geteilten Auffassung durch die sogenannte induktive Methode charakterisiert werden. […] Als induktiven Schluss oder Induktionsschluss pflegt man einen Schluss von besonderen Sätzen, die zum Beispiel Beobachtungen, Experimente usw. beschreiben, auf allgemeine Sätze, auf Hypothesen oder Theorien zu bezeichnen. […] Nun ist es aber alles andere als selbstverständlich, dass wir logisch berechtigt sein sollten, von besonderen Sätzen, und seien es noch so viele, auf allgemeine Sätze zu schließen. Ein solcher Schluss kann sich ja immer als falsch erweisen. Bekanntlich berechtigen uns noch so viele Beobachtungen von weißen Schwänen nicht zu dem Satz, dass alle Schwäne

> weiß sind. […] Die Frage, ob und wann induktive Schlüsse berechtigt sind, bezeichnet man als Induktionsproblem.

An andere Stelle ergänzte K. Popper das (unzulängliche, s. unten) Schwäne-Beispiel durch die Aussage, dass ein Experiment niemals so oft wiederholt werden kann, dass die Wahrscheinlichkeit der Reproduzierbarkeit den Wert 1 (d. h. absolute Sicherheit) erreicht. Diese Aussage ist mathematisch richtig, aber aus drei Gründen trotzdem nicht hilfreich.

Als erstes Beispiel möge die Synthese eines neuen Medikamentes dienen: Diese wird im Hinblick auf eine mögliche technische Produktion schon im Labor mehrfach auf Reproduzierbarkeit getestet, sodass die Wahrscheinlichkeit bei 0,9 liegen mag. Die technische Weiterentwicklung des Syntheseverfahrens hin zur technischen Produktion benötigt weitere 50 bis 100 Experimente, wodurch die Wahrscheinlichkeit der Reproduzierbarkeit etwa 0,99 erreicht. Danach wird die technische Produktion aufgenommen, und die Synthese wird Teil der menschlichen Zivilisation. Bei der Entwicklung von Geräten und Motoren liegen die Zahlen in derselben Größenordnung.

Die Menschheit hat sich zum Wohle ihrer zivilisatorischen Entwicklung schon immer mit relativ niedrigen Wahrscheinlichkeiten der Reproduzierbarkeit begnügt, um ein neu entdecktes Verfahren zur technischen Reife und Nutzung zu bringen. Dieser Sachverhalt lässt sich zumindest für 9000 Jahre, bis zur ersten Gewinnung von Kupfer in Anatolien, zurückverfolgen. Dieser Aspekt ist auch von besonderem Interesse im Hinblick auf den medizinischen Fortschritt, der für Diagnose und Therapie zu über 90 % auf der Basis naturwissenschaftlicher Erkenntnisse erfolgt (Kap. 4). Für die Patienten, die von diesem Fortschritt profitieren, wie auch für die Ärzte, die ihn vermitteln, ist es völlig belanglos, ob K. Popper das zugrunde liegende, empirisch erarbeitete Wissen für absolut zuverlässig hält oder nicht.

In einem anderen Zusammenhang gelangte der theoretische Physiker und Nobelpreisträger (1965) Richard Feynman (1918–1988) zu einer ähnlichen Einsicht: „Theoretical science is as useful to a scientist as ornithology is to a bird."

Es gibt aber auch einen weiteren experimentellen Einwand gegen die von L. Wittgenstein und K. Popper propagierte Verteufelung empirischer Erkenntnisse. Während K. Poppers Argumentation für Experimente im Labor zutreffend ist, da deren Zahl ja nicht ins Uferlose gesteigert werden kann, so kann die Beobachtung von Naturphänomenen jedoch andere Größenordnungen erreichen. Jedes Objekt, das in einem Raum auf dem Boden, auf einem Tisch oder im Regal steht oder liegt, kann als individuelles Experiment betrachtet werden, das die Existenz der Gravitation demonstriert. Dazu zählen alle Dachziegeln, jede Ackerkrume, jedes Sandkorn an Meeresstränden, jedes Wassermolekül in Seen, Flüssen und Meeren und jedes Gasmolekül in der Atmosphäre. Der Mensch muss dabei nicht jedes einzelne Sandkorn und nicht jedes einzelne Wassermolekül inspiziert haben, um die Wirkung der Gravitation feststellen zu können. Ein Blick über einen kilometerlangen Sandstrand oder über die Oberfläche eines Sees genügt, um für alle beteiligten Komponenten die Existenz der Gravitation feststellen zu können.

Nun ist aus der Weltraumforschung hinlänglich bekannt, dass es auf Mond und Mars unzählige Geröllbrocken und Sandkörner gibt, die durch die Gravitation auf diesen Himmelskörpern festgehalten werden. Dazu kommen die unzähligen Gasmoleküle, welche die Riesenplaneten Saturn und Jupiter aufbauen. Ferner repräsentiert jeder Fixstern eine durch Gravitation bewirkte Zusammenballung von Wasserstoffatomen und jede Galaxie eine Zusammenballung von Gasen und Fixsternen. Zwar hat auch das Gravitationsgesetz wie jedes Naturgesetz nur einen begrenzten Geltungsrahmen, doch ist dieser so riesig, dass es eine quasi unendliche Zahl naturgegebener Experimente gibt. Daher verliert hier die Poppersche Schlussfolgerung von der begrenzten Zahl beobachtbarer Experimente ihren Sinn. Die Menschheit hat auch von Anbeginn an ihren an der Gravitation orientierten Handlungen eine Reproduzierbarkeit von de facto 1 zugedacht, und das tun selbst die Physiker noch heute, wenn sie ihre private und berufliche Zukunft planen (Abschn. 3.3). Die Allgemeine Relativitätstheorie Einsteins verpasste zwar dem Newtonschen Gravitationsgesetz einen anderen Deutungsrahmen, widerlegt es aber nicht im makroskopischen Geltungsbereich der menschlichen Dimensionen.

In einem 2012 erschienen Buch mit dem Titel *Urknall, Weltall und das Leben* formulierten die Astrophysiker Josef M. Gaßner und Harald Lesch folgenden Dialog (S. 26):

- J. Gaßner: „Die Art und Weise, mit der die Allgemeine Relativitätstheorie die Newtonsche Mechanik verdrängte, ist übrigens kennzeichnend für eine sanfte Evolution in der Geschichte der modernen Naturwissenschaft. Je besser eine etablierte Theorie durch experimentelle Daten gestützt wird, desto schwieriger ist es, sie in Bausch und Bogen zu verwerfen. Sie findet sich entsprechend aufgenommen wieder und behält als Grenzfall – im Beispiel der Newtonschen Mechanik für kleine und mittlere Massen und Geschwindigkeiten deutlich unterhalb der Lichtgeschwindigkeit – ihre Gültigkeit. In der Autobranche entspräche dies einem Facelifting, denn einem Modellwechsel."
- H. Lesch: „Klar, die Allgemeine Relativitätstheorie hat sozusagen die Newtonsche Mechanik in sich aufgesogen."
- J. Gaßner: „Eben! Bei der Rekonstruktion eines Autounfalls muss nicht gleich die Allgemeine Relativitätstheorie ran. Da reicht nach wie vor die ganz normale Newtonsche Mechanik."

Auch in der belebten Natur gibt es den Fall fast unendlich oft reproduzierter „Experimente“, wie zum Beispiel die Photosynthese. Jedes grüne Blatt produziert im Lauf eines Jahres Millionen, wenn nicht Milliarden von Photosynthesereaktionen. Bei diesem Syntheseverfahren wird die Energie der von der Sonne stammenden Photonen dazu genutzt, aus Kohlendioxid und Wasser Traubenzucker (Glukose) herzustellen, fast immer in Kombination mit der Freisetzung von Sauerstoff. Die Zahl grüner Blätter, Pflanzenstängel, Grashalme, Algen und anderer Photosynthese betreibender Einzeller, die derzeit auf Erden existieren, ist kaum kalkulierbar. Dazu kommt, dass die Sauerstoff freisetzende (oxygene) Photosynthese schon seit mindestens 2,5 Mrd. Jahren existiert, die anoxygene Photosynthese vermutlich schon seit 3,5 Mrd. Jahren. Damit erreicht die Gesamtzahl der Photosynthesereaktionen, die jemals auf Erden stattgefunden haben, eine astronomische Größenordnung. Die Wahrscheinlichkeit der Reproduzierbarkeit ist auch hier de facto 1, wenn man mal von einer Megakatastrophe, die alles Leben vernichtet, absieht.

Eine weitere wichtige Schlussfolgerung, die K. Popper auf Seite 8 präsentiert, lautet: „Die Frage nach der Geltung der Naturgesetze ist somit nur eine andere Form der Frage nach der Berechtigung des induktiven Schlusses.“ Dieser These muss aus folgendem Grund widersprochen werden: Die simple Feststellung, dass ein Naturphänomen oder ein experimentelles Ergebnis gesetzmäßig reproduzierbar beobachtet werden kann, beinhaltet noch keine Hypothese. Charakteristisch für eine Hypothese ist eine Erklärung der Beobachtungen, zum Beispiel durch Verknüpfung mit anderen Experimenten und mit schon bestehenden Theorien, sowie die Vorhersagbarkeit auch neuartiger Experimente, welche die Korrektheit der neuen Hypothese zu überprüfen gestatten. Dies ist bei der einfachen Beobachtung und Feststellung gesetzmäßiger Phänomene nicht der Fall. Die Extrapolation der beobachteten Gesetzmäßigkeit auf der Zeitachse gestattet nur die Vorhersage der Reproduzierbarkeit ein und desselben Phänomens bzw. Experiments, bietet aber keine Erklärung und keine Vorhersage neuer Experimente und ist daher keine Hypothese der oben definierten Art.

Allerdings hat schon allein die Extrapolation einzelner Gesetzmäßigkeiten in die Zukunft entscheidend zur Existenzsicherung und zum zivilisatorischen Fortschritt der Menschheit beigetragen, beginnend mit der reproduzierbaren Beherrschung des Feuers (Kap. 3). Dieser Sachverhalt gilt auch schon für das Säugetiergehirn, insbesondere bei Raubtieren. So versammeln sich die Bären der Nordwestküste Kanadas und Alaskas jedes Jahr im Frühherbst an den Oberläufen der Flüsse, um auf das Eintreffen der fetten Lachse zu warten, die zum Laichen flussaufwärts schwimmen. Das Fressen dieser Lachse ist für das Überstehen der an Nahrung armen Winterzeit lebensnotwendig. Soll man von diesen Bären annehmen, sie hätten eine Hypothese über die jährlichen

Wanderungen der Lachse entwickelt? Selbstverständlich sind Formulierung und Überprüfung von Hypothesen bzw. Modellen in der modernen Naturwissenschaft der übliche Weg zur Erkenntnis von Naturgesetzen, jedoch gilt dies nicht für alle Teilbereiche der Naturwissenschaften und insbesondere nicht für alle Erkenntnisse in der Geschichte der Menschheit (Kap. 3).

K. Popper äußerte sich auch dahingehend, dass eine Theorie nur dann als wissenschaftliches Konzept gelten kann, wenn ihre Widerlegbarkeit aufgezeigt werden kann. Als experimentellen Beweis für die Richtigkeit seiner Auffassung von der begrenzten Geltungsdauer wissenschaftlicher Theorien zitierte K. Popper vier Theoriewechsel bzw. Paradigmenwechsel aus der Geschichte der Physik.

Nun sind die von manchen Naturwissenschaftlern und insbesondere von Physikern unterstützten Popperschen Thesen von der Widerlegbarkeit und Unzuverlässigkeit naturwissenschaftlicher Erkenntnisse nicht nur ein Diskussionsthema unter wenigen interessierten Experten geblieben, sie haben vielmehr auch die Öffentlichkeit und die Politik erreicht. So schrieb zum Beispiel der Wissenschaftsjournalist Walter Nossau in *Die Welt* vom 2. September 2013 unter dem Titel *Wissen und Demokratie* die folgenden Sätze: „Zwar erwartet die Gesellschaft sicheres Wissen, auf dessen Basis dann wichtige Entscheidungen getroffen werden können. Doch die Wahrheit ist: Die Wissenschaft kann kein sicheres Wissen liefern. Die Ergebnisse sind immer vorläufig und stets mit Unsicherheit behaftet. Ist es dann sinnvoll, dass sich Politiker von Wissenschaftlern beraten lassen?“ Am 25. September 2013 folgte dann ein Nachschlag unter dem Titel *Nichts ist gewiss*, wobei ganz offensichtlich K. Popper und Max Born sinngemäß zitiert wurden: „Eine Aussage kann sogar nur dann als wissenschaftlich anerkannt werden, wenn sich angeben lässt, unter welchen Umständen sie eben doch als widerlegt gelten kann. Wissenschaftstheoretiker sprechen dann von einer Falsifikation. Ewige Wahrheiten gibt es in der Wissenschaft nicht.“

Diesen Aussagen von K. Popper und W. Nossau muss aus drei Gründen widersprochen werden.

- Die Aussage, dass die Naturwissenschaften keine zuverlässigen, dauerhaft gültigen Kenntnisse zustande bringen, negiert sich selbst. Wenn es keine zuverlässigen wissenschaftlichen Erkenntnisse gibt, warum sollte dann gerade dieses Pauschalurteil als uneingeschränkt gültiges Wissen akzeptiert werden?
- Den Konsens der Naturwissenschaftler, den die Aussagen von W. Nossau voraussetzen, gibt es höchstens bei bestimmten modernen Forschungsgebieten wie Teilchen- bzw. Quantenphysik, Kosmologie, Genetik oder Klimaforschung. Gespräche, die der Autor mit Physikern der Universität

Hamburg führte, zeigten aber auch, dass die meisten darin übereinstimmen, dass die Gesetze der klassischen Physik, welche durch keinen Paradigmenwechsel widerlegt wurden, im Rahmen ihres Geltungsbereiches als zuverlässiges Wissen eingestuft werden. Das oben diskutierte Gravitationsgesetz, das im Folgenden erwähnte Hebelgesetzt sowie das Hookesche Gesetz stehen hierfür als repräsentative Beispiele. Auch die meisten Gesetze der Chemie können als zuverlässiges Wissen gelten (s. unten).

- Es gibt zahlreiche und bedeutende wissenschaftliche Erkenntnisse, deren Widerlegbarkeit nicht abzusehen ist. Dazu gehören die folgenden Beispiele.

Zu den Gesetzen der klassischen Physik gehören zum Beispiel das Hebelgesetz und das ebenfalls von Archimedes formulierte Gesetz vom Auftrieb schwimmender Körper. Diese von der Menschheit schon seit Tausenden von Jahren intuitiv erkannten und genutzten Gesetze (Kap. 3) wurden von keinem Paradigmenwechsel der Physik infrage gestellt oder modifiziert, und auch von der Entdeckung des Higgs-Bosons oder der Ausarbeitung einer Weltformel ist keine Änderung zu erwarten. Man kann sich an dieser Stelle fragen, ob ein einfaches Naturgesetz wie das Hebelgesetz unter den Popperschen Theoriebegriff fällt. Es ist jedoch unwichtig und nicht Ziel dieses Buches, die Bedeutungsgrenzen des Popperschen Theoriebegriffs auszuloten. Wichtig ist nur die Frage nach der Zuverlässigkeit von Naturgesetzen oder, allgemeiner ausgedrückt, nach der Zuverlässigkeit von Erkenntnissen über Eigenschaften der Natur. Aus den zuvor genannten Gründen und weil die Physiker keine Widerlegung in Aussicht stellen können, können die zuvor genannten Gesetze als Beispiele eines empirisch erworbenen, zuverlässigen Wissens eingestuft werden.

Die vorstehende Aussage über das Hebelgesetz lässt sich analog auf die meisten Gesetze der Chemie anwenden. So wurden zum Beispiel in den letzten 120 Jahren etwa eine Trillion Aspirintabletten produziert. Die dieser Reproduzierbarkeit zugrunde liegenden Gesetze wurden durch keinen Paradigmenwechsel der Physik beeinträchtigt und eine Widerlegbarkeit ist nicht in Sicht. K. Popper könnte allerdings sein „Schwäne-Argument" ins Felde führen und sagen: Auch eine Trillion erfolgreicher Synthesen ist keine Garantie dafür, dass die Synthesen nach einer weiteren Trillion Wiederholungen nicht anders verlaufen. Diese Argumentation ist formal richtig, wirkt hier jedoch unnütz und bedeutungslos, in Anbetracht der schon erreichten Reproduzierbarkeit und in Anbetracht dessen, dass im Lauf der letzten 120 Jahre über eine Milliarde Menschen von Schmerzen befreit wurden.

Aus der Biologie bzw. aus dem Alltag stammt folgende Erkenntnis: „Alle Menschen müssen sterben", ein Gesetz das auch K. Popper in persona am 17. September 1994 verifizierte. Das allgemeine Gesetz hinter dieser Feststellung lautet: „Die Individuen aller Arten von Lebewesen, die sich ausschließlich geschlechtlich fortpflanzen, müssen sterben.“ Es ist dabei zu berücksichtigen, dass im Unterschied zur Parthenogenese (eingeschlechtliche Fortpflanzung) bei der Befruchtung eines Eies ein Individuum entsteht, dessen Erbmasse (Genom) mit keinem Genom der Eltern identisch ist. Die Widerlegung dieser These erfordert die Auffindung von Menschen (oder von Wirbeltieren), die ewig leben. Auch Klonen kann hier nicht als potenzielle Widerlegung angeführt werden, denn zum einen müsste zumindest für Jahrmilliarden bewiesen werden, dass Klonen ohne jegliche Mutation möglich ist, zum anderen ist Ewigkeit eine Art von Dimension, die aus unserer Raum-Zeit-Welt hinausführt.

Bei Menschen gibt es allerdings einen ersten zarten Hinweis auf Parthenogenese – und damit auf potenzielle Unsterblichkeit – er stammt von der Kabarettistin Ursula Noak (1918–1988): „Beamte sind ein wunderbares Beispiel für die Vermehrung des Menschen auf ungeschlechtliche Weise.“

Die vorstehende Argumentation gilt auch für tote Materie, die einen irreversiblen Entwicklungszyklus durchläuft. So entstehen Fixsterne von etwa der Masse der Sonne durch Zusammenballung von Wasserstoff unter dem Einfluss der Gravitation, wobei es zur Erhitzung bis zum Eintreten einer Kernfusion kommt. Diese Sterne halten dann durch die Fusion von Wasserstoff zu Helium für einig Milliarden Jahre ein hohes Temperatur- und Strahlungsniveau aufrecht. Dann beginnt die Fusion von Helium, und der Stern bläht sich zu einem roten Riesen auf, der ein Strahlungsmaximum durchläuft. Nach weitgehendem Verbrauch von Wasserstoff und Helium folgt das Schrumpfen zu einem weißen Zwerg, der ein Temperaturmaximum durchläuft. Wenn sich alle Arten von Kernfusionen dem Ende nähern, folgt das Schrumpfen zu einem schwarzen Zwerg, der sich dem Temperatur und Strahlungsniveau seiner Umgebung asymptotisch nähert. Eine Widerlegung dieses gesetzmäßigen Ablaufs erfordert Fixsterne, die ein erhöhtes Temperatur und Strahlungsniveau in Ewigkeit konstant halten oder gar steigern, was mit der per definitionem limitierten Masse an Kernbrennstoff (Wasserstoff) nicht möglich ist.

Die folgenden zwei Aussagen betreffen die Gehirnstruktur und Biochemie (Physiologie) des Menschen (*Homo sapiens*).

- Das bei der Verbrennung der Nahrung freigesetzte Kohlendioxid muss in dem Maße abgeatmet werden, dass der physiologische pH-Wert von 7,4 im Gehirn aufrechterhalten wird, da andernfalls das Gehirn schnell und irreversibel geschädigt wird.
- Die Weiterleitung von Nervenimpulsen erfolgt über einen raschen Austausch von Natrium- gegen Kaliumionen durch die Nervenmembranen. An den Synapsen erfolgt die Weiterleitung durch Botenstoffe (Neurotransmitter).

Nun könnte man zu diesen beiden Aussagen wieder das Poppersche Schwäne-Argument anführen und sagen, es seien noch nicht alle Menschen untersucht worden, und über die zukünftigen Menschen wisse man auch nichts. Doch diese Argumentation ist hier ein Irrweg. Zwar ist auch ein gefleckter Schwan ein Schwan, der – sofern gefunden – die Schlussfolgerung, alle Schwäne sind weiß, widerlegen würde. Fände sich aber ein Lebewesen, das wie ein Mensch aussieht, jedoch über eine andere Art von Nervenleitung und/oder über ein in saurem ($pH < 6$) oder in basischem Milieu ($pH > 9$) arbeitendes Gehirn verfügt, dann wäre dies eine ganz andere Art von Lebewesen und kein *Homo sapiens* mehr.

Die hier am Beispiel *Homo sapiens* präsentierte Art der Argumentation kann analog bei all den Millionen verschiedener Pflanzen und Tierarten angewandt werden. Ein Beispiel aus der Pflanzenwelt dürfte genügen:

- Alle gesunden Eichen (Quercus robur und Quercus petraea) erzeugen im Herbst an ihren Ästen Eicheln, die als Samen zu Boden fallen, um neue Eichen zu sähen.
- Die grünen Blätter produzieren durch Photosynthese aus Wasser und Kohlendioxid Glukose, aus der die Eiche die für das Höhenwachstum benötigte Zellulose herstellt.

Auch hier ist es so, dass ein Baum, der wie eine Eiche aussieht, aber keine Eicheln erzeugt, keine Photosynthese betreibt, bei der Photosynthese keine Glukose sondern einen anderen Zucker synthetisiert oder keine Zellulose herstellt, eben keine Eiche ist.

Das Schwäne-Beispiel ist also kein taugliches Kriterium, um die Zuverlässigkeit aller empirischen Wissensbeschaffung grundsätzlich infrage zu stellen. So lange auch nur eine der vorstehenden Aussagen nicht widerlegt wird, bleiben die Popperschen Thesen falsifiziert (ein von K. Popper und anderen Philosophen bevorzugter Ausdruck), und die Aussagen K. Poppers sowie mancher Wissenschaftler und Wissenschaftsjournalisten über die grundsätzliche Vorläufigkeit und Widerlegbarkeit aller naturwissenschaftlichen Erkenntnisse ist falsch. Es gibt natürlich Bereiche in der modernen Forschung, in denen ein zuerst erarbeitetes Erklärungsmodell über Jahrzehnte und eventuell Jahrhunderte hinweg immer wieder nachgebessert werden muss, um einer möglichst präzisen und verlässlichen Beschreibung von Naturphänomenen näherzukommen. Aber es gab und gibt auch klare und verlässliche Aussagen über Naturgesetze.

In dem schon erwähnten Buch von T. Millack äußert dieser Autor – stellvertretend für andere Physiker – weitere Kritik an Sinn und Nutzen des Begriffs „Naturgesetz", und zwar entlang zweier Argumentationslinien, die hier teilweise im Wortlaut wiedergegeben werden sollen (S. 78): „Der Begriff Naturgesetz ist von Anfang an außerordentlich schwammig. Im Allgemeinen versteht man darunter einen gesetzartigen Ablauf, den die Natur uns vorgibt. [...] Die Menschen, die den Begriff verwenden, stellen sich darunter eine zwanghafte Beziehung vor – die unabhängig von jedem menschlichen Wollen oder Tun – immer gelten muss. Ein Naturgesetz ist so etwas wie ein menschliches Gesetz, nur dass niemand auch nur den Hauch einer Chance hat, diesem zu entgehen."

Dazu ist zu sagen, dass viele Naturwissenschaftler den ersten Satz nicht unterschreiben werden. Der Begriff Naturgesetz wurde zwar von keiner internationalen Konferenz oder Institution verbindlich definiert, doch gilt dies auch für alle anderen Grundbegriffe der Naturwissenschaften. Auch der von T. Millack empfohlene Begriff „Modell" (Abschn. 2.4) ist nirgends verbindlich definiert und kann ebenfalls als schwammig bezeichnet werden. Die Problematik des Begriffs Naturgesetz resultiert nicht aus Schwammigkeit, sondern aus einer speziellen Interpretation, die ihm die Physiker des 19. Jahrhunderts als vermeintlich allgemein verbindliches Charakteristikum mit auf den Weg gaben (s. oben).

Ansonsten ist die Aussage sicherlich eine zutreffende Charakterisierung von Naturgesetzen, kann aber nicht als Kritik dieses Begriffes verstanden werden. Es ist nun einmal eine Eigenschaft der Natur bzw. der Schöpfung, dass die Menschen mit Gesetzen leben müssen, die als nützlich, aber auch als einengend empfunden werden können. Das Sterben-Müssen ist ein Diktat der Natur, ob es den Menschen gefällt oder nicht, und die weitaus meisten Tiere leben unter dem Diktat des Fressens und Gefressen-Werdens. Ob, wann und wie der Mensch Naturgesetze rational erkennt, definiert und nutzt, ist eine nachgeordnete Frage, die mit der Entstehung der Naturwissenschaften verknüpft ist. Die Arbeitsmethoden, Denkweisen und Definitionen der Naturwissenschaftler als ausschließliche Erkenntnisquelle für Naturgesetze wahrzunehmen, stellt die tatsächlichen Zusammenhänge auf den Kopf. Wie in Kap. 3 ausführlich dargestellt, kann der Mensch Naturgesetze auch intuitiv wahrnehmen, und die Kenntnis sowie die Nutzung von gesetzmäßig auftretenden Phänomenen sowie seine Neugier haben den Menschen zu Forschungsaktivitäten stimuliert.

Die zweite Argumentationslinie T. Millacks lautet wie folgt (S. 78): „Doch wenn sich Wissenschaftler einem unbekannten Phänomen nähern, dann geschieht dies nicht so, dass man immer gleich den großen Wurf entdeckt. Auch Newton hätte sein Gesetz niemals formulieren können, wenn es nicht eine große Menge an Vorarbeiten gegeben hätte, sei es von Keppler, sei es von Tycho Brahe, sei es von anderen Wissenschaftlern. Auch Keppler hat bei der Erforschung von Planetenbewegungen schon Regeln erkannt, und diese in

Form der Kepplerschen Gesetze formuliert. Die – so stellte sich dann heraus – sind spezielle Konsequenzen aus dem Gesetz, das Newton dann formuliert hat. Waren die Kepplerschen Gesetze auch schon Naturgesetze? Oder ist es nur der allgemeine Fall, die Newtonschen Gesetze, aus denen die Kepplerschen Gesetze abgeleitet werden können? Schon an dieser Frage scheiden sich die Geister. Soll man schon den Spezialfall als Naturgesetz bezeichnen?"

Er akzentuiert, wie in der anschließenden Charakterisierung von Halbleitern, ein Problem des Sprachgebrauchs. Wenn immer eine Serie reproduzierbarer Experimente durch ein Gesetz erklärt werden kann, das hinreichend gesichert ist, dann ist dies ein Gesetz der Natur bzw. eine Eigenschaft der Schöpfung und kann als Naturgesetz bezeichnet werden, gleichgültig, ob es mit anderen Gesetzen zu einem übergeordneten Gesetz zusammengefasst werden kann oder nicht. Wenn nur das übergeordnete Gesetz den Namen Naturgesetz verdienen würde, dann gäbe es nach Ausarbeitung der von den theoretischen Physikern gesuchten „Weltformel" nur noch ein einziges Naturgesetz, nämlich eben diese „Weltformel". Zur Bedeutung einer „Weltformel" sagte der Theoretische Physiker Stephen Hawkins in seinem Buch *Eine kurze Geschichte der Zeit* (S. 212): „Selbst wenn wir eine vollständige und einheitliche Theorie hätten, würde das nicht bedeuten, das wir ganz allgemein Ereignisse vorhersagen könnten." Das heißt auch, dass die Millionen Gesetzmäßigkeiten, die in allen Naturwissenschaften bisher erarbeitet wurden und noch erarbeitet werden, nicht überflüssig werden und Gesetze der Natur bleiben.

2.4 Was heißt Modell?

T. Millack schlug in seinem Buch vor, den Begriff „Naturgesetz" ganz zu vermeiden, und durch den Begriff „Modell" zu ersetzen (S. 81): „Wegen der unrichtigen Implikationen, die das Wort Naturgesetz mit sich bringt, verwende ich und die Mehrheit der Naturwissenschaftler lieber das Wort ‚Modell'. Ein Modell ist ein Abbild von etwas, es soll dem Original möglichst gut entsprechen, kann aber eventuell – je nach Qualität eines Modells – durchaus Abweichungen vom Original haben. Ein Modell eines Bauwerks besteht zum Beispiel nicht aus demselben Material wie das Bauwerk selbst und hat nicht dieselben absoluten Größenmaßstäbe. Aber in Aussehen und relativen Verhältnissen soll es das Original detailliert widerspiegeln. Ähnlich ist es mit den naturwissenschaftlichen Modellen. Das ist die Natur – eigen und unnachahmlich. Unser Modell besteht aus mathematischen Konstruktionen und Begriffen mit der sie verbindenden Logik. Die Hoffnung und Erwartung ist, dass die Eigenschaften des Modells das möglichst gut und umfassend widerspiegeln, was man in der Natur objektiv finden kann. Das Wort Modell beinhaltet aber auch, dass die Möglichkeit von Abweichungen gegeben ist. Ein naturwissenschaftliches Modell umfasst niemals alles. Es muss immer und immer wieder geschaut werden, wo Modell und Beobachtungen übereinstimmen und wo nicht. Und da, wo beides nicht übereinstimmt, da kann dann die Suche nach einem besseren Modell beginnen."

Der hier vorgestellten Charakterisierung des Modellbegriffs kann wohl jeder Naturwissenschaftler zustimmen. Doch die anfängliche Aussage, die Mehrheit der Naturwissenschaftler verwende lieber den Begriff „Modell" als „Naturgesetz", muss bezweifelt werden. Schon bei den Physikern selbst besteht hierzu keine einheitliche Haltung, denn die Physikprofessoren Wilfried Kuhn und Helmut Satz verwenden in ihren Büchern (s. unten) den Begriff Naturgesetz im konventionellen Sinn, wie der Autor diese Buches auch. Doch soll dieser nachrangige Aspekt hier nicht weiter diskutiert werden.

Wichtiger ist die Frage, ob es Sinn macht und üblich ist, das Wort Modell für jedes Konzept zu verwenden, mit dem Forscher ihre experimentellen Ergebnisse überprüfen und Vorhersagen machen. Der Modellbegriff ist sicherlich immer dann gutzuheißen, wenn es um die Interpretation eines komplexen Sachverhaltes geht, bei dem ein Zusammenwirken mehrerer (Natur-)Gesetze stattfindet, ohne dass die Beiträge einzelner (Natur-)Gesetze auf Anhieb analysierbar sind. In diesem Sinne findet das Wort Modell auch Anwendung in Biologie, Geologie und Meteorologie. In der Chemie hat das Wort Modell nur eine einzige allgemein gebräuchliche Anwendung, nämlich als Molekülmodell. Vor Jahrzehnten wurden solche Modelle aus Holzkugeln (Atome) und Stahlfedern (chemische Bindungen) hergestellt, in neuerer Zeit ausschließlich als Computersimulationen, die, wie es der Nobelpreis für Chemie 2013 honoriert, auch chemische Reaktionen simulieren lassen.

Das experimentelle Studium chemischer Reaktionen wird jedoch mit einer anderen Methodik betrieben. Im Unterschied zur Interpretation von Experimenten der Kernphysik, von Vulkanausbrüchen oder von Regelkreisen in der Genetik ist es bei den weitaus meisten chemischen Reaktionen möglich, das Zusammenspiel mehrerer (Natur-)Gesetze experimentell in die einzelnen Komponenten zu zerlegen und diese als einfache chemische Gesetze zu formulieren. Als Beispiel diene die fiktive Synthese des Medikamentes C aus den Vorstufen A und B. Es ist ein typisches Forschungsziel, die Abhängigkeit der Ausbeute von der Reaktionszeit zu untersuchen, um bei minimalem Zeitaufwand eine möglichst hohe Ausbeute mit möglichst wenigen Nebenprodukten zu erreichen. Der gesetzmäßige Zusammenhang der nun gefunden wird, kann als Diagramm wie in Abb. 2.1 wiedergegeben werden – aber nur, wenn der Einfluss anderer (Natur-)Gesetze formal ausgeschaltet wird, indem man die entsprechenden Einflussgrößen Temperatur, Druck, Konzentration etc. während des Experiments konstant hält.

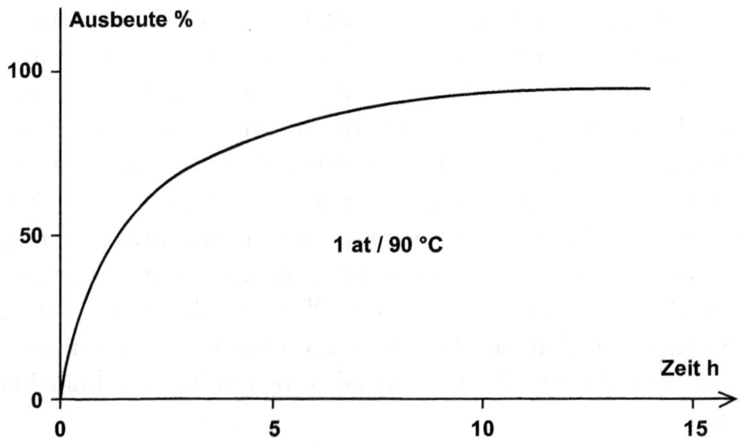

Abb. 2.1 Abhängigkeit des Umsatzes von der Reaktionszeit für die Synthese von C aus A und B

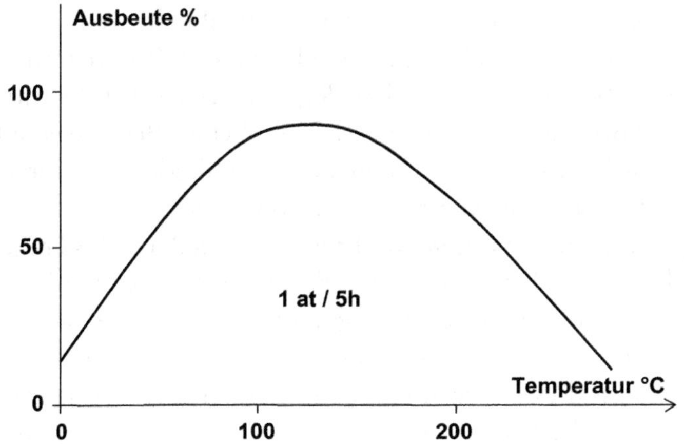

Abb. 2.2 Abhängigkeit des Umsatzes von der Temperatur für die Synthese von C aus A und B

Will man die Abhängigkeit der Ausbeute von der Temperatur ebenfalls kennenlernen, so wird eine weitere Serie von Messungen unter Konstanthaltung der Zeit durchgeführt. Daraus ergibt sich eine weitere Gesetzmäßigkeit (Abb. 2.2), die mit der ersten zu einem zweidimensionalen Diagramm kombiniert werden kann, wenn die Messungen unter mehrfacher Variation von Zeit und Temperatur wiederholt werden. Dieses Spiel kann man nun fortsetzen, indem man den Druck variiert und alle anderen Parameter konstant hält, und schließlich auch noch die Konzentration variiert. Auf diese Weise kann der Chemiker ein komplexes Zusammenspiel mehrerer Gesetze in die einzelnen Gesetzmäßigkeiten zerlegen und anschaulich in Diagrammen darstellen, aber auch zu mathematisch formulierten kinetischen Gesetzen verarbeiten.

Den gewählten experimentellen Parametern liegt meist ein Konzept zugrunde, also Vorstellungen über den wahrscheinlichen Verlauf der Versuche, die der Chemiker üblicherweise als Arbeitshypothese bezeichnet (Hypothese heißt Unterstellung). Folgen die experimentellen Ergebnisse den Erwartungen, dann gilt die Hypothese als bestätigt, andernfalls muss die Hypothese modifiziert werden, möglicherweise sogar noch ein zweites oder gar drittes Mal. Ist die Arbeitshypothese zufriedenstellend bestätigt und die Versuche sind unabhängig von Zeit und Ort gut reproduzierbar, so wurde ein chemisches Gesetz entdeckt. Der Begriff Modell ist hier völlig ungebräuchlich und unpassend.

Auch in der klassischen Physik gibt es millionen- und milliardenfach reproduzierte Versuche, die den Namen Gesetz tragen. Hier wäre an erster Stelle wieder das vor etwa 2300 Jahren von Archimedes gefundene Hebelgesetz zu nennen. Soll das Hookesche Gesetz Hookesches Modell heißen und das allgemeine Gasgesetzt Gasmodell? Diese Liste ließe sich fortsetzen. Der Begriff (Arbeits-)Hypothese ist sinnvoll und in der Praxis üblich, wenn es sich um einfache Zusammenhänge zwischen zwei, höchstens drei Parametern handelt, während der Modellbegriff, wie oben dargelegt, sich besser für die Interpretation komplexerer Vorgänge eignet. Der Gebrauch beider Begriffe erlaubt eine differenziertere Ausdrucksweise, während der ausschließliche Gebrauch des Wortes Modell nur dessen Schwammigkeit erhöhen würde.

Das wichtigere hier zu diskutierende Problem ist jedoch die Frage, ob es überhaupt inhaltlich gerechtfertigt ist, den Begriff Naturgesetz durch Modell zu ersetzen. Die Antwort ergibt sich zwangsläufig aus der Frage, wie denn der Begriff Naturgesetz verstanden werden soll. Abgesehen von dem zuvor diskutierten Aspekt, dass dieser Begriff von den Physikern des 19. Jahrhunderts mit bestimmten Charakteristika überladen wurde, gibt es zwei fundamental verschiedene Sichtweisen.

Erstens: Man versteht Naturgesetz nur als (vorläufige) Interpretation einer Serie reproduzierbarer Experimente. Dann bewegt sich der Begriff auf derselben Ebene wie Modell und kann, im Prinzip ausgetauscht werden. Diese Vorgehensweise widerspricht dem oben diskutierten „A-priori-Wortsinn" des Begriffes Naturgesetz und widerspricht den in Kap. 3 kommentierten Fakten. Auch kommen bei diesem Austausch der Begriffe unsinnige oder lächerliche Aussagen zustande. Wenn zum Beispiel ein Kleinkind Gehen lernt, übt es den Umgang mit dem Naturgesetz der Schwerkraft. Soll das nun heißen, es übt mit einem Modell? Nähert sich ein Motorradfahrer mit 100 km/h dem Ende einer stehenden Kolonne, ohne zu berücksichtigen, dass der Bremsweg und die Wucht des Aufpralls mit dem Quadrat der Geschwindigkeit wächst, hat der verunglückte Fahrer dann ein Naturgesetz missachtet oder ein Modell ignoriert? Zwei weitere markante Beispiele finden sich in Abschn. 3.4.

Zweitens: Man versteht unter Naturgesetz eine Eigenschaft der Natur (s. obige Definition), eine Eigenschaft, die von Anbeginn der Schöpfung präsent war (gleichgültig, ob mit Urknall oder nicht). Das heißt, die Summe aller in ihrer Zahl nicht absehbaren Naturgesetze definiert zusammen mit Raum und Zeit die Schöpfung, in welcher der Mensch lebt und deren Teil er ist. Mit diesem Verständnis bewegt sich der Begriff Naturgesetz in einer völlig anderen Dimension als das Wort Modell. Es soll hier vorsichtshalber noch erwähnt werden, dass ein Universum, das eine für den Menschen unendliche Zahl von Naturgesetzen beinhaltet, auch eine unvorstellbare Komplexität ihrer Wechselwirkungen besitzt. Das heißt, ein solches Konzept ist zum einen verträglich mit dem in der heutigen Quantenphysik üblichen Verständnis von Zufall, und es trifft zum anderen keine Aussagen über den Sinn der Natur oder die Ursache der Schöpfung, sodass es weder einen religiösen noch einen atheistischen Charakter besitzt. Ferner liefert dieses Konzept keine Rechtfertigung für ein deterministisches Weltbild, jedenfalls nicht mehr als ein religiöses Weltbild, bei dem ein allwissender und allmächtiger Gott seine Schöpfung von Beginn an bis ins kleinste Detail durchgeplant hat.

Die Physiker haben zwar die von ihren beruflichen Vorfahren im 19. Jahrhundert geprägte Sichtweise des Begriffes Naturgesetz korrigiert. Nun sind aber manche Naturwissenschaftler sowie physikinfizierte Theoretiker und Wissenschaftsjournalisten dabei, das Kind mit dem Bad in entgegengesetzter Richtung auszuschütten. Waren zuvor die Naturgesetze angeblich immer und überall uneingeschränkt gültig, so liefern nun die Naturwissenschaften angeblich überhaupt kein verlässliches Wissen mehr. Darüber hinaus sind manche Physiker auch wieder dabei, einen anderen Fehler ihrer Vorgänger zu wiederholen, nämlich die gesamten Naturwissenschaften mit ihrem eigenen Verständnis von Naturwissenschaft zu bevormunden. Daher soll die vorstehende Diskussion mit einer modifizierten Version eines von dem Physiker Georg C. Lichtenberg (1742–1799) auf die Chemie gemünzten Satzes abgeschlossen werden: „Wer nichts als Physik versteht, versteht auch die nicht recht!"

2.5 Naturwissenschaften und andere Wissenschaften

Wie schon in der Einleitung erwähnt, gibt es insbesondere von Seiten der Philosophie und Wissenschaftstheorie zahlreiche Schriften, in denen über „die Wissenschaft" philosophiert, diskutiert und geurteilt wird, ohne dass der

Wissenschaftsbegriff definiert und charakteristische Unterschiede zwischen den einzelnen Wissenschaftsbereichen aufgezeigt werden. Die zu Beginn diese Kapitels vorgestellte Definition der Naturwissenschaften erlaubt es, einen Vergleich mit anderen Wissenschaften anzustellen, bei dem leicht Gemeinsamkeiten und Unterschiede aufgezeigt werden können. Die Ziele einer Wissenschaft, ihre wichtigsten Forschungsobjekte und die Arbeitsmethoden sind dabei die wesentlichen Kriterien. Literaturwissenschaften, historische Wissenschaften, Soziologie und Psychologie sollen hier kurz beleuchtet werden Der Medizin, die einen Schwerpunkt in diesem Buch darstellt, ist Kap. 4 gewidmet.

Literaturwissenschaften

Literaturwissenschaft ist eng verzahnt mit Theater- und Medienwissenschaft und das gesamte Trio ist Teil der Kulturwissenschaften. Die Kulturwissenschaften, die wiederum zu den Geisteswissenschaften gehören, umfassen darüber hinaus die kulturellen Aspekte von Architekturwissenschaft, Kunstwissenschaft, Musikwissenschaft, Filmwissenschaft, Kommunikationswissenschaft, Sprachwissenschaft, Geschichtsforschung, Anthropologie und Ethologie. Die Literaturwissenschaft ist daher hier auch als Repräsentant der gesamten Kulturwissenschaften zu sehen. Literaturwissenschaft beinhaltet das Studium von Poesie und Romanliteratur, von Schriften mit historischem und politischem Hintergrund, aber auch von Theatertexten, Librettos, Film- und Fernsehtexten sowie von Drehbüchern. Die Forschungsobjekte der Literaturwissenschaft sind also Früchte des menschlichen Geistes und nicht Eigenschaften der Natur (auch nicht des Menschen selbst) – in krassem Gegensatz zu den Naturwissenschaften.

Wilhelm Dilthey (1833–1911), der Vater der modernen Geisteswissenschaften im deutschen Sprachraum, äußerte sich zu diesem Aspekt folgendermaßen: „Wir bemächtigen uns dieser physischen Welt durch das Studium ihrer Gesetze. Diese Gesetze können nur gefunden werden, indem der Erlebnischarakter unserer Eindrücke von der Natur, der Zusammenhang, in dem wir, sofern wir selbst Natur sind, mit ihm stehen, das lebendige Gefühl, in dem wir sie genießen, immer mehr zurücktritt hinter das abstrakte Auffassen derselben nach den Relationen von Raum, Zeit, Masse, Bewegung. All diese Momente wirken dahin zusammen, dass der Mensch sich selbst ausschaltet, um aus seinen Eindrücken diesen großen Gegenstand Natur als eine Ordnung nach Gesetzen zu konstruieren. Sie wird dem Mensch zum Zentrum der Wirklichkeit. Aber derselbe Mensch wendet sich dann von ihr rückwärts zum Leben, zu sich selbst." Und weiter: „Die Natur erklären wir, das Seelenleben verstehen wir."

Teilgebiete der Literaturwissenschaft sind Literaturgeschichte, Literaturkritik, Literaturinterpretation, Literaturtheorie und Editionsphilologie. Die Textanalyse gliedert sich in Erzähltextanalyse, Lyrikanalyse, Metrikanalyse, Romananalyse und Sprachenanalyse. Jedes Forschungsobjekt, sei es ein Gedicht, Essay, Roman oder Theatertext, ist immer ein historisch einmaliger Fall. Selbst wenn man einen Schriftsteller dazu animieren könnte, zum selben Thema noch einmal einen Text zu verfassen, es würde keine exakte Kopie seiner ersten Schrift. Die für die Naturwissenschaften entscheidende Reproduzierbarkeit von Beobachtungen und Experimenten spielt in der Literaturwissenschaft keine Rolle, und kann vom Substrat der Forschung auch nicht geliefert werden. Der fundamentale Unterschied in der Zielsetzung wird also begleitet von einem ebenso großen Unterschied in der Arbeitsweise. Es gibt unter dem Überbegriff „Wissenschaft" keine größere Divergenz als zwischen Literaturwissenschaft (sowie anderen Kulturwissenschaften) und rein experimentellen Naturwissenschaften wie Chemie und Physik.

Historische Wissenschaften

Die historischen Wissenschaften haben mit den Literaturwissenschaften einige wesentliche Eigenschaften gemeinsam. So kann man eine gemeinsame Zielsetzung darin sehen, dass geschichtlich einmalige menschliche Handlungen und deren Ergebnisse Gegenstand der Forschung sind. Ferner sind schriftliche Aufzeichnungen die bevorzugten Forschungsobjekte. Im Unterschied zu den Naturwissenschaften gehören Naturgesetze oder auch nur Regelmäßigkeiten natürlicher Phänomene nicht zu den Forschungszielen. Die Unterschiede zu den Naturwissenschaften betreffen aber nicht nur die Zielsetzung, sondern auch die fundamentalen Arbeitsmethoden, weil in den historischen Wissenschaften keine reproduzierbaren Beobachtungen, Versuche oder Messungen durchführbar sind.

Allerdings haben historische Wissenschaften und Naturwissenschaften auch eine wesentliche Gemeinsamkeit. Erstens beinhaltet die Astronomie eine Art historischer Forschung, da sich die Kosmologie mit der Entstehung und Entwicklung des Weltalls befasst; auch ist jeder Blick auf Objekte außerhalb der Milchstraße immer auch ein Blick in die Vergangenheit des Kosmos. Ferner gibt es innerhalb der Biologie und Geologie eine historische Forschung, die sich auf die Veränderungen der Erdkruste und die Entwicklung der Tier- und Pflanzenwelt im Laufe der Erdgeschichte bezieht, eine Disziplin, die Paläontologie genannt wird. Die untersuchten Phänomene sind hier wie in den historischen Wissenschaften einmalige Ereignisse. Damit endet aber auch die Gemeinsamkeit. Und die Unterschiede hinsichtlich Forschungszielen und

Arbeitsmethodik sind so groß, wie das für den Vergleich von Geistes- und Naturwissenschaften typisch ist.

Die Naturwissenschaften suchen hinter den einzelnen historischen Ereignissen die Naturgesetze zu finden, welche den Ablauf der Ereignisse bestimmt haben. So war zwar der Ausbruch des Vesuvs 79 n. Chr. ein historisch einmaliges Ereignis, vor allem hinsichtlich der Zerstörung von Pompei, Herkulaneum und Stabbiae, aber Vulkanausbrüche gibt es weltweit gesehen täglich. Für die vulkanologischen Untersuchungen der chemischen und physikalischen Gesetze sowie der geologischen Voraussetzungen gibt es allein in den letzten 100 Jahren Tausende Beispiele, die eine systematische Untersuchung ermöglichen. Ferner lassen sich Gesteinsumwandlungen sowie die Bildung von Mineralien bei hohen Temperaturen und Drücken in Laborexperimenten nachvollziehen und auf Reproduzierbarkeit testen. Die technische Synthese von Diamanten ist nur das bekannteste Beispiel.

Natürlich lassen sich auch einmalige Ereignisse aus der Geschichte der Menschheit mit Komparsen und Schauspielern nachstellen, zum Beispiel Cäsars Überschreiten des Rubikon im Jahre 49 v. Chr. Doch eine solche Kopie wäre niemals eine exakte Reproduktion und brächte auch keine neuen Erkenntnisse in den wesentlichen Punkten, zum Beispiel über Cäsars Charakter, seine mentale Verfassung vor und während des Vorgangs oder über die politischen Verhältnisse Roms zu dieser Zeit.

Ein weiterer typischer Unterschied zwischen beiden Wissenschaften besteht im Umgang mit Fakten. Für die Paläontologie dienen die Fakten als Basis für die Suche nach präzisen Naturgesetzen. Für die Geschichtsschreibung ist es normal, dass dasselbe Set an Fakten zu (geringfügig) unterschiedlichen gleichberechtigten Interpretationen führen kann. Auch ist eine Ergänzung und Interpretation von schriftlichen oder archäologischen Quellen im Sinne eines lebensnahen Geschichtsbildes ein Teil der Wissenschaft, und ein an Fakten orientierter historischer Roman kann als ein legitimes Kind der Geschichtsschreibung angesehen werden. Ein konkretes Beispiel ist die Ende 2013 bei C.H. Beck erschienene Biographie Karls des Großen. Der Autor, Johannes Friedmann, emeritierter Professor für Mittelaltergeschichte, legt dar, dass die Quellenlage für das frühe Mittelalter so dürftig ist, dass selbst bei einer so bekannten Persönlichkeit wie Karl dem Großen subjektive Ergänzungen und Kommentare in erheblichem Umfang notwendig sind, um eine anschauliche Biographie zu ermöglichen. Dagegen ist der zwar beeindruckende aber nur mäßig lehrreiche Film „Jurassic Park“ völlig außerhalb der naturwissenschaftlichen Grenzen der Paläontologie.

Da es für die Interpretation historischer Quellen zwei oder mehr annähernd gleichwertige und damit gleichberechtigte Interpretationen geben kann, sind für die Anerkennung und Popularisierung einer Interpretation wissenschaftliche Autorität und Bekanntheitsgrad eines Autors von erheblicher Bedeutung. Wenn in den Naturwissenschaften konkurrierende Hypothesen und Theorien publiziert werden, lassen sich Qualitätsunterschiede fast immer schnell und objektiv feststellen, und die bessere Hypothese bzw. Theorie setzt sich durch.

Die Abschn. 8.4 und 8.5 wurden unter anderem deshalb ausgewählt, weil sie demonstrieren, dass auch Nobelpreisträgern fundamentale Irrtümer unterlaufen können. Ferner hat sich Albert Einstein, den seine Kollegen zum Physiker des 20. Jahrhunderts erkoren haben, mindestens viermal fundamental geirrt (Abschn. 9.3 und 9.4). Weniger bekannte Wissenschaftler, welche diese Irrtümer aufdecken, können sich mit besseren Experimenten und/oder einer besseren Theorie immer durchsetzen, wenn auch manchmal erst nach mehrjährigem „Kampf". Auch dieser Aspekt repräsentiert einen wesentlichen Unterschied zwischen Kultur- und Naturwissenschaften.

Soziologie

Auch die Soziologie studiert menschliches Handeln und seine Konsequenzen, aber es stehen auch der Mensch selbst und seine Eigenschaften im Fokus der soziologischen Forschung. Da der Mensch Teil der Natur ist, kommt die Soziologie in Teilgebieten den Naturwissenschaften wesentlich näher als die Geschichtswissenschaften. Im Unterschied zur Letzteren, aber in Analogie zu den Naturwissenschaften, versucht die Soziologie aus der Beobachtung vergangener und gegenwärtiger Ereignisse Vorhersagen für die Zukunft abzuleiten. Einige Definitionen aus ganz unterschiedlichen Quellen sollen hier vorgestellt werden.

- Encyclopedia Americana: „Sociology is the scientific study of the social behavior of human beings or the study of human groups."
- Wikipedia: „Soziologie ist eine Wissenschaft, die sich mit der empirischen und theoretischen Erforschung des sozialen Verhaltens befasst, das heißt die Voraussetzungen, Abläufe und Folgen des Zusammenlebens von Menschen untersucht."
- Im Lehrbuch *BA-Studium Soziologie* von J. Hunink steht zu lesen: „Die Soziologie ist eine Gesellschaftswissenschaft. Das heißt, ihr Thema ist im weitesten Sinne das Zusammenleben von Menschen in Gesellschaften."
- Einer der Begründer der deutschen Soziologie, Max Weber (1854–1920), äußerte sich über soziales Handeln in *Wirtschaft und Gesellschaft* aus dem Jahr 1920 wie folgt: „Soziologie soll heißen: eine Wissenschaft, welche soziales Handeln deutend verstehen und dadurch in seinem Ablauf und seiner Wirkung ursächlich erklären will. Handeln soll dabei ein menschliches Verhalten […] heißen, wenn und insofern als der oder die Handelnden mit

ihm einen subjektiven Sinn verbinden. Soziales Handeln aber soll ein solches Handeln heißen, welches von seinem von dem oder den Handelnden gemeinten Sinn nach und das Verhalten anderer bezogen wird und daran in seinem Ablauf orientiert ist."
- Für den zweiten Begründer der deutschen Soziologie, Ferdinand Tönnies (1855–1935), basieren die „sozialen Wesenheiten" auf dem „Willen zur sozialen Bejahung".

Der Begriff Soziologie stammt von dem lateinischen Wort „socius" (Gefährte) ab und wurde 1851–1854 in einem vierbändigen Werk des Soziologen Auguste Comte (1798–1857) als zentraler Begriff dieser Wissenschaft vorgestellt. In den folgenden Jahrzehnten entwickelte sich die Soziologie aus den Geisteswissenschaften heraus zum selbstständigen Fachgebiet an europäischen Universitäten. Die Soziologie kann als Scharnier zwischen folgenden Wissenschaften verstanden werden: Anthropologie, Psychologie, Ethnologie, Biologie (Verhaltensforschung an Tieren), Geschichtsforschung, Politikwissenschaften und Wirtschaftswissenschaften. Schon diese Aufzählung zeigt, dass es Bereiche gibt, die nahe an den Naturwissenschaften liegen und Bereiche, die weit davon entfernt sind.

Im Unterschied zu den Naturwissenschaften spielt in der Soziologie eine deduktive Vorgehensweise eine wesentlich größere, empirisch-induktive Verfahren eine geringere Rolle. So gehört es zur Denkweise der Soziologie, einen Standpunkt als Axiom zu definieren, von dem aus alle Analysen, Bewertungen und Interpretationen vorgenommen werden. Die zwei fundamentalen Axiome, die Jahrzehntelang als Basis soziologischer Forschung dienten und immer noch dienen, sind:

- Das makrosoziologische Theorem: Hier dient eine Gruppe von Menschen (z. B. die Mittelschicht einer Nation) als Basis der Untersuchung, und die Eigenschaften dieser Gruppe drücken allen Abläufen, auch dem Handeln der Individuen, ihren Stempel auf.
- Das mikrosoziologische Theorem: Hier ist das Individuum Ursprung des sozialen Handelns, und Gruppeneigenschaften sind die Konsequenz.

Auch empirische Methoden spielen eine wichtige Rolle, doch können (außer in strengen Diktaturen) mit Menschen keine Experimente durchgeführt werden. Stellvertretend werden mündliche oder schriftliche Befragungen durchgeführt und mittels statistischer Methoden der Mathematik ausgewertet. Nun kann derselbe Mensch auf dieselbe Frage unterschiedliche Antworten geben, je nach wirtschaftlicher Situation, persönlicher emotionaler Lage und Zweck der Befragung. Auch Lügen liegen im Bereich des Möglichen. Die Reproduzierbarkeit einer Befragung ist daher ein fundamentales Problem. Die Auswertung von naturwissenschaftlichen Experimenten ist davon grundlegend verschieden, denn Experimente sind keinen Emotionen unterworfen und lügen nicht. Dem Experimentator kann zwar eine Fehlinterpretation der Experimente unterlaufen, doch gilt dies auch für einen Soziologen bei der Auswertung einer Befragung. Wollte man also die pauschale Frage stellen „Ist Soziologie eine Naturwissenschaft?", so ist die pauschale Antwort ein klares „Nein". Dabei ist jedoch zu berücksichtigen, dass in Grenzgebieten, zum Beispiel zur Psychologie, Evolutionstheorie oder Verhaltensforschung hin, die Grenzen fließend sind.

Psychologie und Psychiatrie

Psychologie kann aus dem Griechischen wörtlich mit „Lehre von der Seele des Menschen" übersetzt werden. Dabei muss jedoch berücksichtigt werden, dass der Begriff Psyche bei den Griechen nicht dem christlichen Verständnis von Seele entsprach, sondern eher unserem Begriff Gemüt. In Medizin und Psychologie kann Psyche als Gesamtheit aller mentalen und emotionalen Zustände definiert werden(Abschn. 4.3). Als kurze und damit zwangsläufig allgemein gehaltene Definitionen der Psychologie können in der Literatur zum Beispiel folgende Aussagen gefunden werden:

- Encyclopedia Americana: „Primarily, it is the name given to a biosocial science using experimental, observational and quantitative methods of studying human nature."
- Wikipedia: „Psychologie beschreibt und erklärt das Erleben und Verhalten des Menschen, seine Entwicklung im Lauf des Lebens unter Berücksichtigung aller diesbezüglich wirksamen inneren und äußeren Ursachen und Bedingungen."
- Im Lehrbuch *Psychologie* von Gerrig und Zimbardo ist zu lesen: „Was ist das Wesen des Menschen? Die Psychologie sucht Antworten auf diese Frage. […] So gesehen definieren wir Psychologie formal als wissenschaftliche Untersuchung des Verhaltens von Individuen und ihren mentalen Prozessen."

Etwas kürzer drückte es der Schriftsteller Oscar Blumenthal (1852–1917) aus: „Die Psychologen sind die Spione unserer Empfindungen."

Psychologie hat also im Unterschied zur Psychiatrie sowie Teilen der Psychoanalyse das Ziel, Eigenschaften des Menschen zu erforschen, und damit hat sie eine naturwissenschaftliche Zielsetzung. In Analogie zu Naturwissenschaften und Technik gibt es auch in der Psychologie eine Zweiteilung in

Grundlagenforschung und angewandte Forschung plus praktische Anwendung. Die angewandte Psychologie hat die Zielsetzung, die private und berufliche Lebenssituation der betreuten Menschen zu verbessern. Sie hat daher ähnlich der Psychiatrie eine mehr therapeutische als naturwissenschaftliche Zielrichtung. Dass die Grenzen zwischen diesen Bereichen fließend sind, versteht sich von selbst.

Psychologie grenzt an und überlappt sich mit folgenden Wissenschaften: Neurologie und Physiologie (Biochemie im Rahmen der Gehirnforschung), Anthropologie, Soziologie, Evolutionstheorie und Verhaltensforschung an Tieren sowie Philosophie.

Die wichtigsten Fragestellungen der Grundlagenforschung sind:

- Wie lässt sich das Entstehen von Gedanken und Emotionen auf Basis neurologischer und physiologischer Kenntnisse des Gehirns erklären?
- Wie erfolgen Wahrnehmung, Lernen und Lösen von Problemen? (Kognitionspsychologie)
- Wie verändern sich menschliche Fähigkeiten im Lauf des Lebens? (Entwicklungspsychologie)
- Welche charakteristischen psychischen und mentalen Merkmale eines Individuums bleiben konstant, bei sich änderndem Umfeld? (Differentialpsychologie)
- Wie nehmen sich Menschen gegenseitig wahr und wie beeinflussen sie sich gegenseitig? (Sozialpsychologie)
- Inwieweit sind die Eigenschaften des Individuums von der Vererbung und inwieweit von Umfeldeinflüssen abhängig? (Z. B. hinsichtlich Intelligenz, Sexualität, geschlechtsspezifischem Verhalten oder psychischen Erkrankungen)

Zur Methode psychologischer Grundlagenforschung sollen zunächst die Lehrbuchautoren R.J. Gerrig und P.G. Zimbardo zu Worte kommen: „Die wissenschaftliche Methode besteht aus einer Menge geordneter Schritte zur Analyse und Lösung von Problemen. Diese Methode benutzt objektiv erhobene Daten als Faktenbasis der Schlussfolgerungen." Aus Beobachtungen (Datenerhebung) soll also eine Theorie entwickelt werden, die neue Aspekte in den Blick rückt und durch weitere Beobachtungen auf ihre Richtigkeit überprüft werden kann und muss. Die Datenerhebung muss unter möglichst sorgfältig und genau standardisierten Bedingungen erfolgen und die Beschreibung der Datenerhebung sowie der abgeleiteten Theorie muss möglichst präzise durchgeführt werden, um anderen Psychologen die Möglichkeit zu geben, die Replizierbarkeit (in der Psychologie statt Reproduzierbarkeit benutzt) der gesamten Vorgehensweise zu ermöglichen. Auf diese Weise wird Objektivität geschaffen und die Aussagekraft einer Theorie überprüft.

Hinsichtlich der Datenerhebung sind folgende Vorgehensweisen zu nennen:

- Ausführliche Einzelfallstudien
- Feldbeobachtung, das heißt Beobachtung des Individuums in seinem normalen Umfeld
- Zufallsstichproben
- Befragung vieler Individuen

Vergleicht man die zuvor aufgeführten Aussagen zur Methodik mit den Arbeitsprinzipien der Naturwissenschaften, so ist eine weitgehende Übereinstimmung festzustellen. Die beträchtlichen Unterschiede betreffen vor allem die Objekte der Forschung, Mensch hier, tote Materie und (selten) Tiere dort. So gelten bei der Befragung Vieler die schon für Befragungen im Rahmen der Soziologie genannten Unterscheidungsmerkmale. Ferner kommt in der Psychologie das Problem hinzu, dass bei statistischer Datenerhebung Korrelation von Phänomenen leicht mit Kausalität verwechselt werden kann. Als konkretes Beispiel sei hier eine fiktive Erhebung angeführt, die zeigt, dass Jugendliche, die zu Hause mehr geliebt und betreut werden, sich im Alltag weniger auffällig benehmen. Diese Korrelation sieht auf den ersten Blick nach Kausalität aus, doch kann eine „inverse Kausalität", unauffälligere, leichter zu betreuende Jugendliche erfahren zu Hause mehr Zuwendung, a priori nicht ausgeschlossen werden.

Einzelfallanalysen spielen in der Psychologie und ihrer Geschichte eine große Rolle, treten aber in den Naturwissenschaften nur in verschwindender Zahl auf. Dies gilt zum Beispiel für das Auffinden eines zuvor noch unbekannten Saurierskelettes in der Paläontologie. So lange nur ein einzelner Fund vorliegt, gilt hier wie in der Psychologie und allen anderen Wissenschaft der fundamentale Satz, dass man durch einen Punkt nicht extrapolieren kann. Die Psychologie hat hier den großen Vorteil, dass weitere Einzelfallanalysen, welche die möglichen Hypothesen des ersten Falles zu überprüfen gestatten, leichter zu beschaffen sind als zum ersten Fund passende, weitere Saurierskelette.

Ein entscheidender Unterschied zwischen Psychologie und Naturwissenschaften ergibt sich jedoch aus der Emotionalität des Studienobjektes Mensch. Auch in den Naturwissenschaften kann die Analyse von Experimenten bzw. Beobachtungen durch Emotionen des Wissenschaftlers beeinflusst werden, die untersuchte tote Materie ist jedoch frei von Emotionen. In der Psychologie ist dagegen das Risiko hoch, dass bei Einzelfalluntersuchungen emotionale Wechselwirkungen zwischen Studienobjekt und Psychologen auftreten. Die Einzelfallanalyse hat jedoch den Vorteil, dass ein umfangreiches Datenmaterial zu einem interessanten Fall erarbeitet werden kann, der sich in Kombination mit weiteren passenden Einzelfalluntersuchungen zu einem bedeutenden Modelfall entwickeln kann. Ein weiterer trivialer Unterschied zu den Naturwissenschaften besteht natürlich darin, dass man zumindest in einem Staat, der Menschenwürde achtet, mit der menschlichen Psyche nicht experimentieren kann wie mit Chemikalien oder Geräten.

Die Psychiatrie ist wie der Name schon sagt eine der Medizin zuzurechnende Disziplin, denn das griechische ιατροσ bedeutet Arzt. Erkenntnisse aus der Psychologie und aus der Physiologie werden hier mit verschiedenen Therapiemethoden, insbesondere mit der Gabe von Psychopharmaka eingesetzt, um psychische Erkrankungen zu heilen (Abschn. 4.3). Die Zielsetzung ist also medizinisch und nicht naturwissenschaftlich ausgerichtet. Naturwissenschaftliche Erkenntnisse sind hier, wie in der gesamten Medizin, Mittel zum Zweck.

Zusammenfassend lässt sich sagen, dass in der Reihe Literaturwissenschaften, Geschichtswissenschaften, Soziologie und Psychologie hinsichtlich Zielsetzung und/oder Arbeitsmethoden eine beträchtliche Annäherung an die Naturwissenschaften festzustellen ist. Der Unterschied zwischen Natur- und Kulturwissenschaften ist in jeder Hinsicht so gewaltig, dass es schwer verständlich ist, wie sinnvolle Schriften und Bücher zustande kommen sollen, wenn völlig undifferenziert über „die Wissenschaften" geschrieben wird. Je größer der Unterschied, desto geringer die Gemeinsamkeiten. Was man über alle Arten von Wissenschaften fundamental Gemeinsames sagen kann, lässt sich in zwei Sätze fassen:

- Alle Wissenschaften haben die Intention, das Wissen auf ihrem Gebiet zu vermehren.
- Zudem haben sie die Intention, das Verständnis ihrer Studienobjekte sowie deren Wechselwirkung mit dem Umfeld und anderen Studienobjekten zu verbessern.

Zu einem Brückenschlag zwischen Geistes- und Naturwissenschaften sagte der Physiker W. Kuhn in der Einleitung seines Buches *Ideengeschichte der Physik* (S. VI): „Eine Ideengeschichte kann Brückenschlagen über die von C.P. Snow beklagte tiefe Kluft zwischen literarischer und naturwissenschaftlicher Intelligenz und ist somit als wesentliche Vorbedingung für ein volles Verständnis unserer Kultur anzusehen. [...] In diesem Sinne stellte der Physikhistoriker Bernhard Cohen heraus: ‚In der Geschichte der Naturwissenschaften sehe ich eine Zusammenfassung aller schöpferischen Kräfte des Menschen und ein

Mittel, mit dessen Hilfe die Wissenschaft ihre humanistische Fähigkeiten wiedergewinnen kann, die sie durchs Abgleiten ins Formale verloren hat.'" Der von W. Kuhn zitierten Aussage Cohens kann der Autor nicht ganz folgen, und er ist wohl nicht alleine mit diesem Problem.

Literatur

Asimov I (1993) Die exakten Geheimnisse unsere Welt. Knaur, München

Böhme H, Matussek P, Müller L (2002) Orientierung Kulturwissenschaft. Was sie kann, was sie will, 2. Aufl. Rowohlt, Reinbek

Böhme H, Sherpe KR (1996) Literatur und Kulturwissenschaften. Positionen, Theorien, Modelle. Rowohlt, Reinbek

Gaßner JH, Lesch H (2012) Urknall, Weltall und das Lenen. Komplett Media, München

Gerrig RJ, Zimbardo PG (2008) Psychologie, 18. Aufl. Pearson, Halbergmoos

Hawkins S (1988) Eine kurze Geschichte der Zeit. Rowohlt, Reinbek

Hedrich R (2003) Book Review: Wilfried Kuhn „Ideengeschichte der Physik – Eine Analyse der Entwicklung der Physik im historischen Kontext". J Gen Philos Sci 34 (1): 159

Hunink J (2005) BA-Studium Soziologie. Rowohlt, Reinbek

Joas H (Hrsg) (2007) Soziologie, 3. Aufl. Campus, Frankfurt a. M.

Keuth H (Hrsg.) (2013) Karl Popper: Logik der Forschung, 4. Aufl. Akademie Verlag, Berlin

Kuhn W (2001) Ideengeschichte der Physik – Eine Analyse der Physik im historischen Kontext. Vieweg, Braunschweig

Millack T (2009) Naturwissenschaften und Glaube im Gespräch. Oldenbourg, München

Morgenstern M, Zimmer R (2002) Karl Popper. dtv, München

Myers DG (2007) Psychologie, 2. Aufl. Springer, Heidelberg

Planck M (1948) Wissenschaftliche Selbstbiographie. Barth, Leipzig

Popper K (2005) Logik der Forschung. Gesammelte Werke, Bd. 3, 11. Aufl. Mohr Siebeck

Satz H (2013) Gottes unsichtbare Würfel. C.H. Beck, München

Schroedinger E (1997) Was ist ein Naturgesetz? Oldenbourg, München

Toulmin S (1968) Voraussicht und Verstehen. Ein Versuch über die Ziele der Wissenschaft. Suhrkamp, Frankfurt a. M.

3
Naturgesetze im Alltag

„Es fordert oft mehr Mut, seine Ansicht zu ändern, als an ihr festzuhalten."
(Norissat Peseschkian)

3.1 Naturgesetze und Menschheitsgeschichte

In seinem schon in der Einleitung erwähnten Buch *Der Wissenschaftswahn* schreibt der Biologe R. Sheldrake zu Beginn des dritten Kapitels (S. 117): „Für die meisten Naturwissenschaftler ist es keine Frage, dass die Gesetze der Natur unveränderlich feststehen. Sie waren schon immer so, wie sie jetzt sind, und sie werden immer so bleiben. Doch das ist offenbar eine theoretische Annahme und keine empirische Beobachtung." R. Sheldrake hat es somit geschafft, in drei Sätzen zwei fundamentale Irrtümer zu formulieren. Bis gegen Ende des 19. Jahrhunderts war die naturwissenschaftliche Forschung aller Richtungen empirisch ausgerichtet. Trotz des beginnenden Aufstiegs der Theoretischen Physik und des rapide zunehmenden Potenzials von Computersimulationen werden auch zu Beginn des 21. Jahrhunderts mehr als 95 % an Sach- und Personalmitteln in den gesamten Naturwissenschaften für empirische Forschung eingesetzt. Ferner muss betont werden, dass Naturgesetze keine Erfindung der modernen Naturwissenschaften sind (sondern nur deren Formulierung in chemischen oder mathematischen Gleichungen), worauf im Folgenden näher eingegangen werden soll.

Naturgesetze sind eine fundamentale Eigenschaft der Natur und beeinflussen die Verhaltensweisen des Menschen an jedem Ort und zu jedem Zeitpunkt. Zahlreiche Naturgesetze, die den menschlichen Alltag unmittelbar beeinflussen, sind für den Menschen intuitiv wahrnehmbar und bedürfen zumindest für ihr qualitatives Verständnis keiner mathematischen Formulierung. Die Menschheit hat die Schwerkraft (Erdanziehung, Gravitation) intuitiv wahrgenommen und bei allen körperlichen Aktivitäten in Rechnung gestellt, seit sie sich vor über zwei Millionen Jahren von Menschenaffen zu emanzipieren begann. Im individuellen Leben beginnt die Auseinandersetzung mit der Erdanziehung und dem Hebelgesetz, sobald ein Kleinkind beginnt, laufen zu lernen oder nach Spielsachen zu greifen, und diese Auseinandersetzung erfolgt ohne Kenntnis des Gravitationsgesetzes und der Relativitätstheorie. Auch die Frage, ob der Begriff Naturgesetz sinnvoll ist und wie er definiert werden kann, lässt das Kleinkind kalt. Es war und ist für Menschenkinder und Tiernachwuchs eine Überlebensnotwendigkeit, den Umgang mit den Eigenschaften der Natur, und das heißt mit Naturgesetzen, so schnell wie möglich und so optimal wie möglich zu erlernen. Es ist daher absurd, die Frage nach der Existenz und Definition von Naturgesetzen nur als Problem der modernen Naturwissenschaften zu sehen.

Für den Erwachsenen Menschen beginnt der Kampf mit der Schwerkraft jeden Tag meist mit dem Verlassen des Bettes, und alle Handlungen während der folgenden Wachperiode sind darauf abgestimmt, die Wirkung der Schwerkraft zu nutzen. Erst mit dem Einschlafen geht dieses Handlungsmuster vorübergehend zu Ende. Der tägliche Umgang mit Naturgesetzen führt dazu, dass sie über die meiste Zeit hin nicht mehr bewusst wahrgenommen werden. So wird die Erdanziehung nur in besonderen Situationen als Beengung bzw. Behinderung empfunden, zum Beispiel wenn der Mensch fliegenden Vögeln zuschaut und deren Leichtigkeit und Eleganz bewundert. Der Wunsch, die Schwerkraft wenigstens zeitweise zu überwinden und sich von der Erdoberfläche zu lösen, ist schon bei den frühen Griechen im Mythos von Ikarus dokumentiert. In den letzten 100 Jahren hat dieser Wunsch zu einer Vielzahl von Fluggeräten geführt, die vielen Menschen das Erlebnis des Fliegens ermöglicht haben. Dabei wird zwar nicht die Schwerkraft aufgehoben, wohl aber das befreiende Gefühl erzielt, sich temporär von der Erdoberfläche zu lösen.

Die Menschheit hat sich aber nicht nur an einen direkten Umgang mit der Erdanziehung gewöhnt, also an Maßnahmen, das Fallen des eigenen Körpers wie auch das Fallen vieler Objekte zu verhindern. Sie hat das Wirken der Schwerkraft auch schon früh in indirekter Weise kennengelernt, nämlich durch die Eigenschaft vieler Objekte, im Wasser zu schwimmen. Archimedes von Syrakus (287–212 v. Chr.) war wohl der erste, der das zugrunde liegende Naturgesetzt klar erkannte. Er fand heraus, dass ein Körper immer dann schwimmfähig ist, wenn sein Gewicht geringer ist als das des Wassers, das er bei komplettem Eintauchen verdrängen würde. Diese intuitive Erkenntnis hat den Menschen schon in der Steinzeit zum Baut von Boten veranlasst und ihm schließlich das Reisen, Handeln und Kriegführen über die Meere hinweg ermöglicht.

Eine weitere Gesetzmäßigkeit im Zusammenhang mit Schwerkraft und Auftrieb konnten ebenfalls schon die frühesten Menschen machen, sobald sie die Kunst des Feuermachens reproduzierbar beherrschten. Die heiße Luft über dem Feuer steigt auf, weil sie spezifisch leichter ist. Daher wurde das Kochen und Braten über dem Feuer und nicht in der seitlichen Wärmestrahlung der Feuerstelle ausgeführt. Auch wenn die städtische Menschheit der letzten 100 Jahre das Kochen und Braten über offenem Feuer allmählich verlernt hat (das Grillen ist immerhin in Mode), die Eigenschaften brennender Kerzen sind immer noch allen Menschen geläufig. Dazu kommt, dass die Brüder Montgolfier im Jahre 1783 das Fliegen mit Heißluftballons erfanden, ein Vergnügen, das sich im 21. Jahrhundert wieder steigender Beliebtheit erfreut.

Weitere auf der Gravitation und anderen Gesetzen beruhende Naturphänomene lernten die frühen Menschen im regelmäßigen Auf- und Untergehen der Sonne sowie im Rhythmus der Jahreszeiten kennen. Die sich im Jahresverlauf kontinuierlich ändernde Zahl der täglichen Sonnenscheinstunden steuert die Stoffwechselaktivitäten fast aller Pflanzen und Tiere, insbesondere auch deren Fortpflanzungsaktivitäten. Diese Beobachtungen konnte die Menschheit schon seit ihrer Entstehung machen. Dass hier die Rotation der Erde um ihre Achse bzw. das Umkreisen der Sonne eine entscheidende Rolle spielen, wurde allerdings erst Anfang des 16. Jahrhunderts durch den Astronomen Nicolaus Copernicus (1473–1543) geklärt. Auch die viel unscheinbareren, aber gesetzmäßigen Bewegungen der Planeten, der „Wandelsterne", wurden schon vor etwa 5000 Jahren in Indien und im Zweistromland beobachtet. Johann Kepler (1531–1630) gelang dann die quantitative, mathematische Beschreibung aufgrund der Messungen von Tycho Brahe (1546–1611), und Isaac Newton (1643–1727) konnte schließlich die Gravitation als verantwortliches Naturgesetz identifizieren. Dass die Gravitation zwischen zwei Massen mit dem Quadrat der Entfernung abnimmt, ließ sich intuitiv allerdings nicht erfahren, und auch I. Newton musste diesen Aspekt erst von dem Naturforscher Robert Hooke (1635–1703) lernen (Abschn. 9.2).

Ein anderes Beispiel eines Naturgesetzes, das schon die frühe Menschheit kennen und nutzen lernte, ist das Hebelgesetz, das erstmals von Archimedes vor etwa 2300 Jahren quantitativ formuliert wurde. Bei einem zweiarmigen Hebel, wie zum Beispiel einer Wippe, mit ungleicher Balkenlänge darf die Kraft K_1, die an einem Ende des Balkens (L_1) die Kraft K_2 am anderen Ende kompensieren soll, umso kleiner sein, je länger der Balken L_1 im Verhältnis zu L_2 ist: $K_1 \times L_1 = K_2 \times L_2$. Der Einsatz eines Brecheisens oder von Holzbalken zur Bewegung großer Steine, wie sie zum Bau der Pyramiden verwendet wurden, illustriert die Verwendung eines zweiarmigen Hebels mit unsymmetrisch gelagertem Drehpunkt.

Die ersten Affenmenschen lernten das Hebelgesetz zuerst am einarmigen Hebel ihrer Arme kennen. Um einen Stein aufzuheben, benötigen die Schultermuskeln umso mehr Kraft, je weiter der Arm ausgestreckt ist, dessen Hand den Stein hält. Daher wurden und werden schwere Gewichte immer mit gewinkelten Armen möglichst nahe am Körper gehoben. Äste gleicher Dicke aufzuheben oder als Keule zu schwingen erforderte umso mehr Kraft, je länger der Ast ist, denn mit der Länge des Astes wandert auch sein Schwerpunkt weiter von der Schulter weg und vergrößert so die Hebellänge. Mit zunehmender Zivilisationsstufe hat die Zahl der Anwendungen des Hebelgesetzes exponentiell zugenommen. Pinzetten, Scheren und Zangen, die schon bei den Ägyptern vor mehr als 4000 Jahren in Gebrauch waren, sind Beispiele für die Nutzung zweiarmiger Hebel. In der modernen Welt sind Bolzenschneider, Baukräne oder die neueren Modelle von Wasserhähnen weitere Beispiele von Anwendungen steifer Hebel. Flaschenzüge, zu denen auch die Gurtung von Cowboysätteln zählen, sind Beispiele für die Nutzung flexibler Hebel.

Das Hebelgesetz lässt sich aber auch bei Drehbewegungen nutzen. Die klassischen durch Drehbewegung zu öffnenden Wasserhähne waren neben den Steuerrädern von Autos und Schiffen die häufigsten Anwendungen. Je größer der Durchmesser des Rades ist, desto kleiner die Kraft, die einen Drehvorgang bewirkt. In diesen Anwendungsbereich fallen auch die Getriebe von Maschinen, bei denen Zahnräder mit unterschiedlichen Durchmessern ineinandergreifen. Langsame Rotationen mit großer Kraft und schnelle Rotationen mit geringerer Kraft lassen sich so ineinander umwandeln.

Ein einfaches physikalisches Gesetz, das auch schon in der Altsteinzeit genutzt wurde, ist der Zusammenhang zwischen Druck (P) und Kraft (K): $P = K/F$. Bei konstanter (Körper-)Kraft erhöhte sich der Druck durch Verkleinerung der Fläche, auf welche die Kraft einwirkt. Diese intuitive Erkenntnis wurde genutzt, um mit spitzeren Pfeilen und Speeren den Körper oder (später) die Panzerung eines Gegners besser durchdringen zu können. Schärfere Schneiden von Faustkeilen, Steinäxten oder Bronzeschwertern sollten leichter eine vorgegebene Unterlage spalten, den Kopf eines Gegners inklusive.

Ebenfalls in den Bereich der mechanischen Gesetze, welche die Menschheit schon früh registrierte, ist der Befund, dass die Wucht eines Aufpralls (Zusammenstoßes) mit der Geschwindigkeit des bewegten Körpers zunimmt. Zumindest seit die Menschen zu reiten begannen – und mit Pferden bespannte Streitwagen fuhren – war klar, dass der Sturz vom galoppierenden Pferd einen heftigeren Aufprall bewirkt und meist schwerere Verletzungen verursacht als der Sturz vom schreitenden Pferd. Zu dieser Einsicht kamen nicht nur die Reiter selbst, sondern auch das zuschauende Fußvolk. Die Zunahme der kinetischen Energie und damit der Wucht des Aufpralls mit dem Quadrat der Geschwindigkeit ist intuitiv wohl schwer zu erfassen, aber dies lernt nun jeder Führerscheinaspirant seit Anfang des 20. Jahrhunderts.

Zu den Erfahrungen, die schon die frühe Menschheit sammeln konnte, gehört auch der Einfluss von Temperaturunterschieden. Dass die Einwirkung zu hoher oder zu niederer Temperaturen auf den menschlichen Körper gefährlich und im Grenzfall tödlich sein kann, gehört zu den brutalsten Lektionen, welche der Mensch von der Natur lernen muss. Im Zusammenhang mit höheren Temperaturen konnten auch schon die Menschen der Steinzeit lernen, dass es neben Licht noch eine weitere Art von Strahlung gibt, die Wärmestrahlung, heute Infrarot genannt. Von der Sonne aufgeheizte Felsplatten, die nach Sonnenuntergang noch Wärme abstrahlten, oder die erhitzten Steine einer erloschenen Feuerstelle vermittelten diese Erfahrung.

Heute lernt der Mensch auch ohne Physikunterricht, dass es drei Varianten von Radiowellen gibt, Kurz-, Mittel- und Langwellen, die sich über Berge und Täler fortpflanzen und Hauswände durchdringen können. Auch mit den kurzwelligen Mikrowellen und mit Radarstahlen sammeln die meisten Mitglieder der westlichen Zivilisationen zumindest oberflächlich Erfahrung. Diese sind mal positiv wie beim Aufwärmen von Speisen und mal negativ wie bei der Geschwindigkeitskontrolle von Autofahrern durch die Polizei. Ferner lernt der moderne Mensch, dass es jenseits des sichtbaren Lichtes noch die UV- und die Röntgenstrahlen gibt, von deren Nutzen er beim Zahnarzt oder beim Chirurgen überzeugt wird.

Zu einem Bereich physikalischer Phänomene und Gesetze, zu denen der heutige Mensch vielfältigeren und nützlicheren Zugang hat als noch die Menschen vor über 100 Jahren, gehört die Elektrizität. Auch hier lassen sich wesentliche Kenntnisse ohne Physikunterricht erwerben, zum Beispiel der Unterschied zwischen Spannung und Stromstärke, wie er in den unterschiedlichen Größen von Autobatterien zum Vorschein kommt. Auch weiß jeder, dass Stromschläge umso schmerzhafter und gefährlicher ausfallen, je höher die zugrunde liegende Spannung ist. Aus dem Aufbau eines Stromkabels ist ersichtlich, dass Kupfer ein besserer Leiter ist als fast alle anderen Metalle, aber Metalle sind generell bessere Stromleiter als andere Materialien wie Holz, Steine oder Standardkunststoffe. Ferner ist leicht verständlich, dass zur praktischen Handhabung der Elektrizität auch Isoliermaterialien gehören, wie die elastischen Kunststoffe der Kabelummantelung oder die Keramikbestückung von Oberleitungsmasten der Eisenbahn.

Der Mensch wurde und wird im täglichen Leben aber nicht nur mit physikalischen Gesetzen konfrontiert, sondern auch mit biologischen und chemischen Gesetzmäßigkeiten. Wie schon im vorigen Kapitel erwähnt, ist das Sterbenmüssen das fundamentalste Gesetz, mit dem die Menschheit von Anfang an konfrontiert war und welches der heranwachsende Mensch auch schon früh in seinem Leben zu lernen gezwungen ist, sei es durch den Tod von Verwandten oder Freunden.

Weitere Gesetze, Atmung, Ernährung und Verdauung betreffend, gehören ebenfalls zum Erfahrungsschatz der Menschheit von Anfang an. Der Mensch muss minütlich einatmen, um den für die Verbrennung der Nahrung benötigten Sauerstoff ins Blut zu bekommen, ein genauso triviales wie lebenswichtiges Gesetz. Die Rolle des Kohlendioxids und dessen systematisches kontrolliertes Ausatmen sind dagegen den Wenigsten geläufig. Das Atmen wird durch das Stammhirn reguliert, das allen anderen Gehirnstrukturen übergeordnet ist. Daher scheint es noch keinem Menschen gelungen zu sein, in seinem Großhirn einfach zu beschließen, die Atmung einzustellen, um damit einen schmerzlosen Suizid zu begehen. Diese neuere Erkenntnis stammt aus der Forschung zur Evolution des menschlichen Gehirns über alle Stufen der Wirbeltiere hinweg.

Die richtige Nahrungsaufnahme ist dagegen ein Prozess, den der Mensch (wie auch die Säugetiere) erlernen muss, denn nicht alles, was wächst, kriecht oder fliegt, eignet sich zur Ernährung. Schon die Steinzeitmenschen lernten, dass sich die gefährliche Jagd auf Tiere durch das Beschaffen von hochwertiger Fleischnahrung bezahlt machte. Heutige Ernährungsregeln besagen, dass der Mensch je nach Körpergröße und Intensität der körperlichen Arbeit 50–80 g Proteine pro Tag zu sich nehmen sollte (1 g Proteine pro 1 kg Körpergewicht). Wie es sich für eine Regel gehört, sind Abweichungen nicht notwendigerweise tödlich. Wer einige Tage oder auch zwei bis drei Wochen lang keine Proteine isst, erleidet noch keinen nennenswerten Schaden, selbst wenn er die fehlende Menge nicht gleich nachholt. Wer aber monatelang unter Proteinmangelernährung leidet, dessen Körper beginnt, die eigenen Reserven in Form der Muskeln abzubauen. Die abgemergelten Gestalten, die auf den grausigen Photographien befreiter Konzentrationslager zu sehen sind, bezeugen diesen Sachverhalt.

Hinter der genannten Ernährungsregel steht nämlich ein Naturgesetz, das keine Ausnahme kennt. Der *Homo sapiens* benötigt zum Aufbau seiner Proteine 20 verschiedene Aminosäuren, aber nur zwölf davon kann er aus anderen Nahrungskomponenten herstellen. Die acht sog. essenziellen Aminosäuren, die der Mensch nicht synthetisieren kann, muss er mit pflanzlicher oder, wesentlich effektiver, mit tierischer Nahrung aufnehmen. Der Versuch, diesem Gesetz zu entrinnen, endet tödlich. Es ließen sich noch weitere Gesetzmäßigkeiten des menschlichen Stoffwechsels und deren Konsequenzen für die Ernährung aufzählen (s. unten), aber es war nicht die Absicht, eine vollständige Auflistung aller Naturgesetze zu erreichen, die den menschlichen Alltag beeinflussen. Mit den genannten Beispielen sollen folgende Aussagen begründet werden:

- Zahlreiche Naturgesetze können intuitiv wahrgenommen werden. Eine mathematische Formulierung ist zumindest für ein qualitatives Verständnis unnötig und bei manchen Gesetzen auch gar nicht möglich.
- Die Bemühung um Reproduzierbarkeit von Experimenten ist keine Erfindung der modernen Naturwissenschaften. Schon bei der ersten „Erfindung“ der Menschheit, dem Entfachen und kontrollierten Nutzen von Feuer, wurde Reproduzierbarkeit unabhängig von Ort und Zeit angestrebt.

- Der Mensch beginnt schon kurz nach seiner Geburt, seine Handlungsweisen den Naturgesetzen anzupassen, um Gesundheit und Leben nicht zu gefährden.
- Bei angepasster Handlungsweise können Naturgesetze als Existenz sichernd, aber auch als Einengung der (theoretisch denkbaren) Handlungsmöglichkeiten wahrgenommen werden.

Die Bedeutung dieser weder weit hergeholten noch besonders originellen Beobachtungen und Einsichten sowie einige der weiter unten genannten Befunde wird nochmals deutlich, wenn man die folgende Aussage des Biologen R. Sheldrake zur Kenntnis nimmt (aus „Der Wissenschaftswahn" S. 118 und 119): „Doch der Glaube an ewige Gesetze ist als solcher eine tief eingefleischte Gewohnheit und zudem vielfach unbewusst. Um eine Denkgewohnheit zu ändern, muss man erst einmal auf sie aufmerksam machen und diese Gewohnheit besteht schon sehr lange." Mit diesen Sätzen und ihrem Kontext sagte R. Sheldrake, dass die Erkenntnis von Naturgesetzen nur eine Denkgewohnheit ist, die man ändern kann, wenn man den engstirnigen Naturwissenschaftlern nur die Augen öffnet und sie zu höheren Einsichten führt. Offensichtlich hat sich R.Sheldrake die Denkgewohnheit des atmen Müssens noch nicht abgewöhnt, sonst hätte er diesen Unsinn nicht schreiben können.

3.2 Statistik und Chaos

Statistik

Die Wahrnehmung der zuvor genannten Naturgesetze durch den Menschen erfolgte und erfolgt stets im Sinne eines linearen kausalen Zusammenhangs. Das heißt, das Phänomen B wird auf die Ursache A zurückgeführt, und wenn dieser Zusammenhang hinreichend oft bestätigt wurde, wird aus der Beobachtung von A geschlossen, dass B eintreten wird oder mit hoher Wahrscheinlichkeit eintreten kann. Nun gibt es aber bei zahlreichen Naturphänomenen diesen direkten kausalen Zusammenhang zwischen A und B nicht, und für ihre Beschreibung muss eine statistische Betrachtungsweise gewählt werden. Wie schon in Kap. 2 dargelegt, ist ein statistisches Phänomen dadurch charakterisiert, dass das Verhalten einer großen Zahl von Entitäten, seien es Atome, Moleküle, Tiere oder Menschen, über einen längeren Zeitraum hinweg keine Aussage darüber gestattet, wie sich eine einzelne Entität für eine kurze Zeit verhält. Und umgekehrt, aus dem Verhalten einer einzelnen Entität über kurze Zeit lässt sich keine zuverlässige Aussage darüber machen, wie sich eine große Zahl über einen längeren Zeitraum verhalten wird.

Die Naturwissenschaftler wurden erstmals zu einer statistischen Betrachtungsweise herausgefordert, als sie versuchten, das Verhalten größerer Gasmengen aus dem Verhalten der darin enthaltenen Einzelmoleküle zu erklären (sog. kinetische Gastheorie). Für eine große Zahl von Atomen oder Molekülen (25 l Luft enthalten bei 20 °C ca. 10^{24} Sauerstoff- und Stickstoffmoleküle) lässt sich allerdings wieder ein kausales, gesetzmäßiges Verhalten feststellen. So wurde schon Anfang des 18. Jahrhunderts das allgemeine Gasgesetz gefunden: $PV = nRT$. Dabei stehen P für Druck, V für Volumen, T für die absolute Temperatur und n für die Gesamtzahl der Gasmoleküle (der Proportionalitätsfaktor R soll hier nicht näher erläutert werden). Dieses Gesetz bildete und bildet die Grundlage für unzählige erfolgreiche Experimente in der Forschung und millionenfach reproduzierte Experimente in technischen Verfahren.

Ein neueres, oft zitiertes Beispiel für statistisches Verhalten ist der radioaktive Zerfall des Uran-235. Während sich für ein einzelnes Atom nicht vorhersehen lässt, wann es zerfallen wird, lässt sich für eine sehr große Zahl von Atomen ein gesetzmäßiges Verhalten messen und formulieren, nämlich ein Reaktionsgesetz erster Ordnung. Es besagt, dass immer nach derselben Zeitdauer, der sog. Halbwertszeit, die Hälfte der ursprünglich vorhanden gewesenen Atome zerfallen ist.

Statistische Phänomene wurden in der Natur allerdings auch schon von den Menschen der Steinzeit beobachtet und genutzt, sofern sie sich als Jäger von Herdentieren betätigten. Auch bei einer grasenden Herde ist das Gesamtverhalten nicht direkt kausal aus dem Verhalten von Einzeltieren für einige Minuten zu erschließen. So ist es für spielende Jungtiere normal, auch mal kurzzeitig entgegen der Marschrichtung der Herde oder quer dazu zu laufen oder sich kurz aus der Herde zu entfernen. Diese Tiere – und kurzfristig zurückbleibende alte Tiere – waren dann die bevorzugte Beute der sich anpirschenden Jäger.

Eine mehr rationale Beschäftigung mit Problemen der Wahrscheinlichkeit und Statistik begann dann bei den Griechen und Römern, die großes Interesse an Glücksspielen und insbesondere an Würfelspielen hatten. Es entstand der Begriff στοχαστικη τεχνη (Kunst des Ratens oder Vorhersagens) von dem sich der heute gebräuchliche Begriff Stochastik herleitet. Die Stochastik ist der Teil der Mathematik, der sich mit Wahrscheinlichkeitstheorien und Statistik befasst. Sie geht auf einen Briefwechsel zwischen Blaise Pascal (1623–1662) und Pierre de Fermat (1607–1665) zurück, die sich ebenfalls mit dem Verlauf von Glücksspielen beschäftigten, sowie auf das 1933 erschienene Lehrbuch des russischen Mathematikers Andrei N. Kolmogorow mit dem Titel *Grundbegriffe der Wahrscheinlichkeitsrechnung*.

Noch zu Beginn des 20. Jahrhunderts waren nicht alle Physiker glücklich über den Einbruch statistischer Betrachtungsweisen und Analysenmethoden in ihre Welt kausaler Zusammenhänge. So ist von dem Nobelpreisträger und überaus erfolgreichen Forscher Sir Ernest Rutherford (Abschn. 9.1) der folgende Ratschlag an seine Mitarbeiter bekannt: „If your experiment needs statistics, you ought to have done a better experiment."

Schließlich soll noch kurz auf die Teilchen- bzw. Quantenphysik eingegangen werden, weil es neben charakteristischen Unterschieden auch Parallelen zum statistischen Verhalten makroskopischer Systeme gibt. Wie insbesondere Werner Heisenberg (1901–1976) herausstellte, gibt es in der Welt der Elementarteilchen Gesetze, die es in der makroskopischen Welt der menschlichen Dimensionen nicht gibt und umgekehrt. So besagt seine „Unschärferelation", dass sich mit einem Experiment nicht gleichzeitig Ort und andere Eigenschaften (z. B. Geschwindigkeit) eines Elementarteilchens gleichzeitig feststellen lassen, wie das bei einem Auto mit Kamera und Radargerät möglich wäre. Hinzu kommt, dass jeder Messvorgang den Zustand des zu beobachtenden Teilchens beeinflusst. Mit den Worten W. Heisenbergs:

> Die Natur entzieht sich also der genauen Festlegung in unseren anschaulichen Begriffen durch die unvermeidliche Störung, die mit jeder Beobachtung verbunden ist. Während es ursprünglich das Ziel jeder Naturforschung war, die Natur möglichst so zu beschreiben, wie sie an sich, das heißt ohne unseren Eingriff und ohne unsere Beobachtung wäre, so erkennen wir jetzt, dass dieses Ziel unerreichbar ist. In der Atomphysik ist es in keiner Weise möglich, von den Veränderungen abzusehen, die jede Beobachtung an dem beobachteten Gegenstand hervorruft. Durch die Art der Beobachtung erst wird entschieden, welche Züge der Natur bestimmt werden und welche wir durch unsere Beobachtung verwischen.

Dieser Sachverhalt ändert jedoch nichts an folgenden Aussagen: Auch in der Teilchenphysik gibt es Naturgesetze, und die „Unschärferelation" ist eine Eigenschaft der Natur und kann daher gemäß der Definition in Abschn. 2.3 als Naturgesetz betrachtet werden. Zudem basiert auch in der Teilchenphysik die naturwissenschaftliche Relevanz von Messungen auf deren Reproduzierbarkeit. Und schließlich verhindert die Unbestimmtheit in der Charakterisierung eines Elementarteilchens zu einem fixen Zeitpunkt nicht, dass mit einer sehr großen Zahl von Elementarteilchen über einen längeren Zeitraum berechenbare und reproduzierbare Experimente gemacht werden können. Dieser wichtige Aspekt soll an einem konkreten Beispiel illustriert werden.

Die Atome des Metalls Natrium enthalten im Grundzustand ein relativ locker gebundenes Elektron im sog. 3s-Orbital. Orbitale sind mithilfe quantenmechanischer Rechnungen ermittelte Raumsegmente in der Nachbarschaft eines Atomkerns (Abb. 9.2, Abschn. 9.3), von denen die Physiker sagen, dass hier eine hohe Aufenthaltswahrscheinlichkeit des Elektrons vorliegt. Das Elektron kann aber nicht als punktförmiger Partikel an einem präzisen Ort zu einer bestimmten Zeit mit einer definierten Geschwindigkeit identifiziert werden. Die sichtbare Menge von 23 g Natrium enthält 6×10^{23} Atome und dementsprechend dieselbe Zahl an 3s-Elektronen. Erhitzt man das Natrium in Gegenwart von 35,5 g des gasförmigen Elementes Chlor (Cl_2), so erfolgt eine heftige Reaktion, bei der jedes Natriumatom sein 3s-Elektron an ein Chloratom abgibt. Die verbleibenden positiven Natriumionen und die gleichzeitig entstandenen negativen Chlorionen vereinigen sich zu dem jedermann bekannten kristallinen Kochsalz (Natriumchlorid). Wird das Experiment so durchgeführt, dass jedes Natriumatom mit einem Chloratom in Kontakt kommt, dann vollziehen auch alle 6×10^{23} 3s-Elektronen den gleichen Reaktionsschritt. Diese (technisch zu teure) Synthese von Kochsalz kann in jedem irdischen Labor zu jedem Zeitpunkt reproduziert werden.

Dieses berechenbare und reproduzierbare Verhalten von Elektronen in den äußeren besetzten Orbitalen von Atomen und Molekülen ist die Basis aller chemischen Reaktionen. Entstehung und Reaktionen organischer Moleküle sind wiederum die Basis allen Lebens. Die belebte Natur ist nun wiederum in der Lage, auch mit anderen Elementarteilchen, mit Photonen, unendlich oft reproduzierte Reaktionen durchzuführen, nämlich in Form der schon in Abschn. 2.3 erwähnten Photosynthese.

Chaos

Die Natur offenbart sich dem Menschen aber nicht nur in linear-kausalen oder statistischen Zusammenhängen, vielmehr gibt es auch noch eine dritte Gruppe von Phänomenen, die als chaotische Systeme bezeichnet werden können. Die Menschheit war von Anbeginn an in Form des Wetters mit einem solchen chaotischen System konfrontiert, das zudem noch für das Überleben der frühen Menschen von großer Bedeutung war. Das heutige Verständnis der Entstehung des Wetters ist eng verknüpft mit dem sog. Schmetterlingseffekt, der wiederum ein Teil der modernen, viel weitläufigeren Chaosforschung ist. Mit Schmetterlingseffekt ist gemeint, dass schon minimale Variationen in den Anfangsbedingungen einer Entwicklung (z. B. der Schlag eines Schmetterlingsflügels) weitreichende Folgen für die Entwicklung eines Phänomens (z. B. das Wetter) haben können. Die Metapher „Schmetterlingseffekt" geht auf den Meteorologen Edward N. Lorenz zurück, der 1972 vor der *American Association for the Advancement of Science* einen Vortrag hielt mit dem Titel *Does a flap of a butterfly's wings in Brazil set off a tornado in Texas?*

Der Schmetterlingseffekt ist nicht identisch mit dem Schneeballeffekt, der als Kettenreaktion mit Selbstverstärkung beschrieben werden kann. Auch beim Schmetterlingseffekt gibt es Phasen der Selbstverstärkung, aber nicht gesetzmäßig über eine lange Periode, und vor allem gibt es immer wieder Richtungsänderungen der gesamten Entwicklung. Die Einzelvorgänge der Wetterbildung gehorchen sehr wohl kausalen Zusammenhängen, zum Beispiel den chemischen und physikalischen Gesetzen, die für das Verhalten von Atomen und Molekülen im Gaszustand typisch sind. Aber die gesamte Entwicklung des (nach heutigem Sprachgebrauch) komplexen, nicht linearen, dynamischen Systems ist nicht vorhersagbar.

Da die Menschheit bis etwa um die Zeit um 1970 weder über mathematische Modelle der Chaostheorie noch über leistungsstarke Computer verfügte, beruhte ihr Umgang mit dem Wetter auf der Herleitung möglichst zuverlässiger Regeln aus jahrhundertelangen Beobachtungen. Aber auch zu Beginn des 21. Jahrhunderts sind Wettervorhersagen ein Problem, wie die folgenden von Meteorologen berechneten Zahlen belegen. Eine einigermaßen zuverlässige Prognose für die Dauer von vier Tagen erfordert 1000 Wetterstationen zur Beschaffung einer ausreichenden Zahl an Messwerten. Eine ähnlich genaue Vorhersage für elf Tage erfordert 10^8 Wetterstationen weltweit, und für die Dauer eines Monats würden 10^{20} Wetterstationen benötigt.

Basierend auf den Arbeiten von Henri Poincare (1854–1912), Benoit Mandelbrot (1924–2010), Mitchell Feigenbaum (geb.1944) und Edward N. Lorenz (1917–2008) hat sich die Chaostheorie in den vergangenen 40 Jahren in verschiedene Richtungen entwickelt, und die Beschäftigung mit Wettervorhersagen und Klimamodellen stellt nur einen Teilaspekt dar.

Unter Berücksichtigung von Abschn. 3.1 kann hier zusammenfassend gesagt werden, dass die Evolution das menschliche Großhirn in hohem Maße dazu befähigt hat, kausale Zusammenhänge intuitiv zu erfassen. Da sich der Mensch wie alle Lebewesen auf einer irreversiblen Zeitreise befinden, liefert kausales Denken offensichtlich den effektivsten Beitrag des Gehirns zu den Überlebensstrategien. Demgegenüber ist die Befähigung, statistische Phänomene intuitiv zu erkennen, weit weniger ausgeprägt, und das Talent, chaotische Systeme intuitiv zu verstehen, ist bestenfalls minimal entwickelt. Daher ist es kein Zufall, dass in der Entwicklung der modernen Naturwissenschaft die Erforschung kausaler Gesetzmäßigkeiten zuerst und auch sehr umfangreich bearbeitet wurde, dann folgte die Beschäftigung mit statistischen Phänomenen in der zweiten Hälfte des 19. Jahrhunderts und schließlich die Analyse chaotischer Prozesse erst in der zweiten Hälfte des 20. Jahrhunderts.

3.3 Naturgesetze und der Blick in die Zukunft

Die Frage, ob und inwieweit naturwissenschaftliche Erkenntnisse, insbesondere Naturgesetze, zutreffende Vorhersagen erlauben, wurde schon zu Beginn der modernen Naturwissenschaften diskutiert. Der schottische Philosoph David Hume (1711–1776) sah den „einzigen direkten Nutzen der Wissenschaft [darin] uns zu belehren, wie man zukünftige Ereignisse in der Natur kontrollieren und regeln kann, durch die Kenntnis der Ursachen". Eine ähnlich extreme Position vertraten der in Prag tätige Physiker Ernst Mach (1832–1916) und der deutsche Physiker Heinrich Hertz (1857–1894). Sie sahen das Ziel der Physik vor allem darin, „zukünftige Erfahrungen vorauszusehen". Eine sehr positivistische, aber nicht so extreme Einstellung vertrat nach dem ersten Weltkrieg auch der sog. „Wiener Kreis" um den Philosophen und Physiker Friedrich A. M. Schlick(1882–1936), gegen den sich dann die ebenfalls aus Wien gebürtigen skeptischen Wissenschaftstheoretiker Ludwig Wittgenstein, Karl Popper und Paul Feyerabend positionierten.

Die Frage, inwieweit man aus reproduzierbaren Beobachtungen bzw. Experimenten zuverlässige Vorhersagen zumindest für die nähere Zukunft treffen kann, hat nicht nur permanent für Gesprächsstoff bei Wissenschaftstheoretikern und Forschern gesorgt, sondern ist und war immer von größter Bedeutung für das Wohlergehen der Menschheit und für die Entwicklung ihrer Zivilisation. Grundsätzlich lassen sich zwei Extrempositionen definieren:

- Die Negativposition: Der Mensch kann glauben, hoffen, spekulieren, aber niemals eine sichere Vorhersage treffen, egal für welchen Lebensbereich. Ein prominenter Vertreter dieser Denkrichtung war L. Wittgenstein, der schon 1922 in seinem *Tractatus logico-philosophicus* feststellte: „There is no compulsion making one thing happen, because another happened." Und weiter: „It is a hypothesis that the sun will rise tomorrow, and this means that we do not know that it will rise."
- Die Positivposition: Naturgesetze, deren Zuverlässigkeit schon seit Jahrmillionen (z. B. Hebelgesetz) oder gar Milliarden von Jahren (z. B. Gravitation) dokumentiert sind, erlauben sichere Vorhersagen, zumindest sicherer als jede andere Methode und jeder andere Bereich menschlichen Wissens, sofern man die Grenzen ihrer Existenzberechtigung beachtet.

Nun kann man die Negativposition durch keinerlei theoretisches oder experimentelles Argument widerlegen, aber die Natur, präziser die Evolution, hat entschieden, dass die Negativposition in theoretischer wie praktischer Hinsicht eine Sackgasse ist. Würde ein Mensch die Negativposition in praktisches Verhalten umsetzen, müsste er jeden Morgen von Neuem beginnen, sich auf alle möglichen Wechselfälle und Unfälle, die der neue Tag hervorbringen könnte – einschließlich eines Aussetzens der Schwerkraft – neu vorzubereiten. Es bliebe kaum noch Zeit zum Arbeiten und Essen. Die Menschheit der vergangen zwei Millionen Jahre (wie auch die Säugetiere früher und heute) würde fast alle Zeit und Energie zur Nahrungsbeschaffung und Fortpflanzung benötigen. Für eine Umsetzung der Negativposition in die Praxis gab es keinen Spielraum.

Im Gegensatz dazu kommt der Positivposition eine besondere Bedeutung zu, denn nur sie liefert Handlungsrezepte, die zum Überleben von Tieren und Menschen oder zur Steigerung des menschlichen Zivilisationsniveaus einen wesentlichen Beitrag leisten können. Dazu Jan C. Schmidt, Autor des Essays *Zwischen Berechenbarkeit und Nichtberechenbarkeit* (S. 104): „Ein Schluss auf die Zukunft ist eine Überlebensnotwendigkeit. Wie schon bei David Hume [...] angedeutet, Berechenbarkeit, Abschätzung, Kalkulierbarkeit der Zukunft ist ein positiver evolutionärer Faktor. [...] Wir sind lebensweltliche Realisten bzw. Induktionisten, wie die evolutionäre Erkenntnistheorie (Lorenz, Vollmer, Riedel) herausstellt."

Ein konkretes Beispiel, das außer für den Menschen auch für alle diejenigen Tiere gilt, die regelmäßig Tageslicht sehen können, betrifft den Biorhythmus. Das heißt, die Stoffwechselaktivitäten unterliegen dem 24-stündigen Rhythmus, den die gesetzmäßige Rotation der Erde um ihre Achse vorgibt. Würde dieser Rhythmus in einem Chaos enden oder stark beschleunigt werden, würde das für den Menschen und die meisten Tiere wohl den Untergang bedeuten. Dieser Sachverhalt ist auch ein Beispiel dafür, dass der Mensch sein Verhalten ganz unbewusst an Naturgesetze und deren zukünftige Konstanz orientiert. Darüber hinaus zeigt dieses Beispiel und der zuvor erwähnte Jahresrhythmus von Pflanzen und Tieren, dass die Evolution schon vor über drei Milliarden Jahren entschieden hat, dass der oben zitierte Satz von L. Wittgenstein für die belebte Natur eine bedeutungslose Gedankenspielerei ist. Mit andern Worten, L. Wittgenstein und K. Popper verdanken ihre Existenz unter anderem der Tatsache, dass die Evolution die Schlussfolgerungen ihrer formalen Logik als für die Natur irrelevant eingestuft und ignoriert hat.

Wenn man vom Menschen absieht und die gesamte Evolution in den Blick nimmt, dann kann man (muss aber nicht) auch zu folgender Betrachtung kommen: Fast alle Biologen verneinen, dass der Evolution eine höhere Zielsetzung innewohnt, wie etwa die Entelechie des Aristoteles oder der biblische Anspruch, ein Ebenbild Gottes zu schaffen. Die „historischen Fakten" der Paläontologie zeigen aber zumindest, dass die Evolution über mehr als drei Milliarden Jahren hinweg bemüht war, die Zahl der Lebewesen zu vermehren, die Komplexität neuer Tierstämme, Gattungen und Arten zu erhöhen und deren Diversifikation zu vergrößern, um mehr ökologische Nischen nutzen zu können. Wenn man also die Vermehrung und Verbesserung der Überlebensfähigkeit aller Lebewesen als Minimalziel der Evolution akzeptiert, kann man schlussfolgern, dass nicht nur der Mensch, sondern die gesamte Evolution davon ausgeht, dass all die Naturgesetze, die in der Vergangenheit einen positiven oder negativen Einfluss genommen haben, dies auch in Zukunft weiter tun werden. Dabei ist zu berücksichtigen, dass gestern die Zukunft von vorgestern war und heute die Zukunft von gestern. In anderen Worten, die Evolution vertraute täglich darauf, dass die für sie relevanten Naturgesetze zumindest auch am nächsten Tag Geltung haben würden. Und immer können wir heute für gestern bestätigen, dass diese Einschätzung der Evolution vorgestern zutreffend war. Etwas poetischer drückte es Lord Byron (1788–1824) aus: „Der beste Prophet der Zukunft ist die Vergangenheit."

Naturwissenschaftler im Allgemeinen und Physiker im Besonderen verknüpfen Vorhersagbarkeit mit der Entwicklung von Hypothesen und Modellen (s. T. Millack, S. 69). Daher soll die in Abschn. 2.3 schon erwähnte Argumentation noch einmal aufgegriffen werden, dass Hypothesen und Modelle zwar hinreichende, aber keine notwendigen Voraussetzungen für Vorhersagen sind. Die Feststellung gesetzmäßiger Abläufe bzw. reproduzierbarer Experimente und davon abgeleitete Vorhersagen ohne Hypothesen sind dabei keineswegs auf die vorwissenschaftliche Menschheit beschränkt, sondern können auch von heutigen Naturwissenschaftlern praktiziert werden. Das folgende fiktive Beispiel soll diese Aussage erläutern.

Die schon in Abschn. 2.4 erwähnte Synthese eines Medikamentes C aus den Vorstufen A und B wird von einem Chemiker zunächst spekulativ bei 150 °C durchgeführt. Die mehrfache Wiederholung liefert schlechte Ausbeuten und erhebliche Mengen störender Nebenprodukte. Der Chemiker könnte die Versuche nun bei höheren oder niedereren Temperaturen wiederholen, aber unter Berücksichtigung von bekannten Gesetzen der Chemie wird er sich sagen, dass niedrigere Temperaturen Erfolg versprechender sein werden. Die schließlich für optimal befundene Temperatur kann dann als Basis für eine technische Produktion dienen, das heißt, der Chemiker sagt voraus, dass auch in Zukunft die höhere Ausbeute und Reinheit bei dieser optimalen Temperatur reproduzierbar sein werden. Für diese Vorgehensweise benötigt der Chemiker keine Hypothese und kein Modell des möglicherweise komplexen Reaktionsverlaufs und dessen Beeinflussung durch die Temperatur, auch wenn solche Kenntnisse natürlich wünschenswert sind.

Obwohl sich viele Physiker und manch andere Naturwissenschaftler mit der Verneinung zuverlässiger wissenschaftlicher Erkenntnis in der Nähe der Negativposition befinden, beziehen sie in ihrem privaten und beruflichen Leben konsequent die Positivposition. Sie planen Urlaubsreisen und Konferenzen im Ausland auf ein oder zwei Jahre im Voraus im Vertrauen darauf, dass all die für die Funktion von Autos, Schiffen und Flugzeugen benötigten Kenntnisse weiterhin uneingeschränkt Bestand haben. Sie verwenden auch Milliarden an Steuergeldern darauf, Großforschungsanlagen wie die Teilchenbeschleuniger CERN in Genf oder PETRA in Hamburg zu bauen, deren Funktion für mindestens 50 bis 100 Jahre vorgesehen ist. Dabei werden zum Beispiel das Weiterbestehen von Gravitations- und Hebelgesetz sowie der darauf basierenden Gesetze der Statik von Gebäuden stillschweigend vorausgesetzt.

Noch spektakulärer ist die Tatsache, dass Physiker an Berechnung und Konstruktion von Atommeilern maßgeblich beteiligt sind und waren. Woher nehmen die Physiker die wissenschaftliche und moralische Berechtigung, die Existenz der Menschheit durch den Bau von über 200 Atommeilern weltweit zu gefährden, wenn all ihr Wissen unzuverlässig und nur vorübergehender Natur ist? Werner Heisenberg, Atomphysiker mit Nobelpreis 1932, war an der Planung und Konstruktion der ersten beiden Forschungsreaktoren der Bundesrepublik Deutschland maßgeblich beteiligt. Wenn er kein verantwortungsloser Zyniker war, und das wurde nie berichtet, dann muss er trotz aller Unbestimmtheiten im Elementarteilchenbereich davon überzeugt gewesen sein, dass die Gesetze der klassischen Physik im makroskopischen Bereich präzise funktionieren und auf Jahrhunderte hinaus Geltung haben werden.

Bei dieser Thematik darf der als skeptischer Wissenschaftstheoretiker Paul Feyerabend (1924–1994) nicht unerwähnt bleiben. Der aus Österreich gebürtige „Philosoph" war für einige Jahre Schüler K. Poppers und gefiel sich in dem Ruf, ein wissenschaftstheoretischer Anarchist zu sein. Er wandte sich gegen systematische methodische Forschung, wie sein Buchtitel *Gegen den Methodenzwang* und seine schon in der Einleitung dieses Buches zitierte Empfehlung für (pseudo-)wissenschaftliches Arbeiten „Anything goes" es ausdrücken. Nun lässt sich aber aus seiner Biographie ersehen, dass sich P. Feyerabend hinsichtlich Ernährung, Kleidung, Verkehrsmittel, medizinischer Betreuung und Vervielfältigung seiner Schriften auf Produkte, Verfahren und Apparate, die durch jahrzehntelange methodische empirische Forschung zustande kamen, verließ. Das Gleiche lässt sich über L. Wittgenstein, K. Popper und R. Sheldrake sagen.

Diese Wissenschaftstheoretiker können damit als repräsentative Vertreter all derjenigen Intellektuellen gelten, die zwar methodisch empirisches Erarbeiten zuverlässigen Wissens verneinen, gleichzeitig aber ihre Lebensführung genau darauf und auf die genannte Positivposition aufbauen. Es ist schon erstaunlich, dass die ganzen skeptischen Wissenschaftstheoretiker, Naturwissenschaftler und Wissenschaftsjournalisten, die jegliches gesicherte Wissen verneinen, nicht ständig im Druckanzug mit Sauerstoffflaschen auf dem Rücken herumlaufen. Würde die Gravitation auch nur für eine halbe Stunde aussetzen, wäre die ganze Atmosphäre weg, und die Menschen würden zerplatzen, bevor sie noch an Sauerstoffmangel erstickt wären. Von einer solchen Bekleidungsmode ist bisher aber weder bei L. Wittgenstein, K. Popper, P. Feyerabend, noch bei Physikern oder anderen Naturwissenschaftlern im Alltag berichtet worden. Es gibt hier also offensichtlich eine merkwürdige Art von mentaler Persönlichkeitsspaltung, die von Medizinern und Psychologen noch nicht registriert und klassifiziert wurde.

3.4 Regeln, Naturgesetze und deren Bewertung

In seiner schon im vorigen Kapitel erwähnten Schrift *Was ist ein Naturgesetz?* verwendete E. Schrödinger an verschiedenen Stellen den Begriff Regelmäßigkeit gleichbedeutend für Naturgesetz und definierte (S. 10): „Als Naturgesetz bezeichnen wir doch wohl nichts anderes als eine mit genügender Sicherheit festgestellte Regelmäßigkeit im Erscheinungsablauf …"

T. Millack wiederum schrieb in seinem mehrfach zitierten Buch (S. 79): „Soll man bereits den Spezialfall als Naturgesetz betrachten? […] Auf der anderen Seite führt diese Betrachtung dazu, dass man jede Regelhaftigkeit, die ein Naturwissenschaftler formuliert, gleich als Naturgesetz deklariert. Und es gibt viele Beispiele, in denen das zu einem unangenehmen Gefühl führt, weil es irgendwie nicht richtig zu sein scheint." Es folgte als konkretes Beispiel die „Löchertheorie" bei Halbleitern.

Diese Aussagen sollen nun als Ausgangspunkt dienen, um zwei Fragestellungen zu diskutieren. Erstens, was unterscheidet eine wissenschaftliche Regel von einem (Natur-)Gesetz? Zweitens, kann man die Bedeutung bzw. den Wert von Naturgesetzen (d. h. deren Kenntnis) für die Menschheit im Allgemeinen und für Naturwissenschaftler im Besonderen zumindest grob messen und in eine Bewertungsskala einordnen?

Die erste Frage lässt sich schneller und kürzer beantworten. Zu einer Regel kann es Unregelmäßigkeiten geben, ohne dass der Nutzen oder die Gültigkeit der Regel infrage gestellt wird. Außerdem, kann es die berühmte Ausnahme geben, welche, wie das Sprichwort sagt, die Regel bestätigt. Bei einem Naturgesetz gibt es keine Unregelmäßigkeiten bzw. Ungesetzlichkeiten, und es gibt keine Ausnahmen, es sei denn die Wissenschaftler haben das Gesetz noch nicht richtig verstanden. Allerdings hat jedes Gesetz, wie schon in Kap. 2 dargelegt, einen begrenzten Geltungsbereich. Wissenschaftliche Regeln sollten daher nie als Naturgesetze bezeichnet werden. Dennoch ist die Verwechslung von wissenschaftlichen Regeln mit Naturgesetzen weit verbreitet und findet sich auch in anspruchsvollen Enzyklopädien. So steht zum Beispiel in der *Encyclopedia Americana* nach Vorstellung des Newtonschen Gravitationsgesetzes: „Any such regularity may be termed law of nature."

Typische Beispiele, bei denen Regeln und Gesetz in einem direkten, unmissverständlichen Bezug zueinander stehen, betreffen die menschliche Ernährung. Es gehört zu den lange bekannten Ernährungsregeln, dass ein Mensch je nach Größe 50–150 mg Vitamin C pro Tag zu sich nehmen soll, bevorzugt in Form von Obst und Gemüse. Von dieser Regel kann man problemlos abweichen, indem man zum Beispiel einen oder mehrere Tage oder gar Wochen weniger Vitamin C als empfohlen einnimmt. Reserven im menschlichen Körper können einen Ausgleich schaffen und sofortige Schäden verhindern, wenn von der Regel kurzfristig abgewichen wird. Isst man über einen längeren Zeitraum zu wenig Vitamin C, so entsteht eine schmerzhafte Mangelkrankheit, die als Skorbut bekannt ist. Die Erkrankung beginnt mit Zahnfleischentzündungen, schließlich verlieren Zähne, Bänder und Sehnen ihre Festigkeit, weil jede Art von Bindegewebe und Kollagen geschädigt wird. Am Ende der Entwicklung steht der Tod, denn hinter der Ernährungsregel steht ein Naturgesetz, das besagt: Vitamin C wird für mehrere lebensnotwendige biochemische Prozesse benötigt, kann aber vom Mensch nicht selbst im Körper synthetisiert werden.

Skorbut war schon den Ägyptern und Griechen der Antike bekannt, und bis in die Mitte des 18. Jahrhunderts war Skorbut die häufigste Todesursache auf langen Schiffsreisen. 1747 entdeckte der englische Arzt James Lind, dass Zitrusfrüchte einen heilenden Effekt haben, aber erst im Jahre 1933 wurde die L-Ascorbinsäure als Ursache der Erkrankung identifiziert. Es ließen sich noch zahlreiche weitere Gesetze hinsichtlich des Zusammenhangs zwischen Ernährung und Überlebensfähigkeit des Menschen nennen, ein weiteres Beispiel wurde schon im Zusammenhang mit Proteinen präsentiert. Eine allgemeine Konsequenz aus diesen Beispielen lautet:

- Die Nichtachtung von Naturgesetzen endet immer mit Schäden und kann tödlich sein.
- Der Kampf gegen Naturgesetze geht – früher oder später – letztlich aber immer verloren.

Diese Aussagen gelten keineswegs nur für biologische Gesetze, sondern auch für physikalische, wie das folgende einfache Beispiel zeigt: Würde sich ein Mensch in der Erwartung, fliegen zu können, von einem hohen Turm stürzen, so würde diese Missachtung der Gravitation tödlich enden.

An dieser Stelle soll noch einmal auf die in Abschn. 2.4 diskutierte Verwendung des Modellbegriffes eingegangen werden. Formuliert man die beiden oben genannten Aussagen entsprechend den Wünschen mancher Physiker um, so lauten sie:

- Die Nichtachtung von Modellen endet immer mit Schäden und kann tödlich sein.
- Der Kampf gegen Modelle geht – früher oder später – letztlich aber immer verloren.

Diese Aussagen dürften bei vielen Wissenschaftlern und Nichtwissenschaftlern Kopfschütteln bis hin zum Schleudertrauma verursachen.

Die Bedeutung von Naturgesetzen für die Menschheit sowie die Wertung und Reihenfolge, die ihnen attestiert werden können, sollen mittels einiger fiktiver Beispiele diskutiert werden. Zunächst ist es ein wesentlicher Unterschied, ob man innerhalb einer Fachdisziplin oder quer über alle Naturwissenschaften hinweg zu einer Bewertung zu kommen versucht. Innerhalb eines eng definierten Fachgebietes ist es sicherlich möglich, Bedeutungsunterschiede festzustellen. So lässt sich zum Beispiel im Rahmen der organischen Chemie sagen, dass die Kenntnis der Synthese des Farbstoffs Bismarckbraun weniger wichtig ist als die Kenntnis der Synthese von Aspirin. Aber schon beim Vergleich von Kenntnissen (Gesetzen) quer über die gesamte Chemie wird es schwierig. Wie soll man etwa die Synthese von Polystyrol (Kunststoff, Styropor und in fast allen Reifengummis) im Vergleich zu derjenigen von Aspirin bewerten, für das es als Schmerzmittel guten Ersatz gibt. Die Problematik, die auftritt, wenn man verschiedene Fachrichtungen vergleicht, illustrieren die folgenden vier Beispiele.

- Eine Gruppe von Physikern wird gefragt, welche Erkenntnisse sie für wichtiger hält, die Entdeckung bzw. Berechnung von Plancks Wirkungsquantum oder die Synthese von Bismarckbraun. Die Antwort dürfte einhellig zu Gunsten des Wirkungsquantums ausfallen.
- Verschiedene Naturwissenschaftler mit heftigen Zahnschmerzen werden gefragt, was ihnen für die Menschheit wichtiger erscheint, die Kenntnisse der Synthesen von Lokalanästhetika (mit der Konsequenz schmerzfreier Zahnbehandlungen) oder die Kenntnis der Quarks. Hier könnte die Antwort schon gemischt ausfallen.
- Eine Gruppe von Otto Normalverbrauchern steht vor schwierigen Operationen wie einer Entfernung der Gallenblase oder eines Krebsgeschwürs im Dickdarm. Was werden diese Menschen für wichtiger halten, die Verfügbarkeit von Narkotika oder Heisenbergs Unschärferelation? Es kann wohl angenommen werden, dass die meisten Patienten eine Operation unter Narkose vorziehen.
- Die deutsche Bevölkerung wird gründlich darüber aufgeklärt, dass bestenfalls noch 10 % der Menschen ernährt werden können, wenn die chemische Industrie nicht über die Kenntnisse und Fähigkeiten verfügt, um Kunstdünger und Schädlingsbekämpfungsmittel herstellen zu können. Die Bevölkerung soll daraufhin entscheiden, was ihr wichtiger scheint, Einsteins spezielle Relativitätstheorie oder die Gesetze der Chemie, welche die Produktion von Kunstdünger und Schädlingsbekämpfungsmitteln ermöglichen. Es ist wohl nicht zu erwarten, dass 90 % der Bevölkerung verhungern wollen, damit die restlichen 10 % Einsteins spezielle Relativitätstheorie kennenlernen können. Um es mit einem abgewandelten Satz von Bert Brecht zu sagen: „Erst das Fressen, dann die Theoretische Physik.“

- Es darf daher gefolgert werden, dass wohl keine für alle Menschen verbindliche Werteskala für Naturgesetze etabliert werden kann, mit der Konsequenz, dass keine Richtung der Naturwissenschaften den Anspruch erheben sollte, über die für alle Menschen wichtigsten Erkenntnisse zu verfügen.

Literatur

Baltes W (2007) Lebensmittelchemie, 6. Aufl. Springer, Heidelberg

Berg JM, Tymoczko JL, Stryer L (2010) Biochemie, 6. Aufl. Springer Spektrum, Heidelberg

Eckhart B (2004) Chaos. Fischer, Frankfurt a. M.

Feyerabend P (1983) Wider den Methodenzwang, 3. Aufl. Suhrkamp, Frankfurt a. M.

Fischer EP (2002) Werner Heisenberg: Das selbstvergessene Genie. Piper, München

Heisenberg W (1989) Ordnung der Wirklichkeit. Piper, München

Heisenberg W (2000) Physik und Philosophie. Hirzel, Stuttgart

Hertz H (1894) Die Prinzipien der Mechanik. Barth, Leipzig

Ineichen R (1996) Würfel und Wahrscheinlichkeit – Stochastisches denken in der Antike. Springer Spektrum, Heidelberg

Koch A, Assis T (2008) Archimedes. What did he do besides cry Eureka. Aperion Publ, Montreal

Kolmogorow A (1933) Grundbegriffe der Wahrscheinlichkeitsrechnung. Springer, Heidelberg

Küppers G (Hrsg) (1996) Chaos und Ordnung. Formen der Selbstorganisation in Natur und Gesellschaft. Reclam, Ditzingen

Lorenz EN (1972) Predictability: does the flap of a butterfly's wings in Brazil set off a tornado in Texas? American Association for the Advancement of Science, Vortag

Millack T (2009) Naturwissenschaften und Glaube im Gespräch. Onken, Kassel

Oberheim E (2007) Feyerabends Philosophy. De Gruyter, Berlin

Schmidt JC (2003) Zwischen Berechenbarkeit und Nichtberechenbarkeit. J Gen Philos Sci 34 (1): 99

Schneider I (1979) Archimedes, Ingenieur, Naturwissenschaftler und Mathematiker. Wiss. Buchgesellschaft, Darmstadt

Schrödinger E (1997) Was ist ein Naturgesetzt? Oldenbourg, München

Sheldrake R (2012) Der Wissenschaftswahn. O.W. Barth, München

Wehr M (2002) Der Schmetterlingseffekt. Turbulenten in der Chaostheorie. Klett-Cotta, Stuttgart

4
Wie viel Naturwissenschaft steckt in der Medizin?

„Wer heilt hat recht."

(Alte Volksweisheit)

4.1 Diagnose

Wenn man Ärzte aus dem Stehgreif fragt, ob Medizin eine Naturwissenschaft ist, erhält man stets die spontane Antwort: „Nein!" Nun ist der Mensch zweifelsohne ein Teil der Natur, und daher ist jede wissenschaftliche Beschäftigung mit dem Menschen als Studienobjekt im Prinzip eine Art von Naturwissenschaft. Schaut man in die heutzutage am häufigsten konsultierte Enzyklopädie, Wikipedia, so wird unter dem Stichwort „Naturwissenschaft" Medizin eine „anwendungsorientierte Wissenschaft" genannt, und unter dem Stichwort „Medizin" heißt es: „Die Medizin ist eine praxisorientierte Erfahrungswissenschaft."

Von beiden Aussagen dürften viel Mediziner, insbesondere die Mitglieder der Universitätskliniken, wenig begeistert sein. Schon besser klingt die Eingangsdefinition: „Medizin ist die Lehre von der Vorbeugung, Erkennung und Behandlung von Krankheiten und Verletzungen bei Menschen und Tieren." Was aber in allen Aussagen fehlt, ist der Hinweis auf die medizinische Forschung, und der Bezug zu den Naturwissenschaften bleibt unklar. Daher soll in diesem Kapitel die Frage untersucht werden: Wie viel Naturwissenschaft steckt in der Medizin und ist Medizin eine Naturwissenschaft? Dabei soll nicht unerwähnt bleiben, dass es hinsichtlich des Vordringens der Naturwissenschaften in der Medizin auch Skeptiker gibt. So bemerkte der Schriftsteller und Aphoristiker Stanislaw Jercy Lec (1909–1966): „Der Fortschritt der Medizin wird uns das Ende jener liberalen Zeit bescheren, da der Mensch noch sterben konnte, wann er wollte."

Geht ein Patient zum Arzt, so besteht der erste Schritt des Therapieprozesses in der Anamnese, das heißt, der Arzt notiert Symptome und Vorgeschichte der Erkrankung, so wie sie der Patient darstellt. Der zweite Schritt ist die Diagnose. Zu Beginn des 21. Jahrhunderts erfolgen die wenigsten Diagnosen (ca. 5 %) allein aufgrund von Anamnese, Beobachtung und Betastung des Patienten. Bei über 95 % der Diagnosen werden technische Hilfsmittel eingesetzt. Das ist zum Beispiel im simpelsten Fall beim Zahnarzt eine spitze Sonde aus hartem Metall. Damit sollen Löcher im Zahn aufgespürt und weicheres, kariöses Zahnmaterial von hartem gesunden Dentin oder Zement unterschieden werden. Diese Anwendung basiert auf zwei Gesetzen der Mechanik, nämlich auf dem Hebelgesetz und auf der Proportionalität von Druck (P) und dem Quotienten aus Kraft und Fläche (P = K/F). Meist schließt sich zur Erkundung größerer Tiefen und zur Beseitigung der Karies ein Bohrvorgang an, der mittels eines technischen Gerätes ausgeführt wird, das ebenfalls auf Gesetzen der Mechanik beruht und hinsichtlich des Elektromotors auf Gesetzen der Elektrizitätslehre. Egal ob Sonde oder Bohrer, beide Instrumente wurden in den letzten 100 Jahren schon milliardenfach reproduzierbar eingesetzt.

Das Basisdiagnosegerät der Internisten war in den vergangenen 100 Jahren das Stethoskop; es ist geradezu zum bildlichen Symbol der gesamten Ärzteschaft geworden, und fast bei jedem Klinikarzt ragt es aus einer Tasche seines weißen Kittels. Dabei handelt es sich um zwei Schläuche, die von einem zentralen Beobachtungspunkt (meist im Oberkörper) zu den Ohren des Arztes führen, um die von Herz oder Lunge erzeugten Schallwellen dem Arzt zu Gehör bringen. Gleichzeitig wird das Ohr des Arztes gegen Geräusche von außen abgeschirmt. Das Stethoskop ist ein einfaches Gerät, das auf der Basis akustischer Gesetze das Abhören von Schallwellen aus dem Körper des Patienten effizienter gestaltet. Der technische und finanzielle Aufwand wird erheblich größer, wenn der Internist oder Kardiologe (Herzspezialist) ein Elektrokardiogramm anfertigt. Beim EKG werden die geringen Schwankungen des elektrischen Feldes, das der pulsierende Herzmuskel erzeugt, durch Elektroden auf dem Oberkörper registriert und als elektrische Impulse an das Registriergerät weitergeleitet, welches zeitabhängig Wellenzüge auf den Bildschirm projiziert. Die Regelmäßigkeit und die Amplitude der Wellenzüge informieren den Arzt über Leistungsfähigkeit und Zustand des Herzmuskels.

In den Praxen von Internisten, Orthopäden und Chirurgen sind meist Ultraschallgeräte anzutreffen. Diese senden über den auf die Haut aufgesetzten Kontaktkopf Schallwellen der Frequenz 1–40 MHz (die außerhalb des Hörbereichs liegen) in den Körper des Patienten. Dabei wird eine Schallintensität von ca. 100 mW/cm^2 angewandt, eine Intensität, von der man aus millionenfachen Versuchen weiß, dass sie auch Föten nicht schädigt im Unterschied zu Röntgenstrahlen. Je nach der Verteilung von Wasser und festerem Gewebe werden die Schallwellen unterschiedlich stark gestreut – besonders stark an Kochen – vom Kontaktkopf empfangen und in Schwarz-Grau-Weiß-Bilder umgesetzt.

Die wohl am häufigsten von Ärzten verschiedener Fachrichtungen eingesetzte physikalische Diagnosemethode ist das „Röntgen", das je nach Bedarf von Kopf bis Fuß eingesetzt werden kann. Diese von Wilhelm C. Röntgen um 1895 entdeckte Methode basiert auf elektromagnetischer Strahlung, die sichtbarem Licht ähnelt, aber eine wesentlich kürzere Wellenlänge besitzt. Diese kürzere Wellenlänge hat zur Folge, dass die Röntgenstrahlen im Unterschied zu sichtbarem Licht nicht mehr mit den Elektronenwolken der Atome in Wechselwirkung treten, sondern mit den um einen Faktor 10^5 bis 10^8 kleineren Atomkernen. Je größer der Atomkern, das heißt je mehr Protonen und Neutronen im Kern vorhanden sind (Abschn. 8.1 u. Abschn. 9.1), desto intensiver ist die Röntgenstreuung. Da im Körperwasser und im Weichgewebe nur leichte Atomkerne wie Wasserstoff, Kohlenstoff, Stickstoff und Sauerstoff vorkommen, sind Knochen mit den relativ schweren Atomen Calcium und Phosphor besser sichtbar. Goldkronen und -brücken sowie Titanschienen und -schrauben, wie sie in der Chirurgie verwendet werden, sind besonders deutlich zu erkennen.

Eine modernere Methode, die trotz ihrer hohen Kosten schnell an Bedeutung gewinnt, ist die Magnetresonanztomographie (MRT). Das aus dem Griechischen stammende Wort Tomographie bedeutet, dass Querschnitte durch den menschlichen Körper oder durch einzelne Körperteile aufgezeichnet werden. Die MRT-Methode basiert darauf, dass die magnetischen Kerne der Wasserstoffatome, die Protonen, in einem äußeren sehr starken Magnetfeld eine Vorzugsorientierung erhalten, aus der sie durch Einstrahlen von Radiowellen umorientiert werden können. Der dabei auftretende Energieverbrauch und die exakte Frequenz, bei der dies geschieht, geben Auskunft über die Beweglichkeit der Wasserstoffatome, die durch Temperatur, pH-Wert (Säuregrad des Wassers) und benachbarte Gewebe beeinflusst werden.

Krankhafte Veränderungen beinträchtigen die Beweglichkeit der Wasserstoffatome, und diese Veränderungen werden in Schwarz-Weiß-Bilder übersetzt. Da Weichgewebe viel mehr Wasserstoffatome enthalten als Knochen, ist die Anwendung der MRT-Methode sozusagen komplementär zur Röntgenmethode. Eine weitere, sehr teure und nur selten angewandte Methode ist die Positronenemissionstomographie (PET), bei der eine radioaktive, Positronen emittierende Chemikalie in den Körper gespritzt wird. Sie dient zur Analyse von Stoffwechselvorgängen, nicht zur Abbildung von Organen, und soll hier nicht näher beschrieben werden.

Alle vorstehend genannten Methoden haben gemeinsam, dass sie auf physikalischen Gesetzen basieren, und daher unabhängig von Ort und Zeit reproduzierbare Ergebnisse liefern – andernfalls wären die entsprechenden Geräte nicht weltweit und rund um die Uhr einsatzfähig.

Die medizinische Diagnostik arbeitet jedoch nicht nur mit physikalischen Methoden, sondern nutzt in zunehmendem Maße auch chemische Reaktionen. Am häufigsten wird ein Blutbild erstellt. Dazu wird das Blut in speziell ausgerüsteten chemisch-medizinischen Labors mithilfe chemischer Reagenzien auf den Gehalt an verschiedenen Substanzen hin analysiert, wobei selbst geringste Konzentrationen sehr genau ermittelt werden können. Besonders häufig ist heutzutage die Messung des Blutzuckerspiegels (Gehalt an Glukose), da sich zu hohe Werte als Leben gefährdende Volkskrankheit „Diabetes mellitus" weit verbreitet haben. Messungen des Fettgehaltes (Triglyzeride) oder der Cholesterinkonzentration sind weitere Beispiele häufiger Anwendung. Aber auch anorganische Ionen wie Kalium (wichtig für die Herzfunktion) oder Phosphat (wichtig für den Knochenaufbau) werden oft ermittelt. Dazu können etwa 20 weitere Komponenten des Blutes bestimmt werden, sodass ein großes Blutbild einen guten Einblick in den Gesundheitszustand eines Patienten vermittelt.

Auf dem Vormarsch sind ferner sog. Schnelltests, von denen manche auch durch die Patienten selbst ausgeführt werden können. Schwangerschaftstests und Blutzuckerbestimmungen sind hier die häufigsten Anwendungen. Diese Schnelltests basieren auf chemischen Reaktionen, die auf einem speziell präparierten Papierstreifen oder auf anderen polymeren Trägermaterialien spezifische Farbreaktionen hervorrufen. Je nach Test sind die verwendeten Chemikalien und Reaktionen sehr verschieden. Sie haben jedoch gemeinsam, dass sie auf reproduzierbaren Abläufen beruhen, die für die praktische Anwendung oft in jahrzehntelanger Forschungsarbeit optimiert wurden. Zusammenfassend lässt sich sagen, dass fast die gesamte ärztliche Diagnostik auf naturwissenschaftlicher Forschung basiert, insbesondere bei komplexen Krankheitsbildern.

4.2 Therapie

Auf die mehr oder minder richtige Diagnose folgen Therapievorschläge, und über alle Fachrichtungen der Medizin gemittelt beinhalten schätzungsweise 95 % aller Therapien die Verwendung von Medikamenten. Es sind vor allem Orthopäden und Chirurgen, die nicht medikamentöse Therapien verordnen. Dazu gehören Massagen, Physiotherapie (Gymnastik), Wärmebehandlung (Fangopackungen oder Infrarot) und Akupunktur. Der chirurgische Eingriff ist zwar zunächst ein handwerklicher Vorgang unter Verwendung von Instrumenten und Geräten wie Skalpellen, Pinzetten, Zangen, Scheren, Klammern, Sägen und Bohrern, aber alle chirurgischen Eingriffe benötigen auch Medikamente. Dazu gehören in erster Linie Desinfektionsmittel, eventuell in Kombination mit der Verabreichung von Antibiotika. Dazu gehören Medikamente, welche die Blutung reduzieren, vor allem aber schmerzstillende Mittel, die als Lokalanästhetika vor und während der Operation gespritzt werden (Abschn. 8.4), sowie Tabletten oder Tropfen, die nach dem Eingriff verabreicht werden. Bei größeren Operationen ist außerdem die Verwendung von Betäubungsmitteln (Narkotika) selbstverständlich.

Die Verwendung von Lokalanästhetika ist vor allem in der Zahnmedizin weit verbreitet, aber auch bei kleineren Eingriffen an der Körperoberfläche meist die Methode der Wahl. Der Erfolg der Lokalanästhetika wurde im Lauf der letzten 110 Jahre milliardenfach reproduziert und hat den Vorteil geringer Nebenwirkungen und einer geringen Beeinträchtigung des Gehirns. Die Anwendung von Narkotika greift viel weiter in die Funktionsfähigkeit des Patienten ein, insbesondere in die Funktionsfähigkeit des Gehirns. Das Risiko von unangenehmen, eventuell sogar tödlichen Nebenreaktionen ist wesentlich höher als bei Lokalanästhetika, und Operationen unter Narkose werden daher auch meist mit Hilfestellung von künstlicher Beatmung und Herz-Kreislauf-Kontrolle bzw. -Stabilisierung durchgeführt.

Auch bei der Bekämpfung von Krebs werden in erheblichem Umfang nicht medikamentöse Therapien eingesetzt. Bestrahlung mit Laserlicht oder radioaktiver Strahlung α-Teilchen sowie lokales Überhitzen der Tumoren gehören dazu, allesamt auf naturwissenschaftlicher Forschung basierende Methoden. Auch Chemikalien werden eingesetzt, insbesondere Zytostatika, also Medikamente, die möglichst selektiv die Tumorzellen an der Vermehrung hindern.

Die Bekämpfung aller anderen großen Volkskrankheiten wie Diabetes, Herz-Kreislauf-Probleme und Infektionen aller Art werden fast ausschließlich mit Medikamenten therapiert.

Betrachtet man die Verabreichung von Chemikalien als chemisches Experiment und vergleicht es mit einem Experiment im Labor, so sind folgende Analogien und Unterschiede festzustellen: Eine exakte Reproduzierbarkeit eines Laborexperiments, zum Beispiel die Ausbeute von Aspirin bei der Acetylierung von Salizylsäure, ist immer gegeben, wenn alle experimentellen Parameter, die den Verlauf von Experimenten beeinflussen können, zum Beispiel Temperatur und Druck, konstant gehalten werden. Studiert man 100 Versuche, bei denen diese äußeren Parameter variieren, so gibt es auch bei den Versuchsergebnissen eine Streuung, die umso größer ist, je breiter die Parameter variieren.

Bei der Medikamentengabe an Menschen ist es aber nicht ausreichend, Parameter wie Druck und Temperatur konstant zu halten, denn der Reaktionspartner Mensch variiert selbst in erheblichem Umfang, zum Beispiel durch Alter, Geschlecht, Körpergröße und Gewicht. Würde man die Wirkung eines Medikaments an Patienten messen, die hinsichtlich Alter, Geschlecht, Körpergröße sowie Fett- und Wassergehalt annähernd identisch sind, so würde die Wirkung auch nur eine geringe Streuung zeigen. Bedenkt man die Heterogenität der Patientengruppe, mit der ein Arzt üblicherweise konfrontiert ist, so ist die relativ große Reproduzierbarkeit der Wirkung schon erstaunlich. Sie ist besonders groß bei Injektionen von Lokalanästhetika, wie sie beim

Zahnarzt oft vorgenommen werden. Die Tatsache, dass alle Menschen über dieselben biochemischen Reaktionswege verfügen, ist ein Teil der Erklärung.

Werden Patienten außerhalb der Chirurgie mit medikamentenbasierten Therapien konfrontiert, so tun sich drei Welten auf:

- die Homöopathie
- die (angeblich sanfte) Naturmedizin
- die (angeblich harten) synthetischen Medikamente der Schulmedizin

Zum Thema Homöopathie wurde schon viel und oft geschrieben, dennoch sollen einige Charakteristika erwähnt werden. Der griechische Name signalisiert zunächst, dass Medikamente und Methoden angewandt werden, welche die Symptome einer Erkrankung verstärken („similia similibus currentur" – Gleiches wird mit Gleichem geheilt). Hinter diesem von Samuel Hahnemann (1755–1843) entwickelten Konzept steckt aus heutiger Sicht die Hypothese, dass die Verstärkung von Symptomen den erkrankten Körper zu verstärkten Abwehrmaßnahmen reizt, die dann eine effektivere Heilung zur Folge haben.

Die Homöopathie stößt bei Schulmedizinern und Naturwissenschaftlern überwiegend auf Skepsis oder Ablehnung. Nun sollte ein Naturwissenschaftler vor einer Urteilsfindung zuerst die Faktenlage zur Kenntnis nehmen, und die Fakten sagen, dass die Homöopathie viele Heilerfolge aufzuweisen hat. Einen beeindruckenden Fall konnte der Autor in seiner Verwandtschaft selbst beobachten: Ein zweijähriger Junge litt unter Neurodermitis und unter sich ständig wiederholenden Entzündungen der Augenlieder, weil die Tränenkanäle von Geburt an nicht durchlässig genug waren. Die Tränenflüssigkeit, die ständig das Auge reinigt, konnte nicht abfließen, mit der Konsequenz einer erhöhten Infektionsanfälligkeit der Augen. Die Therapie der Schulmediziner bestand in der Gabe von Antibiotika, die auch den erwünschten Kurzzeiterfolg hatten, nämlich eine Beseitigung der Infektion. Aber wenige Wochen nach dem Absetzen der Antibiotika kamen die Infektionen wieder zurück. Mehrere Versuche dreier Ärzte mit vier verschiedene Antibiotika zeitigten immer den gleichen Verlauf. Daraufhin wurde ein erfahrener Homöopath hinzugezogen, der mittels der in der Homöopathie üblichen Globuli die Neurodermitis innerhalb eines halben Jahres heilen konnte. Ferner konnte er die Entzündung der Augen für annähernd zwei Jahre verhindern, bis sich die Tränenkanäle hinreichend geöffnet hatten. Beide Heilerfolge hatten lebenslänglich Bestand.

Die Tatsache, dass nach heutigem Kenntnisstand die Homöopathie naturwissenschaftlich nicht vollständig erklärbar ist, rechtfertigt keine Fundamentalkritik. Wenn die Menschheit noch einige Hundert oder gar Tausende Jahre überlebt, dann ist unser heutiges Wissen nur ein Durchgangsstadium zu einem viel umfangreicheren Wissen, das möglicherweise auch ein besseres Verständnis der Homöopathie beinhaltet.

Eine besonders dubiose Seite der Homöopathie ist allerdings die Verwendung von Medikamenten in sehr hoher Verdünnung. Aus heutiger Sicht müssen Naturwissenschaftler sagen: Hier gibt es keine rationale Erklärung, diese Art der Therapie grenzt an Scharlatanerie. S. Hahnemann verdünnte seine Arzneien zunächst nur mäßig (1:10 bis 1:100), um unangenehme Nebenwirkungen zu reduzieren und die Kosten zu senken. In den letzten Jahren seines Lebens ging er aber zu hohen Verdünnungen über (1:10.000 und mehr) mit der Begründung, dass der Geist des Medikamentes noch anwesend sei und die Heilwirkung vollbringe. In den letzten 100 Jahren hat die Menschheit ungeheure Mengen an Medikamenten über Bäche und Flüsse ins Meer gespült. Auch wenn die Medikamente dort allmählich abgebaut werden, müsste das Meer nur so von medikamentösen Geistern wimmeln, und ein paar Schluck Meerwasser sollten gegen viele Krankheiten helfen. Nennenswerte Therapieerfolge durch das Trinken von Meerwasser sind aber nicht dokumentiert.

Wenn man nicht auf Geister, sondern auf verdünnte Arzneimittel setzt, ist die Lage so, dass in allen deutschen Seen und Flüssen nennenswerte Mengen an Medikamenten aller Art gelöst sind. In einem Artikel in *Die Welt* vom 12. August 2013 berichtet Eike Schilling, Gewässerexperte des NABU, dass bei zahlreichen Medikamenten die EU-Grenzwerte schon überschritten werden. Das Medikament Diclofenac (Voltaren) ist zum Beispiel in der Aller und ihren Nebenflüssen so konzentriert vertreten, dass die Fortpflanzungsfähigkeit einiger Fischarten in Gefahr gerät. Das häufige Trinken von deutschem See- und Flusswasser sollte also zahlreiche Krankheiten heilen oder lindern, doch sind solche Therapieerfolge ebenfalls nicht bekannt. Es ist also paradoxerweise so, dass das weitläufige Versagen des Verdünnungskonzeptes dafür sorgt, dass die Homöopathen nicht ihre Kundschaft verlieren.

Im Falle der Naturmedizin ist die Einschätzung, sie sei sanft und den harten Medikamenten der Schulmedizin vorzuziehen, eine mehr emotionale als rationale Sichtweise. Um eine präzise und nicht zu lange Diskussion zu ermöglichen, soll hier der Begriff Naturmedizin auf die Nutzung von Heilkräutern, Pflanzenextrakten und tierischen Produkten begrenzt werden. Nun ist den meisten Laien in Sachen Chemie und Pharmazie – wozu auch die meisten Akademiker gehören – nicht geläufig, dass viele Medikamente der Schulmedizin Naturprodukte sind. Zwei allgemein bekannte Produkte sollen hier als Beispiel dienen.

Da ist zunächst das Aspirin zu nennen, das die chemische Bezeichnung Acetylsalizylsäure (ASS) führt. ASS kommt in minimalen Mengen in mehreren Pflanzen vor, zum Beispiel im Mädesüß (*Filipendula ulmaria*), von dessen früheren Bezeichnung *Spiraea* sich der Name Aspirin herleitet. Der eigentliche Wirkstoff ist die Salizylsäure, die meist in etwas größerer Menge in verschiedenen Pflanzen vorkommt, zum Beispiel in der Rinde des Weidenbaumes (*Salix*). Die schmerzlindernde Wirkung des Weidenrindenextraktes war schon den Griechen vor etwa 2.500 Jahren bekannt. Salizylsäure ist eine bitter schmeckende Substanz, die auch Brechreiz verursachen kann und die Schleimhäute von Speiseröhre und Magen angreift. Durch die Einführung eines Essigsäure-(Acetyl-)Restes wird diese Problematik auf ein erträgliches Maß reduziert. Im Körper wird dann die Salizylsäure freigesetzt und verrichtet die erwünschte Wirkung. Kein Medikament ist in den vergangenen 100 Jahren in so großen Mengen weltweit konsumiert worden wie ASS. Dieser riesige Bedarf, Milliarden an Tabletten, kann bei Weitem nicht durch Extraktion von Pflanzen gewonnen werden, und deshalb wird ASS heute ausschließlich in chemischen Fabriken rund um die Welt produziert.

Das zweite Beispiel ist Penicillin. Die Ursubstanz wurde 1928 von dem Schotten Alexander Fleming als Ausscheidungsprodukt des Schimmelpilzes *Penicillium rubens* entdeckt. Die technische Produktion und massenhafte Anwendung – auch in der Tierzucht – führte dazu, dass viele Bakterien gegen das natürliche Penicillin resistent wurden. Um die Anwendbarkeit zu vergrößern und Resistenzen zu umgehen, haben Chemiker die wirksame Grundstruktur, die Aminopenicillansäure, vielfach modifiziert. Aber das naturgegebene Wirkungsprinzip ist geblieben.

Eine scharfe Grenze zwischen Naturprodukten und synthetischen Medikamenten gibt es also nur insofern, als Naturmedizin typischerweise mit komplexen Produktgemischen arbeitet, die aus Pflanzen extrahiert wurden, während die Schulmedizin reine Chemikalien einsetzt, deren Struktur und Wirkungsweise gut bekannt sind. Die Komplexität der chemischen Zusammensetzung von Naturarzneien kann für die medizinische Wirkung von Vorteil sein, weil mehr als zwei heilende Komponenten in einem Extrakt vorhanden sein können. Ferner ist es möglich, dass sich zwei Komponenten in der Wirksamkeit unterstützen, das heißt, es kann ein synergistischer Effekt eintreten. Das ändert nichts daran, dass alle Pflanzenextrakte aus Chemikalien bestehen, die auf biochemische Reaktionen des Körpers Einfluss nehmen. Die Tatsache, dass nicht alle Komponenten einer Naturmedizin und ihre Wirkungsweise bekannt sind, ist für sich allein genommen kein Grund, Naturmedizin grundsätzlich als vorteilhaft einzustufen oder gar zu mystifizieren.

Und schließlich sind manche große Pharmafirmen in den letzten 20 Jahren zu der Forschungsstrategie übergegangen, in frei lebenden Pflanzen und Tieren nach Wirkstoffen zu suchen, die neue Therapien ermöglichen. Zu diesem Zweck werden derzeit alle Urwälder der Erde systematisch durchforscht, und auch vor den Lebewesen der Tiefsee hat diese Forschungsstrategie nicht halt gemacht. Mit anderen Worten, die Schere zwischen Naturmedizin und Medikamenten der Schulmedizin wird sich in Zukunft eher weiter schließen als öffnen.

Bei der Frage, was ist sanfte und was harte Medizin, handelt es sich in erheblichem Maße um eine emotionale Diskussion. Dennoch lässt sich wohl der Kern der Aussagen unter naturwissenschaftlichen Gesichtspunkten diskutieren. Dazu ist es sinnvoll, den Unterschied sanft/hart als therapeutische Breite zu definieren. Dieser Begriff wurde in der Vergangenheit vor allem als Quotient LD_{50}/ED_{50} definiert. Dabei steht LD_{50} für eine Dosis, bei der 50 % der Versuchstiere (Labormäuse) sterben, während ED_{50} für die Konzentration steht bei der 50 % der Versuchstiere eine deutliche Heilwirkung zeigen. Aus Sicherheitsgründen wird heute oft auch die LD_{25}/ED_{75} bestimmt. Die Toxizität von Medikamenten und Chemikalien im Allgemeinen wird heutzutage nicht mehr mit Versuchstieren, sondern mithilfe von Gewebetests ermittelt. Die ED-Werte sind insbesondere für Schmerzmittel und Psychopharmaka schwierig zu bestimmen, da hier auch die emotionale Verfassung des Patienten in seine Reaktion mit einfließt.

Die Einschätzung von Naturmedizin als sanft beruht vor allem darauf, dass die Wirkstoffkonzentration gering ist, und damit auch das Risiko von Nebenreaktionen. Allerdings beruht die Heilwirkung dann auch teilweise auf dem Placeboeffekt. Dass Wirkstoffe aus der Natur sehr hart sein können, soll an zwei Beispielen aufgezeigt werden. Der Wirkstoff des Aspirins, die Salizylsäure, ist, wie schon erwähnt, so aggressiv, dass er bei längerer Einnahme die Schleimhaut von Speiseröhre und Magen angreift und auch Brechreiz verursacht. Daher kommt die Anwendung in Reinform nicht infrage. Ein anderes Beispiel sind die Digitalisglykoside, die Jahrzehnte lang zur Leistungssteigerung des Herzmuskels eingesetzt wurden. Bei diesen aus den Fingerhutpflanzen (*Digitalis*) gewonnen Zuckerderivaten ist die therapeutische Breite so gering, dass eine geringe Überdosis schon tödlich sein kann. Ein Beispiel für ein synthetisches, völlig unnatürliches Medikament mit äußerst großer therapeutischer Breite ist das Bismutsubsalizylat (BSS). Diese auf dem Metall Bismut basierende Verbindung ist in den USA schon seit 100 Jahren als Mittel gegen Übelkeit und Magenschmerzen aller Art im Gebrauch (z. B. unter dem Handelsnamen „Peptobismol"). Die empfohlene tägliche Dosis liegt bei bis zu 1,5 g. Bei einer so hohen Dosis wären viele Naturstoffe in Reinform schädlich oder tödlich. Ferner wurden keine Todesfälle durch Vergiftung mit BSS bekannt. Daher haben Digitalisglykoside schon Eingang in die Kriminalliteratur gefunden, Bismutverbindungen aber nicht.

Hier stellt sich nun auch die Frage nach der Definition von Gift. Für naturwissenschaftliche Laien, insbesondere für politisch grün angehauchte Zeitgenossen sowie für die Tages- und Sensationspresse besteht die Welt aus zwei großen Gruppen von natürlichen und synthetischen Chemikalien, Gifte einerseits und harmlose Substanzen andererseits. Dass diese Sichtweise nicht richtig sein kann, erkannte schon vor 500 Jahren der meist in Basel tätige Naturforscher und Arzt Theophrastus Bombastus von Hohenheim (Paracelsus genannt, 1493–1541). Seine bis heute gültige Definition von Gift wurde der damaligen Gelehrtensprache entsprechend kurz und präzise auf Latein formuliert: „Dosis sola facit venenum" – nur die Menge entscheidet darüber, was Gift ist.

Zwei Beispiele, die jeden Menschen betreffen, sollen diese Definition illustrieren. D-Vitamine werden in jeder Lebensphase zum Knochenwachstum und zur Erhaltung des Skeletts benötigt. Vitamin D_3 und Vorstufen seiner Biosynthese werden mit der Nahrung aufgenommen und durch Sonnenbestrahlung der menschlichen Haut aus den Vorstufen gebildet. In wesentlich höherer Dosis als in der normalen Nahrung üblich wirkt Vitamin D_3 aber giftig, und es sind schon Besatzungsmitglieder von Fischkuttern gestorben, weil sie Thunfischleber verzehrt haben, in der dieses Vitamin hoch angereichert ist.

Das zweite Beispiel betrifft Kohlendioxid (CO_2), ein farbloses und geruchloses Gas, das stets bei der Verbrennung organischer Produkte (z. B. Benzin, Diesel, Fett, Zucker) entsteht. Kohlendioxid ist schwere als Luft, und füllt einen Raum vom Boden aufsteigend wie ein See. Gerät der Mensch unter die Oberfläche eines solchen Sees, so erstickt er. Es sind schon mehrfach Morde und Selbstmorde dadurch zustande gekommen, dass Menschen in einer geschlossenen Garage bei laufendem Automotor verblieben sind. Kohlendioxid wird daher in der Presse immer wieder als giftig eingestuft. Andererseits produziert der Mensch in jeder Sekunde in jeder Zelle Kohlendioxid als Endprodukt der Verbrennung seiner Nahrung. Eine kleine Menge des Kohlendioxids muss als Kohlensäure und als Hydroxycarbonat im menschlichen Körper verbleiben, um die Neutralität von Blut und Körperflüssigkeit zu gewährleisten (Carbonatpuffer mit pH 7,4). Der Überschuss muss jedoch umgehend ausgeatmet werden, da sonst eine Übersäuerung eintritt, die das Gehirn nicht lange überlebt. Im Gegensatz zur landläufigen Meinung hat Atmung daher in erster Linie die Aufgabe, überschüssiges Kohlendioxid zu entfernen, wenn das nicht geschieht, nützt auch viel Sauerstoff nichts.

Es ist also die Kunst des Arztes und der Pharmaindustrie, Medikamente in der richtigen Dosierung anzuwenden, um einen optimalen Heilerfolg bei Minimierung der Nebenreaktionen zu erzielen. Insgesamt hat die Therapie mit Medikamenten in den letzten zwei Jahrhunderten so große Fortschritte erzielt, dass der böse Satz Molières (1622–1673) „Die meisten Menschen sterben an ihren Arzneien und nicht an ihren Krankheiten" heute sicherlich nicht mehr zutrifft. Allerdings geht der Fortschritt auch noch nicht so weit, dass die Aussage des Schriftstellers Hans-Hermann Kersten (1928–1986) gerechtfertigt wäre: „Der Fortschritt der Medizin ist so ungeheuer, dass man sich seines Todes nicht mehr sicher ist."

4.3 Psychosomatik

Von manchen Wissenschaftlern und Nichtwissenschaftlern wurde und wird der Mensch ausschließlich als die komplexeste chemisch-physikalische Maschine der Natur angesehen. Eine überspitzte Definition in dieser Richtung formulierte die dänischen Schriftstellerin Karen Blixen (1883–1962): „Was ist der Mensch – bedenkt man es recht – anderes als eine präzise, grandios arbeitende Maschine, um mit unbegrenzter Kunstfertigkeit einen Jahrhundert-Bordeaux in Urin zu verwandeln?"

Bei den weitaus meisten religiös, philosophisch oder wissenschaftlich geprägten Menschen ist es jedoch üblich, den Mensch in einer dualistischen Sichtweise zu beschreiben, nämlich als Kombination aus Leib und Seele. Dieses Konzept ist schon aus der griechischen Antike bekannt und findet sich insbesondere auch in den Schriften von Aristoteles (384–322 v. Chr.) wieder. Dabei ist der Leib eine chemisch-physikalische Maschine in Koexistenz mit einer Seele, einer transzendenten Komponente mit Kontakt zu einem göttlichen Wesen, eine Komponente, über deren einzelne Eigenschaften Religionen sich gerne die Deutungshoheit vorbehalten. Bei diesem Leib-Seele-Konzept werden Emotionen, insbesondere positive Gefühle wie Liebe und Mitleid, aber auch Gedankengänge zumindest teilweise als seelische Regungen verstanden. Diese Sichtweise hat den Nachteil, dass es vor allem für religiöse Menschen egal welcher Konfession schwer verständlich ist, dass die seelische, irgendwie mit göttlichem Geist assoziierte Wesenheit des Menschen durch Chemikalien (Psychopharmaka, Drogen) beeinflusset werden kann.

Dieses Dilemma lässt sich vermeiden, wenn die dualistische Sicht durch eine „trialistische" ersetzt wird. In der „trialistischen" Sichtweise ist dann die Seele eine abstrakte Komponente des Menschen, ein göttlicher Funke, ein Abglanz Gottes (Allahs) oder wie immer man die Seele nennen mag. Entscheidend für die „trialistische" Sicht ist die Feststellung, dass die Seele in keinerlei direktem Kontakt zu chemischen oder physikalischen Vorgängen im menschlichen Körper steht. Ihre Charakterisierung und Funktion ist völlig der Deutung von Religionen oder Ideologien überlassen.

Es ergibt sich dann die Möglichkeit, das griechische Wort Psyche, das laut Wörterbuch Seele, aber auch Hauch oder Gemüt bedeuten kann (jedoch nicht mit dem christlichen Verständnis von Seele deckungsgleich ist), auf andere Weise zu definieren, nämlich als Gesamtheit aller Gefühls- und Bewusstseinszustände. Entscheidend bei dieser Definition ist, dass alle Veränderungen dieser Zustände, auch die kleinsten Gedanken, auf biochemischen Reaktionen im Gehirn basieren. Die solchermaßen definierte Psyche steht dann im Einklang mit der Bedeutung medizinischer Begriffe wie Psychosomatik, Psychoanalyse, Psychotherapie und Psychopharmaka, ohne mit religiösen Aspekten in Konflikt zu geraten.

Psychosomatik ist dann die Lehre von den Wechselwirkungen zwischen Körper („soma") und Psyche. Wie das Wort Wechselwirkung richtig ausdrückt, gibt es einen Einfluss des Körpers auf die Psyche und umgekehrt, und zwar mit negativen und mit positiven Konsequenzen. So kann zum Beispiel eine schwere körperliche Verletzung wie die Amputation eines Gliedes Depressionen auslösen, und andererseits kann lange andauernder Stress oder ein traumatisches Erlebnis wie der Tod einer geliebten Person körperliche Erkrankungen wie Infektionen, Gallenschmerzen oder Herzrhythmusstörungen auslösen.

Die Wechselwirkung zwischen Körper und Psyche wird auch für vielfältige Therapiekonzepte genutzt. So verbessert die psychische Betreuung von Patienten, die vordergründig ein körperliches Leiden aufweisen, deren Heilungschancen. Dazu ist keineswegs ein ausgebildeter Psychotherapeut notwendig. Es ist schon seit Jahrtausenden bekannt, dass bereits die Zuwendung eines als vertrauenswürdig empfundenen Arztes einen positiven Einfluss auf die Psyche und den Krankheitsverlauf hat. Die einfühlsame Betreuung durch Familienmitglieder und Freunde sind eine weitere Quelle nicht professioneller Psychotherapie. Die psychische Beeinflussung von Krankheiten hat in früheren Jahrhunderten und bei Naturvölkern wegen des Mangels an Medikamenten eine noch viel größere Rolle gespielt als am Anfang des 21. Jahrhunderts. Der Heilerfolg von Medizinmännern und Schamanen ist im Durchschnitt wohl zu mindestens 50 % ihrem psychischen Einfluss zuzuschreiben. Diesem Teil einer Therapie kann man sicherlich einen transzendenten Aspekt zuweisen, der über die naturwissenschaftliche Basis der Therapie hinausgeht.

Folgende Krankheitsbilder zählen zu den wichtigsten psychischen Erkrankungen:

- zwanghafte Angstzustände
- zwanghafte Bewegungsabläufe (dazu kann auch das Tourette-Syndrom, d. h. Bewegungs-Tics, gezählt werden)
- Burnout-Syndrom
- Depressionen
- Demenz
- Psychosen, das heißt der Verlust an Realitätssinn und Fähigkeit zur Selbstkritik (mit Schizophrenie als bekanntestem Spezialfall)
- Suchtkrankheiten

Auf Depressionen, die sich zu einer Volkskrankheit entwickelt haben (4 Mio. Deutsche, 10.000 Suizide pro Jahr), soll hier als wichtiges Beispiel näher eingegangen werden. Es gibt mehrere verschiedene Arten von Depressionen. Eine Grobeinteilung nach Art der Ursache lautet:

- endogene Depressionen (z. T. genetisch bedingte Stoffwechselstörungen im Gehirn)
- neurotische Depressionen (vorzugsweise durch Stress)
- reaktive Depressionen (d. h. Reaktionen auf ein äußeres, psychisch belastendes Ereignis)

Neben diesen „monopolaren“ Depressionen gibt es den „bipolaren“ Fall, bei dem sich Anfälle von Depression und Manie abwechseln.

Allen Fällen von Depression ist gemeinsam, dass die Wirksamkeit der Hormone und Neurotransmitter Serotonin, Dopamin und Noradrenalin im Gehirn des Patienten irgendwie gestört ist (Neurotransmitter sind Botenstoffe, die zwischen zwei Nervenenden, also an den Synapsen, die Impulsleitung vermitteln und steuern). Je nach Art der Depression kann die Störung jedoch unterschiedliche Aspekte haben. Es können zu viele oder zu wenige Neurotransmitter vorliegen, oder die Rezeptoren, an welchen die Botenstoffe andocken, besitzen nicht mehr die normale Empfindlichkeit.

Entsprechend den verschiedenen Arten von biochemischen Störungen wurden verschiedene Arten von Antidepressiva entwickelt, deren Einnahme zumindest die Symptome lindert. Die Kunst des Arztes besteht nun darin, die Art der Depression richtig zu diagnostizieren und das optimale Antidepressivum auszuwählen. Der beste Heilerfolg wird – wie auch bei allen anderen psychischen Erkrankungen – dann erzielt, wenn die medikamentöse Therapie durch psychotherapeutische Maßnahmen ergänzt wird. Dabei sind bei den meisten Depressionen intensive Gespräche mit dem behandelnden Arzt ausreichend, und professionelle Psychotherapie ist nur in sehr schweren Fällen angebracht. Dazu gehören flankierende Maßnahmen, wie Sporttherapie, Ergotherapie, Gruppentherapie und die Betreuung durch die Familie.

Ein neuerer Therapievorschlag des deutschen Humoristen Andreas Ehrlich, der manisch depressiven Patienten helfen soll, lautet: „Denken Sie immer daran, Anderen mit einem bösen Spruch das Leben schwerer zu machen, ist tätige Nächstenliebe und darüber hinaus gut für die eigene Gesundheit, denn Spott und Schadenfreude erhöhen den eigenen Serotonin-Spiegel.“

Abschließend sollen die beiden wichtigsten Fragen, die diesem Kapitel zugrunde liegen, zusammenfassend beantwortet werden. Wie viel an Naturwissenschaften steckt in der Medizin? Über alle Fachrichtungen der Medizin gemittelt kann man wohl sagen, dass über 90 % aller diagnostischen und therapeutischen Maßnahmen auf Basis naturwissenschaftlicher (und technischer) Forschungsergebnisse erfolgen. Auch die Ausbildung der Mediziner erfolgt in Fächern, die wie Anatomie, Pathologie und Pharmakologie auf naturwissenschaftlichen Methoden und Erkenntnissen basieren.

Dennoch lässt sich die zweite Frage, ob die Medizin eine Naturwissenschaft ist, mit einem klaren Nein beantworten, und das hat zwei Gründe. Zum einen liegt der psychotherapeutische Einfluss des Arztes und andere Betreuer außerhalb der Definition von Naturwissenschaften. Zum anderen, und dies ist das gewichtigere Argument, sind die Zielsetzungen von Naturwissenschaften und Medizin total verschieden. Liegt bei den Naturwissenschaften das Ziel in der Gewinnung von (Er-)Kenntnissen, so hat die Medizin das Ziel, Krankheiten zu heilen, wobei naturwissenschaftliche Erkenntnisse Mittel zum Zweck sind. Andererseits basiert die medizinische Forschung zu 99 % auf naturwissenschaftlichen Methoden und hat naturwissenschaftliche Ziele. Dazu gehört die Entwicklung zahlreicher neuer Medikamente gegen nahezu jede Art von Krankheit, dazu gehören zum Beispiel die Implantation resorbierbarer oder langzeitstabiler Kunststoffe, die Implantation von Elektrochips, welche die Druckbelastung von Knochen und Gelenken messen können, verbesserte Kontaktlinsen oder neue Anwendungen für Laserlicht. Dieser Sachverhalt rechtfertigt es daher auch, die medizinische Forschung danach zu befragen, inwieweit Irrtümer entstehen, ob und wie sie korrigiert werden und wie glaubhaft medizinische Theorien sind. In dieser Hinsicht besteht kein Unterschied zu den Naturwissenschaften.

Das Nachwort zu diesem Kapitel stammt von dem Schriftsteller Sigmund Graff (1898–1979): „Unter den mutmaßlichen Todesursachen unserer Verstorbenen sollte auf den amtlichen Papieren vorsorglich auch der Name des behandelten Arztes aufgeführt werden."

Literatur

Bräutigam W, Christian P, von Rad M (1997) Psychosomatische Medizin – Ein kurz gefasstes Lehrbuch, 6. Aufl. Thieme, Stuttgart

Hopff W (1991) Homöopathie kritisch betrachtet. Thieme, Stuttgart

Jütte R (2005) Samuel Hahnemann, Begründer der Homöopathie. dtv, München

Prokop O (1995) Homöopathie – Was leistete sie wirklich? Ullstein, Berlin

Schilling E (2013) Arzneimittelreste belasten die Alsterzuflüsse. Die Welt, 12. August 2013

Schmidbauer W (1998) Die Geheimsprache der Krankheit – Bedeutung und Deutung psychosomatischer Leiden. Rowohlt, Reinbeck

Schrör K (1992) Acetylsalicylsäure. Thieme, Stuttgart

Von Uexküll T, Adler RH, Herrmann JM (Hrsg) (2003) Psychosomatische Medizin, 6. Aufl. Urban & Fischer, München

5
Paradigmenwechsel und Fortschritt

> *„Gelehrte sind Menschen, die sich von normalen Sterblichen in der anerworbenen Fähigkeit unterscheiden, sich an weitschweifigen Irrtümern zu ergötzen."*
>
> (Anatole France)

5.1 Was heißt Paradigma?

Im Jahr 1962 veröffentlichte der an den Universitäten in Berkeley und Princeton und am MIT tätige amerikanische Wissenschaftshistoriker Thomas Kuhn (1922–1996) ein Buch mit dem Titel *The structure of scientific revolution*. Die deutsche Übersetzung durch Kurt Simon erschien 1973 im Suhrkamp Verlag unter dem Titel *Die Struktur wissenschaftlicher Revolutionen*, und die folgenden Zitate stammen aus dieser Übersetzung. Dieser Essay, wie T. Kuhn sein Buch nannte, erregte erhebliches Aufsehen, vor allem bei Philosophen, Wissenschaftstheoretikern, Wissenschaftshistorikern und Soziologen. T. Kuhn gilt daher als einer der bedeutendsten Wissenschaftstheoretiker des 20. Jahrhunderts.

In seinem Buch *Wissenschaftstheorie und Paradigmenbegriff* geht der deutsche Philosoph Professor Kurt Bayertz (geb. 1948) sogar so weit, Wissenschaftstheorie und Geschichtsschreibung der Wissenschaft in eine Vor-Kuhn-Ära und eine Nach-Kuhn-Ära einzuteilen. Diese Einschätzung gilt für die Naturwissenschaften sicherlich nicht. Eine ausführlichere Vorstellung und Diskussion der Kuhnschen Thesen in diesem Kapitel hat drei Gründe. Erstens, die Bedeutung des Kuhnschen Werkes, zweitens, der Eingang des von T. Kuhn geprägten Begriffs „Paradigmenwechsel" in den Sprachgebrauch der Naturwissenschaftler und drittens, die Nützlichkeit der Diskussion als Ergänzung zu Kap. 2.

Um die Kuhnschen Thesen richtig einordnen zu können, muss man wissen, dass T. Kuhn theoretische Physik studiert hatte und während seiner Promotion in das Fach Geschichte der (Natur-)Wissenschaften übergewechselt war, dem er auch sein ganzes Berufsleben widmete. Das heißt, dass er nie experimentell geforscht hat. T. Kuhn benutzte je nach Bedarf die Begriffe Wissenschaft und Naturwissenschaft, wobei Wissenschaft als Überbegriff dient und vor allem auch die Sozialwissenschaften beinhaltet. Keiner dieser Begriffe wurde definiert, und Begriffe wie „Naturgesetzt", „Gesetze der Natur" oder „Reproduzierbarkeit" wurden nie benutzt.

T. Kuhn formulierte sein Wissenschaftsverständnis auf der Basis zweier Begriffspaare: „normale Wissenschaft" und „außerordentliche Wissenschaft" sowie „Paradigma" und „Paradigmenwechsel". Diese Begriffe stehen in folgendem engen Zusammenhang. Die „normale Wissenschaft" ist sozusagen der Standardfall der Forschung, die unter der „Schirmherrschaft" eines Paradigmas abläuft, das heißt unter einer umfassenden Theorie, welche die zunächst vorliegenden Funde hinreichend erklärt. Dieser Form der Wissenschaft sprach T. Kuhn die Fähigkeit zu wesentlichen Neuerungen ab. Entscheidende Fortschritte wissenschaftlicher Erkenntnis seien nur zu erwarten, wenn durch eine „außerordentliche Wissenschaft" Paradigmenwechsel herbeigeführt werden. Abgesehen davon, dass Begriffe wie „normale" und „außerordentliche Wissenschaft" in den Ohren heutiger Wissenschaftler befremdlich, wenn nicht provokativ, klingen, stimmt das ganze Zweiphasenmodell Kuhns mit dem tatsächlichen Ablauf naturwissenschaftlicher Forschung in mehreren Punkten nicht überein, wie unten näher erläutert werden soll. Zunächst aber soll T. Kuhn selbst zu Wort kommen, und zwar zur Frage: Was bedeutet Paradigma? In Kap. 3 seines Buches definierte T. Kuhn wie folgt (S. 28):

> In diesem Essay bedeutet ‚normale Wissenschaft' eine Forschung, die fest auf einer oder mehreren wissenschaftlichen Leistungen der Vergangenheit beruht, Leistungen, die von einer bestimmten wissenschaftlichen Gemeinschaft eine Zeitlang als Grundlage für ihre weiteren Arbeiten anerkannt werden.

Zur Definition des Begriffes „Paradigma" und über Lehrbücher, die zur Studienzeit T. Kuhns noch den Stand der Wissenschaft repräsentierten, sagte er (S. 29):

> Diese und andere Werke dienten eine Zeitlang dazu, für die nachfolgenden Generationen von Fachleuten die anerkannten Methoden und Probleme eines Fachgebietes zu bestimmen. Sie vermochten dies, weil sie zwei wesentliche Eigenschaften gemeinsam hatten. Ihre Leistung war beispiellos genug, um eine beständige Gruppe von Anhänger anzuziehen, hinweg von den wetteifernden Verfahren wissenschaftlicher Tätigkeit, und gleichzeitig waren sie noch offen genug, um der neu bestimmten Gruppe von Fachleuten alle möglichen Probleme zur Lösung zu überlassen. Leistungen mit diesen beiden Merkmalen werde ich von nun an als ‚Paradigma' bezeichnen, ein Ausdruck der eng mit dem der ‚normalen Wissenschaft' zusammenhängt. Durch seine Wahl möchte ich andeuten, dass einige anerkannte Beispiele, die Theorie, Gesetze, Anwendung

und Hilfsmittel einschließen, Modelle abgeben, aus denen bestimmte festgefügte Traditionen wissenschaftlicher Forschung erwachsen. Das sind Traditionen, die der Historiker unter Rubriken wie Ptolemäische Astronomie (oder Kopernikanische), Aristotelische Dynamik (oder Newtonsche), korpuskulare Optik (oder Wellenoptik) und so weiter beschreibt.

Diese etwas wolkige Definition von „Paradigma" wurde durch weitere Aussagen ergänzt. Zur Entstehung von „Paradigmata" aus einem vorparadigmatischen Stadium, das T. Kuhn durch mehrere Denk- und Arbeitsschulen charakterisiert sah, heißt es (S. 38/39): „Wir werden das Wesen dieser höchst gezielten oder auf einem Paradigma basierenden Forschung (d. h. der ‚normalen Wissenschaft') im nächsten Abschnitt untersuchen, müssen aber erst kurz darauf eingehen, wie das Auftreten eines Paradigmas die Struktur der auf einem Fachgebiet arbeitenden Gruppen berührt. Wenn in der Naturwissenschaft ein Einzelner oder eine Gruppe eine Synthese (von Hypothesen oder Theorien) hervorbringt, die in der Lage ist, die meisten Fachleute der nächsten Generation anzuziehen, verschwinden allmählich die alten Schulen."

Und weiter auf Seite 44/45: „Paradigmata erlangen ihren Status, weil sie bei der Lösung eines Problems, welches ein Kreis von Fachleuten als brennend erkannt hat, erfolgreicher sind als die mit ihnen konkurrierenden. Erfolgreich sein heißt aber nicht, bei einem Problem völlig erfolgreich zu sein, oder bei einer größeren Anzahl bemerkenswert erfolgreich sein. Der Erfolg eines Paradigmas [...] ist am Anfang weitgehend die Verheißung von Erfolg, die in ausgesuchten und noch unvollkommenen Beispielen liegt. Die ‚normale Wissenschaft' besteht in der Verwirklichung dieser Verheißung, einer Verwirklichung, die durch Erweiterung der Kenntnisse der vom Paradigma als besonders aufschlussreich offenbarten Fakten, durch Verbesserung des Zusammenspiels dieser Fakten mit den Voraussagen des Paradigmas sowie durch weitere Präzisierung des Paradigmas selbst herbeigeführt wird." Und auf Seite 59 heißt es weiter: „Für die Wissenschaftler zumindest sind die in der ‚normalen Forschung' gewonnenen Ergebnisse bedeutsam, weil sie die Reichweite und die Exaktheit des Paradigmas vergrößern." Und auf Seite 57: „Diese drei Klassen von Problemen – Bestimmung spezifischer Fakten, gegenseitige Anpassung von Fakten und Theorie, Präzisierung der Theorie – erschöpfen, so glaube ich, die Literatur der ‚normalen Wissenschaft', sowohl der empirischen wie der theoretischen."

Zur Frage, ob aus der „normalen Wissenschaft" heraus wesentliche Neuerungen entstehen können, äußert sich T. Kuhn meist sehr negativ: „Eine kumulative Erwerbung unvorhergesehener Neuigkeiten erweist sich als eine fast nicht existente Ausnahme von der Regel wissenschaftlicher Entwicklung. [...] Dann mag ein zweiter Blick auf das bisher Bekannte erkennen lassen, dass eine kumulative Erwerbung von Neuheiten nicht nur in Wirklichkeit selten, sondern auch im Prinzip selten ist."

Diese Aussage kann 50 Jahre nach der Niederschrift von Kuhns Essay nicht akzeptiert werden. Die Kreativität und geistige Flexibilität von Forschern eines Fachgebietes gehorcht wohl wie fast alle anderen menschlichen Eigenschaften einer Gauß-Verteilung (Glockenkurve). Die Kreativsten und Neugierigsten werden aus der „normalen Wissenschaft" heraus Neuland beschreiten. Dabei kann es zwar zu revolutionären Paradigmenwechseln kommen, muss es aber nicht. Es kann Neuland erschlossen werden, ohne dass bestehende Paradigmen infrage gestellt werden. T. Kuhn selbst gibt dies an andere Stelle zu und widerspricht sich selbst (S. 132): „Im Prinzip kann ein neues Phänomen auftauchen, ohne dass es sich zerstörend auf irgendeinen Teil früherer wissenschaftlicher Praxis auswirkt. […] Desgleichen muss eine neue Theorie nicht notwendigerweise mit einer ihrer Vorgängerinnen in Konflikt geraten. Sie kann sich ausschließlich mit Phänomenen befassen, die man vorher nicht kannte, wie sich zum Beispiel die Quantentheorie – signifikanterweise, aber nicht ausschließlich – mit subatomaren Phänomenen befasst, die vor dem 20. Jahrhundert unbekannt waren!"

An drei Beispielen aus verschiedenen Bereichen der Naturwissenschaften lässt sich demonstrieren, dass überaus wichtige Neuentwicklungen aus der „normalen Wissenschaft" heraus möglich sind. Da ist einmal die Entwicklung von Laserlicht und dessen praktische Anwendungen zu nennen. Die theoretischen Grundlagen für dieses Gebiet sind in A. Einsteins Relativitätstheorien enthalten, aber Einstein hat die Entwicklung der Maser- und Laserstrahlen nicht bearbeitet. Die Entwicklung dieser Formen elektromagnetischer Strahlen 30–50 Jahre später war daher keine intellektuelle Revolution, aber sie war von enormer Bedeutung hinsichtlich zahlreicher medizinischer und technischer Anwendungen.

Ähnlich verhält es sich mit der Kernspinresonanzspektroskopie („nuclear magnetic resonance" = NMR). Diese basiert auf der Orientierung magnetischer Atomkerne in einem äußeren starken Magnetfeld und liefert vielseitige Informationen über die chemische Struktur von Molekülen. Die NMR-Spektroskopie hat sich in den letzten 60 Jahren zur bedeutendsten Analysenmethode in Chemie und Pharmazie entwickelt. Die Auswertung desselben physikalischen Grundphänomens in Form von Bildern, welche die unterschiedliche Beweglichkeit von Wasserstoffatomen in gesunden und erkrankten menschlichen Organen oder Gewebezonen dokumentieren, hat sich als ausgezeichnete Diagnosemethode für Schädigungen des Weichgewebes bewährt. Diese MRT-Methode ist zurzeit noch teuer, aber auf dem besten Wege, die vielseitigste und wichtigste Diagnosemethode der Medizin zu werden, zumal sie auch für die Untersuchung von Gehirnfunktionen einsetzbar ist. Auch hier handelt es sich um die Erforschung und Anwendung neuer Arbeitsgebiete ohne Paradigmenwechsel.

Das dritte Beispiel betrifft die Genetik aus dem Schoß der Biologie. Auch hier wurde in den letzten 150 Jahren eine schrittweise Erforschung und Ausweitung eines neuen Arbeitsfeldes durch Beiträge zahlreicher Wissenschaftler vollzogen. Innerhalb der Genetik gab es einen Paradigmenwechsel (Abschn. 7.4), und die Genetik ist dabei, einen Paradigmenwechsel in der Evolutionstheorie zu bewirken (Abschn. 7.4). Aber die Entstehung der gesamten Genetik als neue Disziplin der Biologie bedeutete keinen Paradigmenwechsel für die gesamte Biologie.

5.2 Was heißt Paradigmenwechsel?

Über den Begriff „Paradigmenwechsel" schrieb T. Kuhn (S. 23): „Manchmal widersteht ein normales Problem, welches durch bekannte Regeln und Verfahren lösbar sein sollte, dem wiederholten Ansturm der fähigsten Mitglieder des Kreises, in deren Zuständigkeit es fällt. Bei anderen Gelegenheiten arbeitet ein für die normale Forschung entwickeltes Ausrüstungsstück nicht in der erwarteten Weise und lässt eine Anomalie erkennen, die sich trotz wiederholter Bemühung nicht mit deren professionellen Erwartung in Einklang bringen lässt. In dieser – und auch in andere – Beziehung geht die ‚normale Wissenschaft' öfters in die Irre, und wenn sie es tut – wenn also die Fachwissenschaft den die bestehenden Traditionen fachwissenschaftlicher Praxis unterwandernden Anomalien nicht länger ausweichen kann – dann beginnen die außerordentlichen Untersuchungen, durch welche die Fachwissenschaften schließlich zu einer neuen Reihe von Bindungen einer neuen Grundlage für die Ausübung von der Wissenschaft geführt werden." Die außerordentlichen Episoden, in denen jener Wechsel der fachlichen Bindungen vor sich geht, werden in diesem Essay als wissenschaftliche Revolution bezeichnet. Sie sind die traditionszerstörenden Ergänzungen zur traditionsgebundenen Betätigung der „normalen Wissenschaft." Und weiter heißt es auf Seite 24:

> Und jede [Revolution] wandelt die wissenschaftliche Vorstellung in einer Weise um, die wir nur letztlich als eine Umgestaltung der Welt, in welcher wissenschaftliche Arbeit getan wurde, beschreiben müssen. Derartige Änderungen sind, zusammen mit den Kontroversen, die sie fast immer begleiten, die bestimmenden Charakteristika wissenschaftlicher Revolutionen. Die Einführung neuartiger Themen ruft regelmäßig die gleiche Reaktion seitens einiger der Fachleute hervor, auf deren speziellem Gebiet sie einwirken. Für sie bedeutet die neue Theorie eine Änderung der Regeln. Zwangsläufig wirkt sie sich daher auf umfangreiche, schon erfolgreich abgeschlossene wissenschaftliche Arbeiten

> aus. Insofern ist eine neue Theorie, sei ihr Anwendungsbereich auch noch so speziell, selten oder nie nur eine Steigerung dessen, was schon bekannt ist. Ihre Anerkennung erfordert die Umarbeitung einer früheren Theorie und die Neubearbeitung früherer Fakten, ein wahrhaft revolutionärer Vorgang, der selten von einem einzelnen Menschen und niemals von heute auf Morgen zu Ende gebracht werden kann.

Und schließlich auf Seite 25: „Darum ist eine unerwartete Entdeckung in ihrer Bedeutung nicht einfach eine Tatsache, und deshalb wird die Welt der Wissenschaftler durch fundamentale Neuheiten – sei es als Fakten oder Theorie – ebenso qualitativ umgewandelt wie quantitativ bereichert."

Das hier entworfene Bild des „Paradigmenwechsels" zeigt deutlich, dass T. Kuhn seine geistige Heimat in der Physik und ihrer Geschichte hatte. Die Umwertung bestehender Begriffe und Ansichten, gar ein neues Weltbild als Folge des Paradigmenwechsels sind typisch für die Etablierung des heliozentrischen Weltbildes durch Kopernikus oder für die Ausarbeitung der Relativitätstheorie durch A. Einstein, und diese Beispiele werden von T. Kuhn auch ausführlich zitiert. Aber die Geschichte der Physik ist nicht in jeder Hinsicht ein geeignetes Modell für die Abläufe in anderen Fachrichtungen. So erforderte die Eliminierung des Vitalismus aus der Chemie (Abschn. 8.3) keine nennenswerte Umdeutung der zuvor verwendeten Begriffe, und die vor 1825 durchgeführten Experimente wurden durch F. Wöhlers Arbeiten nicht falsifiziert (widerlegt). Das Gleiche gilt für den Paradigmenwechsel, welcher der Erfindung der Nylons zugrunde liegt (Abschn. 8.5). Das Vorurteil (das Paradigma) der Fachleute, die der Erfindung der Nylons und Polyester zunächst im Wege stand, hatte keine experimentelle Grundlage, es lag sozusagen in der Luft.

Das Gleiche gilt im Rahmen der Biologie für die Widerlegung der Spontanzeugung und für die eng damit zusammenhängende Erklärung der alkoholischen Gärung (Abschn. 7.2). Das ursprüngliche Paradigma basierte hier lediglich auf der häufig zu machenden Beobachtung, dass man in jedem Dreck oder Abfallhaufen früher oder später Ungeziefer entdecken kann. Eine Umdeutung zahlreicher Experimente und dazu gehöriger Begriffe und Theorien war hier nicht nötig. T. Kuhn berücksichtigte die in Abschn. 2.2 dargelegte Differenzierung verschiedener Fachrichtungen nicht. Wenn eine Fachrichtung wie die Chemie seit 150 Jahren zum Weltbild der Naturwissenschaften keinen Beitrag leisten kann – aber dafür umso mehr zum Zivilisationsniveau und Wohlergehen der Menschen – dann kann ein „Paradigmenwechsel" auch keine Änderung des Weltbildes und keine nennenswerte Umdeutung zuvor benutzter Begriffe und Methoden bewirken.

Das Kuhnsche Schema, den Fortgang naturwissenschaftlicher Forschung mit einem Zweiphasenmodell zu beschreiben, stimmt auch an einer anderen wichtigen Stelle nicht. Die heutige Forschung liefert weltweit betrachtet eine ständige Flut neuer experimenteller Daten und neuer mehr oder weniger wichtiger Hypothesen und Theorien. Da der Mensch nicht perfekt ist – oder religiös ausgedrückt, fehlbar ist – wird dieser immense Informationsfluss auch von einem permanenten Fluss an Irrtümern und Fehlinterpretationen begleitet, allerdings in einer um Zehnerpotenzen geringeren Anzahl. Für die neuen wissenschaftlichen Erkenntnisse wie auch für die Irrtümer gilt, dass ihre Bedeutung über die größtmögliche Breite streut, welche die Natur bzw. der Mensch zulässt, von einer annähernd bedeutungslosen Aussage bis hin zum Jahrhundertereignis, das T. Kuhn als Paradigmenwechsel mit Änderung des Weltbildes klassifiziert hätte. T. Kuhn sah nur die Spitze des Eisberges, aber nicht den Eisberg selbst, weil er nie experimentell tätig war. Ein konkretes Beispiel aus der Chemie soll diesen Punkt erläutern.

Betrachtet werden soll wieder (vgl. Abschn. 2.4) die Synthese eines Medikamentes C aus den Vorstufen A und B. Ziel sind eine hohe Ausbeute und die Vermeidung störender Nebenprodukte. Die wichtigsten experimentellen Parameter, welche den Reaktionsverlauf beeinflussen, sind Temperatur und Zeit. Nun kann es passieren, dass der Experimentator aus Versehen die Temperatur falsch einstellt. Ein handwerklicher Fehler, der als „Nanoirrtum" bezeichnet werden kann. Nun kann die gemäß Arbeitshypothese richtig eingestellt Temperatur aber zu hoch sein, die Nebenprodukte sind zu häufig und die Arbeitshypothese muss korrigiert werde (Mikroirrtum). Bei deutlich tieferer Temperatur läuft die Synthese aber zu langsam, um für eine Produktion brauchbar zu sein („Miniirrtum").

Daraufhin setzt der Chemiker einen Katalysator ein, der die Reaktion stark beschleunigt, aber nun entsteht ein medizinisch störendes Nebenprodukt, das zuvor noch nicht zu beobachten war und das durch die üblichen Reinigungsmethoden nicht vollständig entfernt werden kann. Jetzt stellt die bisherige Arbeitshypothese schon einen erheblichen Irrtum dar und muss durch ein neues Synthesekonzept ersetzt werden. 99 % solcher Irrtümer und Fehleinschätzungen werden von den Forschern berichtigt, bevor die Ergebnisse eines Forschungsprojektes publiziert werden. Sie gehören aber zum Alltag des experimentellen Forschens, insbesondere dann, wenn der Forscher zu der in Abschn. 2.2 genannten Gruppe gehört, die einige 100 Experimente pro Jahr durcharbeiten kann.

Nun hat der Begriff „Paradigmenwechsel" Einzug in den Sprachgebrauch der Naturwissenschaftler gehalten, auch weil ähnliche Begriffe wie Theoriewandel oder Theoriewechsel nie Verbreitung fanden. Es bleibt daher noch zu diskutieren, wie der Begriff „Paradigmenwechsel" verwendet werden kann. Wird der Begriff gemäß der Kuhnschen Charakterisierung eng ausgelegt, so wäre er höchstens für ein Dutzend Fälle anwendbar. De facto wird heutzutage der Begriff Paradigmenwechsel undefiniert und unpräzise für verschiedenartige Theoriewechsel angewandt, und es stellt sich die Frage, ob nicht eine Klassifizierung und Präzisierung durch Adjektive sinnvoll wäre. So könnte man zum Beispiel zwischen revolutionären und evolutionären Paradigmenwechsel unterscheiden. Ein Beispiel für den letzteren Fall ist die Entdeckung der Spaltbarkeit von Atomen (nicht Atomkernen) in Elektronen und positive Atomrümpfe (Ionen, Abschn. 9.1). Hierzu gab es Beiträge mehrerer Forscher über mehrere Jahrzehnte (die Elektrochemie ist in Abschn. 9.1 nicht erwähnt), bis schließlich die Versuche von J.J. Thomson mit der Kathodenstrahlung und das Atommodell von Sir E. Rutherford einen Schlusspunkt setzten. Typisch für den evolutionären Ablauf ist die Tatsache, dass ein entrüsteter Aufschrei der Fachkollegen ausblieb.

Eine weiter Klassifizierung ergibt sich aus der Beobachtung, dass bei manchen Paradigmenwechseln zuerst die experimentellen Befunde und daraufhin die neue Theorie, das neue „Paradigma", erarbeitet wurde (Fall 1), während in anderen Fällen (2) die neue Theorie zuerst das Licht der Welt erblickte. Als Beispiele für Fall 1 können die Überwindung der Phlogiston-Theorie (Abschn. 8.2) sowie die Erfindung der Nylons und Polyester dienen (Abschn. 8.5). Im Falle der Phlogiston-Theorie mussten zuerst frühere Versuche nachgebessert, neue Versuche von A. Lavoisier durchgeführt sowie der Sauerstoff entdeckt werden, bevor die neue Oxidationstheorie formuliert werden konnte. Im Falle der Nylons standen erfolgreiche Synthesen von Polyestern am Anfang der Entwicklung. Als Beispiele für Fall 2 können die allgemeine Relativitätstheorie und das Konzept der kovalenten Makromoleküle dienen (Abschn. 8.4). Die allgemeine Akzeptanz der Relativitätstheorie ergab sich erst im Gefolge der experimentellen Bestätigung durch die Analyse einer Sonnenfinsternis im Jahr 1919. Das Konzept der Riesenmoleküle lag als Alternative zur Assoziationstheorie schon auf dem Tisch, bevor H. Staudinger auf experimentellem Weg die Entscheidung traf.

Schließlich lassen sich „Paradigmenwechsel" nach ihrer Bedeutung gliedern. Natürlich werden Mitglieder eines Fachgebietes einen „Paradigmenwechsel" auf ihrem Arbeitsgebiet immer höher einschätzen als Außenstehende, doch ist dies kein Grund, zumindest innerhalb von Fachrichtungen auf eine grobe Klassifizierung zu verzichten. Unter Verwendung bekannter Adjektive für Größenordnungen könnte man so von „Nano-" und „Mini-Paradigmenwechseln" sprechen sowie von bedeutenden oder gar „Mega-Paradigmenwechseln".

Einen interessanten historischen Vergleich bieten die Arbeiten Charles Darwins (Abschn. 7.3). Dass Ch. Darwin einen bedeutenden Beitrag zu einem Mega-Paradigmenwechsel geleistet hat, ist weithin bekannt. Ch. Darwin war jedoch ein vielseitig interessierter Forscher, der sich in seinen letzten Lebensjahren mit landwirtschaftlichen Experimenten, vor allem mit der Kreuzung von Pflanzen, beschäftigte. Dabei fanden auch Regenwürmer sein Interesse. Das Paradigma seiner Zeit (und auch noch späterer Jahre) war die Einstufung von Regenwürmern als Gartenschädlinge. Ch. Darwin fand jedoch heraus, dass Regenwürmer die oberen 20 cm des Bodens lockern, eine bessere Durchlüftung ermöglichen und auch einen nützlichen Stofftransport (z. B. von Kalkpartikeln) bewirken. Er drehte also das Image der Regenwürmer um 180 Grad – ein perfektes Beispiel für einen „Mini-Paradigmenwechsel".

Abschließend soll erwähnt werden, dass sich T. Kuhn auch ausführlich zum vorparadigmatischen Stadium der Naturwissenschaften äußerte. Für dieses Frühstadium diagnostizierte er die Existenz mehrerer Denk- und Experimentierschule, die schließlich durch das Aufkommen eines „Paradigmas" geeint werden. Die diskutierten Beispiele entstammen der Geschichte der Physik. Seine Sichtweise ist daher wieder ein Beispiel für die ungeprüfte Verallgemeinerung von Verhältnissen auf dem Gebiet der Physik auf andere Naturwissenschaften. So wäre es eine willkürliche Schematisierung, all die vielen Alchimisten, die 3000 Jahre lang vor der modernen Chemie ihre Experimente durchführten, als Denkschulen zu bezeichnen, zumal alle dasselbe Ziel hatten, nämlich Gold aus billigen Ausgangsmaterialien herzustellen. In der Geologie gab es in zwei Jahrhunderten jeweils nur zwei konkurrierende Denkschulen (Abschn. 9.4).

5.3 Was ist Fortschritt?

Der Begriff Fortschritt ist in unzähligen Schriften diskutiert und kommentiert worden und gehört auch zum Standardfundus von Themen für Aufsätze in den oberen Gymnasialklassen. Das Wort Fortschritt ist eine wörtliche Übersetzung des lateinischen „progressus", das seinerseits auf den bei den Stoikern unter den griechischen Philosophen benutzten Begriff „prokopä" (προκοπη) zurückgeht. Nun ist die Frage, was Fortschritt ist, unmittelbar mit der Frage verbunden, was naturwissenschaftliche Forschung und die darauf aufbauende technische Entwicklung nützen. Daher soll dieser Begriff hier diskutiert werden.

Der Fortschrittsgedanke spielt in der westlichen Gedankenwelt eine wichtige Rolle, nicht nur in den Naturwissenschaften, sondern vor allem im Hinblick auf Technik und Wirtschaft sowie im Hinblick auf Geschichte und Geschichtsphilosophie. Das Werk von Karl Marx (1818–1883) sowie der folgende Ausspruch von Friedrich Hegel (1770–1831) sind wohl die bekanntesten Quellen für diesen Aspekt: „Die Weltgeschichte ist der Fortschritt im

Bewusstsein der Freiheit – ein Fortschritt, den wir in seiner Notwendigkeit zu erkennen haben."

Hätte F. Hegel noch zwei Jahrhunderte länger gelebt, wäre er zumindest ins Grübeln gekommen, ob er seine obige Aussage noch aufrechterhalten kann. Die Aussage des Schriftstellers Sigmund Graff (1898–1979) klingt auf den ersten Blick trivialer, ist aber nicht weniger nachdenkenswert: „Jede Verbesserung ist ein Fortschritt, aber nicht jeder Fortschritt ist eine Verbesserung."

Sucht man in der heutzutage am meisten frequentierten Enzyklopädie Wikipedia den Begriff „Fortschritt", so wird man in zwei Richtungen fündig, nämlich Fortschritt in der Geschichte und technischer Fortschritt. Im Artikel über Fortschritt in der Geschichte gibt es sogar einen Abschnitt, der mit „Definition" betitelt ist und folgende Aussagen enthält: „Der Fortschrittsgedanke beinhaltet folgende geschichtsphilosophischen Axiome:

- Die geschichtliche Entwicklung verläuft linear.
- Der allgemeine Zustand wird zunehmend besser, eventuell durch Rückschläge unterbrochen.
- Eventuell kommt noch die Vorstellung hinzu, dass die Veränderungen einem Ziel zusteuern (Teleologie).
- Oft ist mit dem Fortschritt die Vorstellung verbunden, dass sich die Geschichte planvoll entwickle."

Das Stichwort „naturwissenschaftlicher Fortschritt" ist nicht zu finden, und das trifft auch auf die meisten anderen Enzyklopädien zu. Eine positive Ausnahme ist hier das auch im Internet zu findende „Universallexikon" (http://universal_lexikon.deacademic.com/). Der Autor, Dr. H.-D. Mutschler, präsentiert allerdings keine Definition, sondern eine Aufzählung bedeutender Erfindungen aus Physik und Technik (Chemie und Medizin werden ignoriert) mit folgender Begründung. „Im Lauf des 17. und 18. Jahrhunderts avancierte die Physik immer mehr zur Leitwissenschaft, so dass sich im 20. Jahrhundert immer mehr die Meinung durchsetzen konnte, sie sei die Naturwissenschaft schlechthin." Immerhin attestiert er zum Schluss der Biologie, das Potenzial zur zukünftigen Leitwissenschaft zu haben.

Wie komplex der Begriff Fortschritt ist, und wie kontrovers er diskutiert wird, auch wenn er auf wissenschaftlichen Fortschritt fokussiert wird, zeigt sich, wenn renommierte Vertreter unterschiedlicher Denk- und Forschungsrichtungen zu Wort kommen. Zuerst sei hier wieder T. Kuhn angeführt. Zu Beginn von Kap. 13 seines bereits diskutierten Buches wird die Frage gestellt: „Warum ist der Fortschritt ein fast ausschließliches Vorrecht jener Tätigkeiten, die wir Wissenschaft nennen?" Er antwortet darauf, Fortschritt sei nichts weiter als „das Ergebnis erfolgreicher schöpferischer Tätigkeit".

T. Kuhn billigte auch anderen Denk- und Arbeitsbereichen erfolgreiche schöpferische Tätigkeit zu, erklärte aber am Beispiel der Philosophie den charakteristischen Unterschied zur Wissenschaft so: In der Philosophie kann man gegebenenfalls Fortschritte innerhalb einzelner Denkschulen feststellen, aber diverse Denkschulen verbleiben stets in Konkurrenz zueinander, und intersubjektive, allgemein verbindliche „Ergebnisse erfolgreicher schöpferischer Arbeit" gibt es im Unterschied zur Wissenschaft nicht. Diese Argumentation kann man auf Sinnfragen ausdehnen (Sinn der Schöpfung, Sinn des Lebens, Sinn des Individuums). Auf derartige Fragen gibt es zumindest so viele Antworten, wie es Religionen, Sekten und Ideologien gibt, und intersubjektive Maßstäbe, die eine allgemein verbindliche Messbarkeit von Fortschritt bei der Beantwortung derartiger Fragen erlauben würden, gibt es nicht.

T. Kuhn erklärte in Bezug auf die „normale Wissenschaft", dass, ein allgemein verbindliches Paradigma vorausgesetzt, Fortschritt zwangsläufig erreichbar und messbar ist, denn alle Ergebnisse und Erkenntnisse sind für die gesamte wissenschaftliche Gemeinschaft selbstverständlich gültig und verbindlich. Sie ist demzufolge „ein höchst kumulatives Unternehmen, höchst erfolgreich bezüglich ihres Zieles, der stetigen Ausweitung des Umfangs und der Exaktheit wissenschaftlicher Erkenntnis".

Schwierigkeiten ergaben sich für T. Kuhn für die Definition und Messbarkeit von Fortschritt während eines Paradigmenwechsels, das heißt in der Phase der „außerordentlichen Wissenschaft", weil dann zumindest vorübergehend die Intersubjektivität und die Allgemeinverbindlichkeit der Maßstäbe verloren gehen. Ferner nannte er die Situation vor und nach dem Paradigmenwechsel *incommensurable* und somit für die Messbarkeit von Fortschritt ungeeignet. Es gibt für dieses englische Adjektiv kein geeignetes deutsches Wort außer dem Fremdwort „inkommensurabel". Über Sinn und Bedeutung dieser Bezeichnung diskutierten Philosophen ausgiebig, und T. Kuhn stellte in einer Replik auf seine Kritiker klar, dass mit diesem, aus der Mathematik entlehnten, Ausdruck nicht *incomparable* (unvergleichbar) gemeint sei. Vergleichen kann man im Prinzip alles; T. Kuhn wollte aber klarstellen, dass Vergleiche als Basis für das Messen von Fortschritt nur Sinn machen, wenn die zu vergleichenden Informationsinhalte eine gleichartige Bedeutung haben.

Der Direktor des Instituts für Philosophie an der Universität München, Prof C. Ulises Moulines (geb. 1946), nahm 2004 in einem Beitrag zu dem Buch *Form, Zahl, Ordnung* zu diesem Aspekt ausführlich Stellung. Eine hier relevante Aussage lautet (S. 137, 138): „Es sind also die Theorien, die als grundlegende Einheiten beim Vergleich betrachtet werden müssen, damit man von irgendeinem wissenschaftlichen Fortschritt sprechen kann."

Wenn wir irgendeine Theorie T_1 einfach als Aussagemenge ansehen und eine andere Theorie T_2 als eine weitere Aussagemenge, so ist die einzige epistemologisch (erkenntnistheoretisch) sinnvolle Art und Weise, T_1 mit T_2 zu vergleichen, um festzustellen, ob eine „besser" als die andere ist, zu verifizieren, ob T_1 mehr wahre – oder wenigstens wahrscheinliche – Aussagen gestattet als T_2 und weniger falsche – oder unwahrscheinliche – Aussagen über die gleichen Dinge. Dies ist genau der Grundansatz von Karl Popper (1902–1994) und seinen Schülern, um den wissenschaftlichen Fortschritt zu definieren. Nun ist es sehr wichtig hierzu zu bemerken, dass dieser Vergleich nur dann einen Sinn hat, wenn wir eine Garantie haben, dass die Aussagemengen T_1 und T_2 sich auf das gleiche Universum von Entitäten beziehen. Wenn wir diese Garantie haben, so sagt uns die Tatsache, dass T_1 mehr wahre Aussagen enthält und weniger falsche als T_2, gar nichts über die Frage, ob es einen wirklichen Fortschritt beim Übergang von der einen Theorie auf die andere gibt. Vielleicht enthält ein Sportjournal mehr wahre Aussagen als das *Wall Street Journal*. Aber welchen Sinn macht es zu sagen, dass wir einen Fortschritt erzielen, indem wir die Lektüre des zweiten Journals durch die des ersten ersetzen? Nun, die Voraussetzung, dass T_1 und T_2 sich auf das gleiche Universum beziehen, ist genau die, welche wir nicht annehmen dürfen, wenn die Inkommensurabilitätsthese richtig ist.

T. Kuhn stellte die Frage: „Inwieweit ist Fortschritt auch die universale Begleiterscheinung wissenschaftlicher Revolutionen?" Er präsentierte dann die Antwort, dass Wissenschaftler, die dem neuen Paradigma zum Sieg verhelfen, den Paradigmenwechsel als Fortschritt präsentieren. Hier kommt Subjektivität ins Spiel, und T. Kuhn präzisierte den negativen Aspekt seiner Antwort später mit der Aussage: „Um es genauer zu sagen, wir müssen vielleicht die Vorstellung aufgeben, dass der Wechsel der Paradigmata die Wissenschaftler und die von ihnen Lernenden näher und näher an die Wahrheit heranführt." Mit dieser auch noch an einer anderen Stelle bekräftigten Aussage warf T. Kuhn gleich zwei Probleme auf. Erstens ist der Begriff Wahrheit unklar und zudem in den Naturwissenschaften ungebräuchlich. Zweitens, steht diese Aussage in krassem Widerspruch zu der mehrere Kapitel lang vorgetragenen Lobpreisung des Paradigmenwechsels als der entscheidenden Quelle größten wissenschaftlichen Fortschritts.

Auch in dem schon erwähnten Buch *Wissenschaftstheorie und Paradigmabegriff* übt der Autor K. Bayertz Kritik an der Inkonsistenz der Kuhnschen Argumentation, und zwar auf zwei Wegen. Einmal attestiert er, „… dass T. Kuhn letztlich immer nur eine Theorie der ‚normalen Wissenschaft' zu entwickeln vermag, aber keine Theorie wissenschaftlicher Revolutionen". Und weiter: „Die zweite Konsequenz ist ein eigentümlicher Selbstwiderspruch in Kuhns Argumentation. Dort wo er seine Inkommensurabilitätsthese verteidigt, hebt Kuhn immer wieder hervor, dass die Vertreter unterschiedlicher Paradigmen keine Einigung über die von der Wissenschaft zu lösenden Probleme und über die Kriterien erfolgreicher Problemlösungen herzustellen vermögen. Wenn dies aber der Fall ist, dann kann aber von einem Fortschritt an Problemlösungsfähigkeit und -exaktheit nicht gesprochen werden: Es bleibt nur ein Wechsel des Paradigmas, ohne dass eine Kumulation der Problemlösungsfähigkeit behauptet werden kann." Insgesamt blieb T. Kuhn eine klare und konsistente Antwort auf die Frage, ob „normale" und „außerordentliche" Wissenschaft insgesamt Fortschritt erzeugen und wie er gemessen werden kann, schuldig.

Eine relativ kurze und klare Aussage zum Thema Fortschritt kommt dagegen von dem Professor für Philosophie der Biowissenschaften Eckhart Voland (geb. 1949). Sein Beitrag in *Spektrum der Wissenschaften* von 2007 hat den kurzen und prägnanten Titel *Die Fortschrittsillusion*. Der Inhalt erschließt sich hinreichend aus folgenden Zitaten: „Gehirne ähneln dogmatischen Egozentrikern, die stets mühsam lernen müssen, andere Perspektiven einzunehmen, aber nicht einsehen können, warum sie das mit Bezug auf sich selbst tun sollten. Zu den nützlichen Konstruktionen des Gehirns gehört auch die Idee des Fortschritts." Die weitere Argumentation bezieht sich vor allem auf den Zusammenhang zwischen Fortschritt und Evolution: „Schließlich ist Fortschritt kein Merkmal des Evolutionsgeschehens, auch wenn im manchmal etwas lockeren Sprachgebrauch – auch unter Fachleuten – gerne von Höherentwicklung und ähnlich suggestiven Konzepten die Rede ist. [...] Evolution ist vielleicht Komplexitätszunahme, aber Komplexitätszunahme ist nicht Fortschritt und Fortschritt ist keine biologische Kategorie."

Bis hierher werden wohl viele Naturwissenschaftler und interessierte Laien folgen können, aber die folgenden Aussagen provozieren Kritik. „Aber wozu das Ganze? Warum konstruiert das Gehirn die Fortschrittsidee und pflegt sie ein Leben lang (mit freilich je nach Lebensabschnitt unterschiedlicher Emphase)? Nun – die natürliche Selektion arbeitet bekanntlich über die Bewertung von Unterschieden, und aus dieser überaus simplen Tatsache folgt, dass das Darwinsche ‚survival of the fiittest' automatisch und zwangsläufig zu einem evolutionären Wettrüsten führt. Die Vorteile des einen sind nur allzu oft die Nachteile des anderen, und deshalb leben Menschen in Komparativen. Stillstand bedeutet das Ausscheiden aus dem evolutionären Spiel, und deshalb ist in der Darwinschen Welt das ‚Höher, Weiter, Schneller' den Organismen notwendigerweise inhärent." An dieser Stelle sei erwähnt, dass diese rein darwinistische Sicht der Evolution von vielen Biologen schon als überholt angesehen wird (siehe Kapitel 7.4).

E. Voland führte weiter aus, Fortschritt sei eine psychologische Kategorie. „Und deswegen gehört die Fortschrittsidee in die Klasse jener Konstruktionen, von denen schon zuvor die Rede war. Unsere Gehirne generieren wieder einmal eine Idee, für die es in der biologischen Welt außerhalb des Bewusstseins keine in irgendeinem Sinne objektive Entsprechung gibt. Der Maßstab, an dem wir Fortschritt messen, erwächst aus unseren ganz persönlichen Präferenzen, Zielen und Wünschen im Hier und Heute eines ausdifferenzierten, strategisch eigeninteressierten Gehirns. Er ist also selbst gemacht und bleibt damit untrennbar in der Welt des Subjektiven haften."

Selbst wenn es zutrifft, dass man in den Ablauf der Evolution keinen Fortschritt hineininterpretieren sollte, so ist damit nicht jede Art von Fortschrittsidee ad acta gelegt. Wie weiter unten dargelegt, gibt es auch außerhalb der Evolutionstheorie Kategorien von Fortschrittsideen, und diese können ein extremes Maß an Intersubjektivität aufweisen. In einer Replik auf seine Kritiker sagte E. Voland richtig: „Es ist letztlich eine Frage der intellektuellen Redlichkeit, so lange nicht von Fortschritt zu sprechen, wie nicht angegeben werden kann, woran er zu messen sein könnte." Es gibt jedoch Bereiche, wo Fortschritt intersubjektiv klar definierbar ist, auch wenn er nicht in exakten Zahlen gemessen werden kann (s. unten).

Sowohl die in Enzyklopädien als auch die zuvor diskutierten Aussagen über Fortschritt haben drei Defizite gemeinsam, die nun kurz diskutiert werden sollen. Das erste Defizit betrifft das Fehlen einer Definition von Naturwissenschaften. Die in Abschn. 2.2 vorgestellte Definition hat unter anderem den Vorteil, dass sie auch eine Definition naturwissenschaftlichen Fortschritts ermöglicht, zum Beispiel auf folgende Weise: „Naturwissenschaftlicher Fortschritt beruht auf der quantitativen und qualitativen Vermehrung naturwissenschaftlicher (Er-)Kenntnisse." Der quantitative Zuwachs erfolgt auf zweierlei Weise, erstens durch eine wachsende Zahl an Beschreibungen natürlicher Erscheinungen, und zweitens durch eine größere Zahl an neu entdeckten Naturgesetzen. Auch der qualitative Fortschritt erfolgt zweigleisig: durch Beseitigung von Irrtümern und durch ein besseres Verständnis von Naturgesetzen, deren Konsequenzen und Wechselwirkungen. Dieser qualitative Zuwachs an Erkenntnissen beinhaltet alle Arten von Theoriewechseln, vom Nano- zum Mega-Paradigmenwechsel.

Das zweite Defizit betrifft die Tatsache, dass der weitaus größte Teil der Bevölkerung keine Berücksichtigung findet. Otto Normalverbraucher darf offensichtlich keine Vorstellung von Fortschritt haben. Durch Gespräche mit Bekannten, Freunden und Verwandten lässt sich leicht feststellen, dass das Gegenteil der Fall ist, auch wenn nicht jeder in der Lage ist, auf Anhieb druckreife Formulierungen zu finden. Zumindest seit die Menschheit sesshaft geworden ist, verstehen Menschen unter Fortschritt jegliche Erfindung und Entwicklung von Methoden, Technologien, Geräten, Maschinen und Chemikalien, welche die körperliche Arbeit erleichtern. Der Begriff Chemikalie mag hier ungewohnt klingen, aber in den vergangenen 10.000 Jahren beruht der zivilisatorische Fortschritt darauf, dass die benötigten Materialien – von

Kupfer bis Kunststoff – durch chemische Technologien zur Verfügung gestellt wurden.

Dazu ein konkretes Beispiel aus dem heutigen Alltag: Das Verteilen gelöster Unkrautvertilgungsmittel aus einer Gießkanne oder aus einem Sprühwagen wird wohl von jedem Gärtner oder Bauern als Fortschritt empfunden, verglichen mit einem stundenlangen Jäten mit gebeugtem Rücken. Nun werden seit Beginn des 20. Jahrhunderts viele körperliche Tätigkeiten von Maschinen übernommen, und die Verarbeitung großer Datenmengen hat erheblich an Bedeutung gewonnen. Daher kann die obige Definition wie folgt ergänzt werden: „Fortschritt ist jede Erfindung und Entwicklung von Soft- und Hardware, welche das Speichern oder den Austausch von Informationen beschleunigt, erleichtert und effizienter gestaltet."

Das dritte Defizit, das Wissenschaftler und Philosophen so gut wie Otto Normalverbraucher betrifft, ist am gravierendsten, nämlich die fehlende Frage nach einem Fortschritt in der Medizin. Wohl jeder geistig und psychisch gesunde Mensch wird es als Fortschritt empfinden, wenn neue Therapien mit weniger Schmerzen einhergehen oder zu einer schnelleren Heilung führen und wenn neue Erkenntnisse und Entwicklungen die Gesundheit fördern sowie das Leben verlängern. Als konkretes Beispiel mit ausgeprägt intersubjektivem Charakter eignet sich das Auftreten starker Zahnschmerzen, denn die Zahl der Menschen, die noch nie Zahnschmerzen verspürt haben, dürfte äußerst gering sein. Starke Zahnschmerzen haben – sofern technisch und finanziell möglich – einen Gang zum Zahnarzt zur Folge. Wilhelm Busch stellte in seiner Geschichte von Balduin Bälamm einen Zahnarztbesuch um 1870 in Bild und Text dar (Abb. 5.1). Zum Vergleich zeigt Abb. 5.2 die Zahnarztpraxis von Dr. Harm im Jahr 2013 (in welcher der Autor schon mehrfach schmerzfreie Behandlungen erlebt hat). Wer jeden medizinischen Fortschritt leugnet, ist nur glaubhaft, wenn er seinen nächsten Zahnschmerzen bei Dr. Schmurzel behandeln lässt.

Dass der Autor mit dieser Sichtweise nicht alleine dasteht, ergab sich aus einem Interview in der Zeitung *Die Welt* im Jahr 2011. Ein Historiker und Romanist, der ein begeisterndes Buch über das Leben im alten Rom publiziert hatte, wurde dazu interviewt, und zuletzt präsentierte der Journalist die folgende Frage (sinngemäß zitiert): „Sie haben so begeistert über das antike Rom geschrieben, würden Sie nicht lieber zu Zeiten Ciceros leben?" Nach kurzem Nachdenken kam die Antwort: „Ach wissen Sie, wenn ich an meinen nächsten Zahnarzttermin denke, lebe ich doch lieber im 21. Jahrhundert".

Zu guter Letzt hat der Autor zwei keineswegs nur rhetorische Fragen:

- Würde T. Kuhn das schmerzfreie Entfernen eines Zahnes als Fortschritt bezeichnen, oder würde er die Zustände vor und nach dem Ziehen als in-

Abb. 5.1 Zahnarztbesuch bei Dr. Schmurzel um 1870. (Aus Wilhelm Busch: Balduin Bälamm – der verhinderte Dichter)

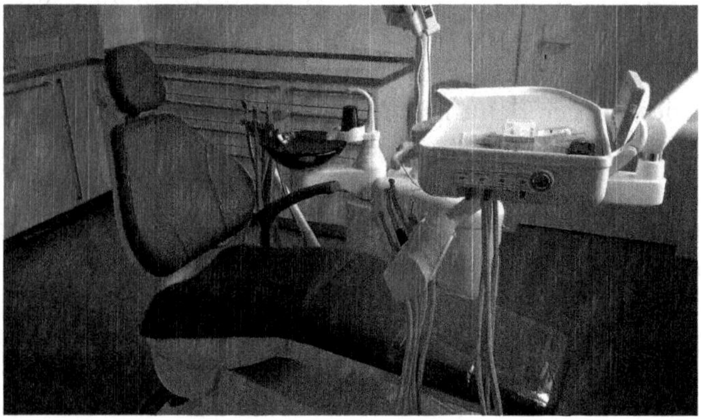

Abb. 5.2 Zahnarztpraxis von Dr. Harm im Jahr 2013

kommensurabel einstufen, da sich das Universum der Entitäten durch die Entfernung eines Zahnes (samt Schmerzen) deutlich geändert hat?

- Würde E. Voland seine Zahnschmerzen zukünftig nicht lieber bei dem billigeren Dr. Schmurzel behandeln lassen, wo doch der Fortschritt einer schmerzfreien Behandlung bei Dr. Harm nur eine Illusion ist?

Literatur

Bayertz K (1981) Wissenschaftstheorie und Paradigmabegriff. Sammlung Metzler, Bd. 202. Metzlersche Verlagsbuchhandlung, Stuttgart

Kuhn T (1973) Die Struktur wissenschaftlicher Revolutionen. Suhrkamp, Frankfurt a. M.

Ulises Moulines C (2004) Fortschritt. In: Seisinger R (Hrsg.) Form, Zahl, Ordnung. Franz Steiner, Stuttgart

Voland E (2007) Die Fortschrittsillusion. Spektrum der Wissenschaft 4: 108

Teil II

Irrtümer und ihre Berichtigung

Wie schon in der Einleitung dargelegt, gehören Irrtümer und Fehleinschätzungen notwendigerweise zum Fortschreiten der naturwissenschaftlichen Forschung, weil der Mensch nun mal kein fehlerfrei arbeitendes Gehirn besitzt und weil oft Emotionen das rationale Denken beeinflussen. Daher die gehört ständige Korrektur von Irrtümern notwendigerweise zur Forschung, auch wenn dies selten erwähnt wird. Die in Teil II aufgeführten historischen Beispiele erzählen von beiden Seiten naturwissenschaftlicher Forschung.

Die menschliche Eigenschaft zu irren ist ja nicht nur im Zusammenhang mit naturwissenschaftlicher Forschung aufgefallen, und Geistesgrößen unterschiedlicher Herkunft haben sich dazu geäußert. Die folgende kleine Sammlung von Sentenzen und Aphorismen möge den Leser erheitern und nachdenklich stimmen. Die Fortsetzung findet sich zu Beginn jeden Kapitels.

- Irren ist menschlich – errare humanum est. (Sophokles)
- Wer sich von der Wahrheit nicht besiegen lässt, der wird vom Irrtum besiegt. (Augustinus Aurelius)
- Ein jeder Mensch kann irren, aber im Irrtum verharren kann nur ein Tor. (Seneca)
- Richter irren, Gelehrte irren, nur Vollziehungsbeamte irren sich nie. (Wu-Cheng-En)
- Wir irren allesamt, nur jeder anders. (Georg Ch. Lichtenberg)
- Die Sinne betrügen nicht, weil sie immer richtig urteilen, sondern weil sie gar nicht urteilen, weshalb der Irrtum immer nur dem Verstand zur Last fällt. (Georg Ch. Lichtenberg)
- Jeder Irrtum hat drei Stufen. Auf der ersten wird er ins Leben gerufen, auf der zweiten will man ihn nicht eingestehen, auf der dritten macht nichts ihn ungeschehen. (Franz Grillparzer)
- Betrachte Irrtümer als einen Wergweiser zum Richtigen. (Elisabeth Hablé)

- Man kann sich wohl in einer Idee irren, man kann sich aber nicht mit dem Herzen irren. (Fjodor Dostojewski)
- Wer nicht mehr liebt und nicht mehr irrt, der lasse sich begraben. (Johann W. von Goethe)

6 Medizin

„Erst der Mut zum Irrtum macht den Forscher."

(Charles Tschopp)

6.1 Die Entdeckung des Blutkreislaufs

Der Kenntnishorizont der Medizin wurde in Europa etwa 2.000 Jahre lang vom Schrifttum zweier herausragender Ärzte bestimmt, nämlich von Hippokrates von Kos sowie von Galenos von Pergamon. Hippokrates wurde um 460 v. Chr. auf der Insel Kos geboren und starb um 370 in Larissa, der Hauptstadt Thessaliens. Er lebte also zu einer Zeit, die wir als die klassische Blütezeit griechischer Kunst klassifizieren, und in dieser Zeit entwickelte er sich zum berühmtesten Arzt des Altertums. Zu seinem hohen Bekanntheitsgrad trug bei, dass er viel reiste und seine Kunst an vielen Orten Griechenlands und Kleinasiens ausübte. Seine Erkenntnisse sind in einer heterogenen Sammlung von mehr als 60 Schriften verschiedener Autoren festgehalten, die zwischen dem 5. Jahrhundert v. Chr. und dem 1. Jahrhundert n. Chr. entstand.

Alle Texte dieses *Corpus hippocraticum* sind in ionischem Dialekt verfasst und zeigen das Bestreben, allen medizinischen Theorien und Therapieanweisungen vernunftgemäße Naturbeobachtungen zugrunde zu legen. In vielen dieser Schriften wird das Entstehen von Krankheiten aus dem Ungleichgewicht von Körpersäften wie Blut, Schleim, gelbe und schwarze Galle erklärt. Mit dieser „Viersäftelehre" wurden in den folgenden zwei Jahrtausenden viele Therapiemaßnahmen begründet, auch die bis ins 19. Jahrhundert übliche Anwendung von Aderlässen, Schröpfköpfen und Abführmitteln.

Galenos führte die „Viersäftelehre" weiter und entwickelte daraus seine Lehre von den vier Temperamenten. Galen (so der Deutsche Name) wurde 129 oder 131 n. Chr. in Pergamon geboren und verstarb irgendwann in der Zeit zwischen 199 und 216 in Rom. Auch Galen reiste viel und kam schon früh nach Alexandria, wo er die berühmte Bibliothek kennenlernte. Die meiste Zeit seines Lebens verbrachte er jedoch in Rom, wo er als bevorzugter Arzt der Aristokratie und der Kaiserfamilien arbeitete. Ein besonderer Aspekt von Galens Werk war das Sezieren von lebenden und toten Tieren. Er übertrug die dabei gemachten Beobachtungen auf den menschlichen Körper, ohne aber jemals einen Menschen seziert zu haben. Dadurch kam es neben richtigen neuen Erkenntnissen auch zu mehreren Fehlschlüssen, die erst ab dem frühen 16. Jahrhundert durch Andreas Versalius (1514–1564) korrigiert wurden.

Galen verfasste über 400 Schriften. Sein Hauptwerk mit dem Titel *Methodi medendi* umfasst 16 Bücher. In seiner Gesamtschau der Medizin vereinigt Galen zwei zuvor widerstrebende Konzepte, die empirische Methode des Hippokrates und die dogmatische Schule der alexandrinischen Medizin aus dem 3. Jahrhundert v. Chr. Sein gesamtes Werk ist so umfangreich und auch philosophisch untermauert, dass es als unwiderlegbare Lehre galt und über 1.300 Jahre hinweg weitere Forschungstätigkeiten in der Medizin blockierte.

Auch für die Funktion und Bewegung des Blutes im menschlichen Körper war Galens Sichtweise bis Anfang des 17. Jahrhunderts maßgebend. In Galens Theorie hatte das Herz noch keine Pumpfunktion. Zwar gab es schon im *Corpus hippocraticum* eine Beschreibung von Herzklappen, aber deren Funktion wurde nicht erkannt. Da sich Blut nach dem Tod vor allem in den Venen sammelt, glaubten Ärzte der Antike, dass die weitgehend leeren Arterien irgendwie in den Transport von Luft eingebunden seien.

Herophiles von Chalkedon (335–280 v. Chr.) unterschied schon zwischen Arterien und Venen als zwei Komponenten des Bluttransports. Er glaubte jedoch, dass die Arterien den Pulsschlag selbst erzeugen. Der Arzt Erasistratos (304–250 v. Chr.) beobachtete, dass Arterien, die bei lebenden Menschen durchtrennt werden, aktiv bleiben. Er vermutete aber, dass das ausfließende Blut über Kapillargefäße aus den Venen nachgeliefert werde, das heißt, er postulierte einen Blutfluss entgegengesetzt zur tatsächlichen Fließrichtung. Außerdem beschrieb er erstmals die Existenz von Kapillaren.

Galen konnte dann schon zwischen dunklem venösem Blut der Venen und hellrotem dünnflüssigerem Blut der Arterien unterscheiden. Er wusste auch, dass beide Adersysteme Blut transportieren. Er glaubte, dass das venöse Blut in der Leber aus Galle gebildet würde und für den Transport von Wachstum und Energie verantwortlich sei. Für das arterielle Blut nahm er an, dass es Vitalität durch darin enthaltene Luft in die Organe bringen würde. Damit kam er der heutigen Vorstellung vom Sauerstofftransport schon sehr nahe. Ferner nahm er an, dass das arterielle Blut im Herzen aus venösem Blut entstünde, indem das venöse Blut aus der rechten in die linke Herzkammer durch Poren in der Scheidewand fließen würde. Das Herz hatte in seiner Vorstellung noch keine Pumpfunktion, sondern saugte das Blut in der Diastole lediglich ein. Für den Pulsschlag waren die Arterien selbst verantwortlich.

Etwa 1.000 Jahre nach Galen war es der arabische Arzt Ibn an-Hafis (1210/1213–1288) der als erster einen Kreislauf des Blutes durch die Lungen beschrieb. Seine Entdeckung, die in Form von Zeichnungen bis heute erhalten geblieben ist, gelangte jedoch damals nicht bis ins christliche Europa. Im Jahr 1552 beschrieb Michel Servatius (1511–1553) ebenfalls einen Blutkreislauf durch die Lunge, doch wurde seine Theorie, die dem Standardwissen Galens widersprach, nicht akzeptiert.

Erst 1628 erfolgte eine konkrete Beschreibung des gesamten Blutkreislaufs durch den englischen Arzt William Harvey (1588–1657). Seine Erkenntnis basierte unter anderem auf den Überlegungen seines Lehrers Girolano Fabrizio (1537–1619), der den Herzklappen eine hydraulische Funktion zuschrieb. Harveys vollständige, in sich konsistente Theorie des Blutkreislaufs wurde allmählich von der gesamten Fachwelt akzeptiert und brachte somit den Paradigmenwechsel weg vom System Galens. Die Wandlung des arteriellen Blutes in venöses Blut beim Durchfließen von Kapillargefäßen in den Extremitäten des menschlichen Körpers wurde erst später von Marcello Malpighi (1628–1694) aufgeklärt.

Der Blutkreislauf, wie ihn W. Harvey bis heute gültig beschrieben hat, nimmt folgenden Verlauf: Das venöse mit Kohlendioxid beladene Blut wird von der rechten Herzkammer in die Lunge gepumpt, wo es das Kohlendioxid abgibt und Sauerstoff aufnimmt. Es gelangt in den linken Vorhof und von dort in die linke Herzkammer, die es mit erhöhtem Druck über die Aorta in den Rumpf und in den Kopf pumpt. Nach Abgabe des Sauerstoffs in den Kapillaren gelangt es über die Venen in den rechten Vorhof und von dort in die rechte Herzkammer zurück.

William Harvey

W. Harvey wurde am 1. April 1578 in Folkstone (UK) geboren. Sein Vater, Thomas Harvey, war als Stadtrat im Rathaus tätig. Aufgrund seines Einkommens konnte er seinen Kindern eine gute Erziehung finanzieren und verwaltete später das Vermögen seines Sohnes und dessen Brüder. W. Harvey besuchte zunächst die Grundschule in Folkstone, wo er auch schon in Latein unterrichtet wurde, das damals jeder Gebildete zumindest lesen können musste. Er wechselte dann ans Kings College in Canterbury und nach 5 Jahren ans Caius College in Cambridge. Dort erreichte er 1597 den Abschluss als Bachelor of Arts und reiste dann nach Padua, um Medizin zu studieren. Er promovierte 1602 mit Auszeichnung. Unmittelbar danach kehrte er nach Cambridge zurück, wo ihm Rang und Titel eines Doctor of Medicine verliehen wurden. Nun ließ er sich in London nieder, wo er 1604 ins College of Physicians, die Gesellschaft der angesehenen, niedergelassenen Ärzte, aufgenommen wurde. Nachdem er so die Basis für einen gesicherten Lebensunterhalt geschaffen hatte, heiratete er noch im gleichen Jahr Elizabeth Browne.

W. Harvey übernahm 1607 eine Stelle am St. Bartholomew Krankenhaus an, das ihm ab Oktober 1609 die ärztliche Leitung übertrug, die er bis zu seinem Lebensende ausübte, sofern er nicht verreist war. Diese Tätigkeit ließ ihm Zeit, auch Vorlesungen zu halten, die von einer Stiftung Lord Lumleys und Dr. R. Caldwells finanziert wurden.

Er erreichte einen hohen Bekanntheitsgrad, und wurde im Februar 1618 als Arzt am Hofe Königs James I. registriert, wo er neben dem König selbst auch mehrere Adlige regelmäßig behandelte. Im Jahr 1628 veröffentlichte er in Frankfurt sein berühmtes Buch *De motu cordis,* in dem er seine Ansichten über den Blutkreislauf darlegte. Er erntete zwar Kritik von zahlreichen Kollegen, vor allem auf dem Kontinent, konnte aber seine Karriere fortsetzen. So wurde er auch 1629 wieder zum Censor des College of Physicians gewählt, wie schon zuvor in den Jahren 1613 und 1625. Zu seinen wissenschaftlichen Verdiensten gehört auch, dass er erstmals die Hypothese äußerte, dass sich Menschen und Säugetiere durch Befruchtung von Eizellen fortpflanzen.

Im Alter von 52 Jahren wurde er abkommandiert, um als Leibarzt den Herzog von Lennox auf Auslandsreisen zu begleiten. Nach seiner Rückkehr wurde er Leibarzt des neuen Königs, Charles I., den er vor allem auf dessen Jagdexpeditionen betreuen musste. Diese Anstellung nutzte er, um seine anatomischen Studien fortzusetzen, indem er erlegte Wildtiere sezierte. Während des Bürgerkrieges musste er Charles I. nach Oxford begleiten, da dieser von dort aus seine militärischen Operationen leitete. Er überlebte die Niederlage des Königs und die Einnahme Oxfords (1645) durch die feindlichen Truppen, aber er verlor drei Brüder und seine Frau in diesen Kriegswirren.

W. Harvey hatte keine Kinder, und nun, im Alter von 68 Jahren, war auch seine Gesundheit schon angegriffen. Er zog sich allmählich aus seinen beruflichen Verpflichtungen zurück und lebte bei seinen Brüdern Eliab und Daniel in London. Er starb im Hause von Eliab am 3. Juni 1657 und wurde auf dem Friedhof von Hampstead, Essex, beigesetzt, in einer kleinen Kapelle, die sein Bruder Eliab als Familiengrab hatte errichten lassen.

Literatur

Fichtner G (1997) Corpus Galenicum. Verzeichnis der galenischen und pseudogalenischen Schriften. Institut für Geschichte der Medizin, Tübingen

Golder W (2007) Hippokrates und das Corpus Hippokraticum. Eine Einführung für Philologen und Mediziner. Königshausen & Neumann, Würzburg

Gregory A (2001) Harvey's Heart. The Discovery of the Blood Circulation. Leon Books, Cambridge

Levick JR (1998) Physiologie des Herz-Kreislauf-Systems. Barth, Heidelberg

Oser-Grote CM (2004) Aristoteles und das Corpus Hippocraticum. Die Anatomie und die Physiologie des Menschen. Steiner, Stuttgart

Rapson H (1892) The Circulation of the Blood. Frederik Muller Publ., London

Wright T (2012) Circulation. Chatto Publ., London

Internetlinks W. Harvey: http://www.famousscientists.org/william-harvey

Boylan M. Galen: http://www.iep.utm.edu/galen (mitLiteraturangaben)

6.2 Der Ursprung des Kindbettfiebers

Man bleibt so lange im Irrtum, wie man unbeirrbar bleibt. (Beat Läufer)

In den Jahrzehnten und Jahrhunderten vor 1850 starb in Europa nicht nur ein hoher Prozentsatz der Neugeborenen kurz nach der Geburt, sondern es starb auch ein hoher Anteil der Mütter am sog. Kindbettfieber. Die behandelnden Ärzte und Professoren zeigten an diesem Sachverhalt überraschend wenig Interesse; er wurde als natur- bzw. gottgegeben hingenommen. Dieses aus heutiger Sicht erstaunliche Desinteresse hatte vor allem zwei Gründe.

Zum einen stammten die Wöchnerinnen, die zu den Geburtshilfeabteilungen der öffentlichen Krankenhäuser kamen, aus der Unterschicht oder aus der unteren Mittelschicht. Ein allgemeines Krankenversicherungswesen, wie es heute selbstverständlich ist, gab es damals noch nicht, und daher konnten die Ärzte an dieser Klientel kaum etwas verdienen. Dazu kam, dass die Geburtshilfeabteilungen meist in den unattraktivsten Gebäudeflügeln der Krankenhäuser untergebracht waren.

Zum anderen war es der etablierte Stand der damaligen Wissenschaftstheorie, dass Mikroorganismen, gleichgültig ob gutartig oder infektiös, durch Spontanzeugung aus Schmutz entstehen konnten. Das heißt, ihre Entstehung und Verbreitung waren ohnehin nicht zu verhindern. Diesen gravierenden Irrtum überwand erst Louis Pasteur in den Jahren nach 1870. Wie in Abschn. 7.1 ausführlicher geschildert, konnte er zeigen, dass auch Mikroorganismen immer von Vorfahren abstammen. Werden Kolonien von Mikroorganismen konsequent abgetötet, lassen sich Geräte, Handwerkszeug, chirurgische Bestecke, aber auch die menschliche Haut zumindest für begrenzte Zeit keimfrei halten. Der auf dieser Erkenntnis aufbauende Hygienegedanken erblühte aber erst allmählich in den Jahren nach dem deutsch-französischen Krieg.

Ignaz Semmelweis war ein Vorreiter systematischer Anwendung von Hygienemaßnahmen im Klinikbetrieb (sog. aseptisches Arbeiten), insbesondere auf Entbindungsstationen, und traf mit dieser Einstellung aus den genannten

Gründen auf massive Abwehr der weitaus meisten Fachkollegen. Die Gegnerschaft der etablierten Medizinprofessoren war dabei besonders problematisch, weil sie die öffentliche Meinung am stärksten beeinflussen konnten und weil sie den medizinischen Nachwuchs für die Krankenhäuser ausbildeten.

Aus damaliger Sicht überraschend und unverständlich war der Befund, dass in derjenigen Abteilung, in der Medizinstudenten ausgebildet wurden und Dienst taten, die Sterblichkeit deutlich höher lag als in der Parallelabteilung, in der Hebammen ausgebildet wurden. Semmelweis versuchte, die Ursache dieser Diskrepanz zu ergründen, und untersucht die Mütter daher noch häufiger und intensiver. Dabei ergab sich der frustrierende Trend, dass durch seine Aktivitäten die Sterblichkeitsrate weiter anstieg.

Ein zufälliges Ereignis, nämlich der Tod des befreundeten Gerichtsmediziners Dr. Jakob Kolletschka (1803–1847) brachte ihn schließlich auf die richtige Spur. Im Unterschied zu Hebammenschülerinnen mussten Medizinstudenten das Sezieren von Leichen an Müttern üben, die weit überwiegend an Kindbettfieber gestorben waren. Dabei gab es keine Hygienevorschriften, und Medizinstudenten wie Ärzte wechselten oft am selben Tag ihre Tätigkeit vom Sezieren der Toten zur Betreuung der schwangeren Frauen und gerade niedergekommenen Mütter. Ein systematisches und gründliches Händewaschen war dabei keineswegs üblich, und spezielle Desinfektionsmittel, wie es sie nun seit über 100 Jahren gibt, waren noch unbekannt. So waren es gerade die Medizinstudenten und Ärzte, die als Todesengel für niederkommende Mütter wirkten. Bei einer Leichensektion verletzte nun ein Student den Aufsicht führenden Dr. Kolletschka geringfügig mit seinem Skalpell. Wenige Tage später starb Dr. Kolletschka an Blutvergiftung, einer Superinfektion, deren Verlauf dem Kindbettfieber weitgehend gleicht.

I. Semmelweis zog daraus die richtige Schlussfolgerung, dass infektiöse Keime von den Leichen auf die lebenden Personen übertragen wurden, und wies seine Studenten an, nach jeder Leichensektion Hände und Instrumente mit Chlorkalk zu reinigen. Dadurch sank die Sterblichkeit in seiner Abteilung von 12,5 auf 3,6 %. Dennoch erfolgte einige Wochen später ein plötzlicher Schub von 12 Neuerkrankungen, als deren Quelle das infizierte Uteruskarzinom einer kurz zuvor verstorbenen Wöchnerin angenommen wurde. I. Semmelweis schloss daraus, dass die Studenten und Ärzte selbst mit ihren Händen und nicht nur durch ihre Instrumente die Krankheitserreger übertrugen. Er ordnete daher an, dass vor jeder Untersuchung einer Schwangeren die Hände gründlich desinfiziert werden sollten. Damit gelang es ihm schon um 1848, die Sterblichkeit auf 1,3 % zu senken, ein Wert, der sogar noch unter dem Durchschnitt der Hebammenabteilung lag.

Trotz dieser offensichtlichen Erfolge fanden Semmelweis' Thesen bei der Mehrheit seiner Kollegen keine Anerkennung. Die Studenten hielten seine Hygienemaßnahmen für übertriebene Pedanterie.

Das Konzept der Hygiene und systematischen Desinfektion im Klinikbetrieb wurde in den 1860er-Jahren auch von einzelnen Medizinern in anderen europäischen Ländern propagiert. Hier ist zunächst Enrico Bottini, Arzt und Senator des Königsreichs Italien, zu nennen. Er wurde 1835 in Stradella bei Pavia geboren. Von 1863 bis 1865 war er Professor für Chirurgie an der Universität von Pavia und dann bis 1877 als Chirurg am „Ospedale Maggiore" von Novara tätig. Anschließend arbeitete er bis zu seinem Tod 1903 wieder als Professor für Chirurgie an der Universität von Pavia. Bottini könnte über die Aktivitäten von I. Semmelweis informiert gewesen sein, denn zu dieser Zeit herrschte die k. u. k. Monarchie noch über größere Gebiete in Norditalien. Wie auch immer, er publizierte 1866 eine Schrift, in der er eine verdünnte wässrige Lösung von Phenol (damals Karbolsäure genannt) zum Desinfizieren von Händen und chirurgischen Instrumenten empfahl.

Dieselbe Methode propagierte der englische Arzt Joseph Lister 1867, der in manchen Schriften und Lexika als „Vater der antiseptischen Chirurgie" bezeichnet wird, obwohl er als letzter im Dreigestirn der Hygieneprotagonisten in Erscheinung trat. J. Lister wurde 1827 in Essex als Sohn einer wohlhabenden Kaufmannsfamilie geboren. Er begann zuerst Kunst und danach Medizin zu studieren und machte schnell Karriere. Schon mit 28 Jahren wurde er zum Mitglied des Royal College of Edinburgh gewählt. Er wurde ab 1860 Professor in Glasgow, ab 1869 Professor für Chirurgie an der Universität Edinburgh und 1877 am Kings College in London. Gleichzeitig mit seiner Berufung an die Universität von Edinburgh wurde er zum königlichen Leibarzt ernannt. Er starb am 10. Februar 1912 in Kent.

J. Lister begann seine Versuche über die Eignung von Phenollösung zur Desinfektion in der Chirurgie offensichtlich ohne Kenntnis der Ergebnisse von Semmelweis. Seine Anregungen zu antiseptischem Arbeiten bezog er vielmehr aus Schriften von L. Pasteur (Abschn. 7.1). Ferner hatte er gehört, dass sich Phenol bei der Bekämpfung von Fäulnis und Gestank in der Kanalisation von Paris und Carlisle bewährt hatte, und verwendete ab 1867 mit Phenollösung benetzte Wundverbände (Listerscher Verband). Im Unterschied zur Situation von I. Semmelweis fand Listers revolutionäres Behandlungskonzept in England rasch Anerkennung und verbreitete sich schließlich in ganz Europa.

Ignaz Semmelweis

I. Semmelweis erblickte als Sohn eines erfolgreichen Kaufmanns am 1. Juli 1818 in Ofen (ungarisch Buda) das Licht der Welt, war also gebürtiger Ungar. Zeit seines Lebens war er als Arzt in der österreichisch-ungarischen Doppelmonarchie tätig. Nach dem Abitur am Piaristen-Gymnasium von Buda studierte er 1835–1837 zunächst an der Universität in Pest. Er ging von dort nach Wien, um weiter Jura zu studieren, wechselte jedoch schon 1838 zum Medizinstudium und promovierte 1844 in dieser Disziplin. Seine erste Anstellung fand er am allgemeinen k. u. k. Krankenhaus in Wien, wo er in der „Brustambulanz" und in der „Ausschlagabteilung" eingesetzt wurde. Daneben erstellte er pathologische Befunde an Frauenleichen im Carl-von-Rokitansky-Institut.

Ab 1848 wurde er als Assistenzarzt an die Geburtshilfeabteilung des Allgemeinen Krankenhauses versetzt, wo er unter Leitung von Prof. Klein arbeitete. In dieser Abteilung schwankte die jährliche Todesrate der niedergekommenen Frauen zwischen 5 und 12,5 %. An anderen Kliniken stieg die Mortalitätsrate zeitweise bis auf 30 %, sodass eine Niederkunft für eine Frau ein größeres Risiko darstellte als jede Infektionskrankheit.

Einige Ärzte wollten nicht wahrhaben, dass sie selbst die Krankheit mit verursachten, die sie heilen wollten. Andere, wie zum Beispiel Gustav A. Michaelis, begingen Selbstmord, weil sie von Semmelweis' Argumenten überzeugt waren, nun aber die eigene Mitschuld am Tode vieler Mütter nicht ertragen konnten. Wiederum andere Ärzte ergingen sich in Aggressionen gegen Semmelweis mit dem Ziel des Rufmords und der Behinderung seiner Karriere, und eine Verlängerung seiner Assistentenstelle wurde ihm verwehrt.

Er hatte aber auch einige Befürworter und wurde 1849 zum Mitglied der k. u. k. Gesellschaft der Ärzte gewählt. Diese Gesellschaft beschloss daraufhin, eine Kommission zur Überprüfung der Semmelweisschen Thesen einzusetzen, die jedoch auf Hintertreiben seines ehemaligen Chefs Prof. Klein ministeriell verboten wurde. Aufgrund weiterer Intrigen von Prof. Klein wurde Semmelweis 1950 nur zum Privatdozenten für theoretische Geburtshilfe ernannt, eine Professur wurde ihm verwehrt. Darauf reagierte der leicht reizbare und streitbare Semmelweis so verbittert, dass er wenige Tage nach seiner Ernennung zum Privatdozenten Wien verließ und nach Pest übersiedelte. Hier erfuhr ihm endlich Gerechtigkeit: 1855 wurde er zum Professor für Geburtshilfe an der Universität Pest befördert. Viele Jahre nach seinem Tod wurde diese Hochschule dann in Semmelweis-Universität umbenannt.

Dennoch blieb Semmelweis über die gesamte Dauer seines Lebens Anfeindungen vieler Fachkollegen ausgesetzt. Er publizierte seine Erkenntnisse in einem Buch mit dem Titel *Die Ätiologie, der Begriff und die Prophylaxe des Kindbettfiebers*, doch stieß sein Werk auf wenig Anerkennung. Viele Ärzte und Medizinstudenten betrachteten in Anbetracht der damaligen Kenntnisstandes über Infektionskrankheiten seine Hygienemaßnahmen als Zeitverschwendung und überflüssig.

I. Semmelweis selbst war aber auch provokant im Verfechten seines Konzeptes und schrieb Briefe, für die der folgende Text (an Prof. Scanconi in Würzburg 1861) als exemplarisch gelten darf: „ Sollten Sie aber, Herr Hofrat, ohne meine Thesen widerlegt zu haben, fortfahren ihre Schüler und Schülerinnen in der Lehre des epidemischen Kindbettfiebers zu erziehen, so erkläre ich sie vor Gott und der Welt zum Mörder."

Mit solch massiven Vorwürfen erzeugte er bei seinen Fachkollegen Schuldgefühle und provozierte entsprechend heftige Abwehrreaktionen. In einem offenen Brief an die Ärzteschaft der k. u. k. Monarchie drohte er 1862, die Geburtshilfe leistenden Ärzte öffentlich als Mörder anzuprangern. Daraufhin wurde er von drei Kollegen ohne Diagnose in die Irrenanstalt Döbling bei Wien eingeliefert, wo er schon nach zwei Wochen unter ungeklärten Umständen verstarb. Es finden sich in der Literatur Hinweise darauf, dass I. Semmelweis in seinen letzten Tagen in geistige Umnachtung verfallen sei. Dafür gibt es jedoch keine eindeutigen Belege. Vielmehr scheint hier eine PR-Aktion seiner Gegner vorzuliegen, um die unrechtmäßige Einlieferung in eine Irrenanstalt zu rechtfertigen. In einem neueren Buch von Luc Bürgin (s. unten) findet sich der Hinweis, dass sich I. Semmelweis bei einer Auseinandersetzung mit Anstaltswärtern verletzt habe und an Blutvergiftung gestorben sei.

Eine erste öffentliche Rehabilitation seiner Thesen erfolgte 1982 in einer Biographie des damals angesehenen Facharztes Alfred Hegar. Weitere Würdigungen folgten nach und nach. Semmelweis wurde auf dem Budapester Friedhof Kerepsie temetö in einem Prominentengrab beigesetzt, und eine Büste wurde in der Semmelweis-Frauenklinik (in Wien Gersthof) aufgestellt. Er wurde ferner auf einer Briefmarke der Deutschen Bundespost (1956) sowie der DDR Post (1968) als Helfer der Menschheit geehrt.

In der englischen Literatur führte Robert Anton Wilson der Begriff „Semmelweis-Reflex" ein. Er bezeichnet den Fall, dass das wissenschaftliche Establishment auf eine neue, revolutionäre Idee mit Ablehnung und Bestrafung, aber nicht mit Ehrungen reagiert. Der Fall Semmelweis zeigt auch, dass ein verzögerter Paradigmenwechsel in der Medizin viel dramatischere Folgen hat als in den Naturwissenschaften, weil Hunderte oder Tausende Patienten vorzeitig sterben müssen, die bei einer früheren Einführung der richtigen Theorie und Therapie hätten gerettet werden können.

Literatur

Benedek I (1985) Ignaz Semmelweis (1818–1865). Böhlau, Wien

Bürgin L (1997) Irrtümer der Wissenschaft. Herbig, München

Cartwright F (1963) Joseph Lister: The man who made surgery safe. Weidenfeld & Nicholson, London

Fisher RB (1977) Joseph Lister, 1827–1912. Stern & Day, New York

Koerting W (1965) Ignaz Semmelweis – Der siegreiche Kämpfer für das Leben der Mütter. Kleine Südostreihe, Heft 7. Süddeutsches Kulturwerk, München von Györy T (Hrsg.) (2007) Semmelweis' Gesammelte Werke. VDM Dr. Müller, Saarbrücken

Internetlinks Semmelweis-Museum: http://www.semmel.weismuseum.hu
Enrico Bottini: http://www.treccani.it/enciclopedia/enrico-bottini

6.3 Die Entwicklung der Lokalanästhesie

Ein Irrtum ist dann lehrreich, wenn er erkannt und zugegeben wird. (Manfred Rommel)

Das lateinisch-griechische Fremdwort Lokalanästhesie bedeutet örtliche Betäubung der Schmerzempfindlichkeit bei einem eng begrenzten Areal des Körpers ohne Beeinträchtigung der Gehirnfunktionen. Im Unterschied dazu bedeutet Allgemeinanästhesie, wozu die Narkose gehört, eine Blockade der Schmerzwahrnehmung im Gehirn. Die Lokalanästhesie wird in drei Versionen angewandt:

Oberflächenanästhesie Bei dieser Anwendung wird der Wirkstoff als Lösung oder Salbe auf die zu behandelnde Körperoberfläche aufgebracht, wobei das Medikament die schmerzempfindlichen Nervenenden durch Diffusion erreicht. Typische Anwendungen betreffen die Hornhaut oder die Schleimhäute, da hier die Lokalanästhetika leicht eindringen können.

Infiltrationsanästhesie Bei diesem Verfahren wird das Lokalanästhetikum durch mehrfache Injektionen über eine größere Fläche verteilt, sei es zur Vorbereitung einer Operation, sei es zur Beseitigung bestehender Schmerzen (z. B. Hexenschuss). Bei der Tumeszenz-Lokalanästhesie wird das Lokalanästhetikum in einem großen Volumen Lösungsmittel (z. B. Wasser) in das Unterhautfettgewebe injiziert, wo es sich großflächig verteilt. Diese Methode kommt vor allem beim Fettabsaugen zum Einsatz und wird von manchen Medizinern kritisch gesehen.

Regionalanästhesie Zu dieser Version zählt vor allem die sog. Leitungsanästhesie. Diese ist dadurch charakterisiert, dass ein Nervenstamm, dessen Verästelungen eine Geweberegion versorgt, mit ein oder zwei Spritzen anästhesiert wird anstelle vieler Spritzen in das zu behandelnde Gewebe. Ein Spezialfall ist die Behandlung rückenmarksnaher Nervenwurzeln (Spinalanästhesie). Bei Zahnbehandlungen kann ein halber Kiefer durch Betäubung des zuständigen Trigeminusastes schmerzfrei gehalten werden.

Die Geschichte der Lokalanästhesie beginnt mit der Verfügbarkeit von Kokain Mitte des 19. Jahrhunderts. Der Göttinger Chemiker Alfred Niemann

(1834–1861) isolierte in den Jahren 1859/1860 reines Kokain aus importierten Kokablättern, gab dieser Substanz ihren Namen und entdeckte dessen lokalanästhesierende Wirkung. Diese Erkenntnis scheint jedoch bei den meisten Ärzten des deutschen Sprachraums nicht angekommen zu sein. So berichtete der Wiener Augenarzt Carl Koller (1857–1944), er habe erst durch einen Selbstversuch erfahren, dass Kokain bei einem Geschmackstest die Zunge betäubte. Nach mehreren erfolgreichen Tierversuchen verwendete er Kokain 1884 erstmals für Augenoperationen am Menschen. Bei diesen Operationen wurde das Kokain einfach als wässrige Lösung ins Auge getropft, bis eine zufriedenstellende Wirkung erreicht war. C. Koller gilt daher als Vater der Lokalanästhesie, und er verwendete auch schon den Begriff „locale Anästhesierung".

Höchstwahrscheinlich ohne Kenntnis der Kollerschen Operationen benutzte der britische Zahnarzt William Stewart Halsted (1852–1922) die Infiltrationsmethode ab 1895 für Zahnbehandlungen. Im Jahr 1888 entwickelte der Chirurg Maximilian Oberst die Leitungsanästhesie für Operationen am Finger.

Im Juni 1892 präsentierte der Deutsche Chirurg Carl Ludwig Schleich die breite Anwendbarkeit der Infiltrationsanästhesie der Fachwelt auf einem Chirurgenkongress. Er wollte so weit wie möglich die damals übliche Äther- und Chloroformnarkose, die oft zu Leberschäden führten, durch die ungefährlichere und für den Patienten angenehmere Lokalanästhesie ersetzen. Nach den zuvor genannten Erfolgen mit der lokalen Anwendung von Kokain hätte man annehmen müssen, dass die von C. Schleich vorgestellten Ergebnisse mit Wohlwollen und Beifall aufgenommen worden wären. Tatsächlich war jedoch keiner der anwesenden Chirurgen über die Wirkung von Kokain informiert. Da damals weder Rundfunk noch Fernsehen oder Internet existierten und Zeitungen aus dem Ausland höchstens hinsichtlich außenpolitischer Verwicklungen berichteten, ist denkbar, dass zumindest die Versuche von Koller und Halsted in Deutschland noch nicht bekannt waren. Laut Sitzungsprotokoll, das erhalten geblieben ist, schloss C. Scheich seine Rede mit folgenden Sätzen:

> Ich halte mich nach dem Stande der lokalen Anästhesie nicht mehr für berechtigt, die Chloroformnarkose oder ein anderes Inhalationsverfahren bei Operationen in Anwendung zu ziehen, wenn nicht vorher die prinzipiell angewandte Methode der Infiltrationsanästhesie versucht wurde. Erst wenn diese sich im Einzelfall als unzureichend erwies, resp. erfahrungsgemäß für den Einzelfall nicht zugänglich ist, erst dann entsteht für die Narkose eine besondere Indikation. Aber Operationen in Narkose durchzuführen, welche sicherlich auch mit dieser oder einer ähnlichen Form der lokalen Anästhesie durchführbar gewesen wäre, das muss ich vom Standpunkte der Humanität und der moralischen sowie strafrechtlichen Verantwortlichkeit des Chirurgen aus bei dem heutigen Stand der Infiltrationsanästhesie für durchaus unberechtigt halten.

Diese klare, aber auch provokante Stellungnahme wurde von den anwesenden Chirurgen als derartiger Affront empfunden, dass ein Sturm der Entrüstung losbrach, den der vorsitzende Arzt von Bardesleben nur mit Mühe wieder unter Kontrolle brachte. Dann fuhr er fort: „Meine Herren Kollegen, wenn uns solche Dinge entgegengeschleudert werden, wie sie in dem Schlusssatz des Vortragenden enthalten sind, dann dürfen wir von unserer Gewohnheit, hier keine Kritik zu üben, wohl abweichen, und ich frage die Versammlung: Ist jemand von der Wahrheit dessen, was uns hier entgegengeschleudert wurde, überzeugt? Dann bitte ich die Hand zu heben." Keine Hand erhob sich, und als C. Schleich um das Wort bat, wurde er abgewiesen und verließ den Saal.

Auf dem Chirurgenkongress zwei Jahre später lud Ernst von Bergmann (1836–1907) Kollegen ein, bei einer Operation zuzuschauen, die C. Schleich zu diesem Zeitpunkt an der Universitäts-Poliklinik durchführte. E. von Bergmann berichtete auch umgehend dem Kongress über den erfolgreichen Verlauf der Operation. Im gleichen Jahr (1894) erschien auch C. Schleichs Buch *Schmerzlose Operationen* im Springer-Verlag. Von da an fand C. Schleichs Infiltrationsmethode breite Anerkennung bei den Fachkollegen. Der Chirurg August Bier führte im Jahr 1898 erstmals die Spinalanästhesie in die chirurgische Praxis ein und im Jahre 1908 die intravenöse Regionalanästhesie. Damit waren alle Versionen der Lokalanästhesie etabliert.

Wurde die Lokalanästhesie zunächst von couragierten und weitsichtigen Ärzten aus der Taufe gehoben, so wurde die weitere Erfolgsgeschichte von Chemikern geschrieben. Kokain hat mehrere Nachteile, wie zum Beispiel die Reizung des infiltrierten Gewebes, ein rasches Nachlassen der Wirkung und Suchtgefahr. Es war zunächst der Chemiker Alfred Einhorn (1856–1917), der die ersten synthetischen Lokalanästhetika in die Welt setzte. Eichhorn, 1856 in Hamburg geboren, promovierte in Tübingen und habilitierte in Darmstadt. Ab 1891 arbeitete er im chemischen Labor der bayrischen Akademie der Wissenschaften. Dort synthetisierte er über 100 verschiedene Substanzen, um einen besseren Ersatz für Kokain zu finden. Der große Erfolg kam mit Novocain (heute Procain), das die Farbwerke Hoechst dann ab 1905 in den Handel brachten. Es verdrängte sofort das Kokain, weil es keine Gewebereizungen verursachte und eine längere Wirkungsdauer aufwies (bis zu eine Stunde). Procain war für etwa 40 Jahre das Standardpräparat. Ab 1943 avancierte Lidocain (Xylocain) zum bevorzugten Lokalanästhetikum (v. a. in der Zahnmedizin), weil der Wirkungseintritt schneller und die Wirkungsdauer länger war (bis zu zwei Stunden). Ab 1970 kamen dann mehrere Produkte auf den Markt mit Wirkungsdauern von bis zu sechs Stunden, sodass heute für jede Anwendung ein spezifisch geeignetes Lokalanästhetikum zur Verfügung steht.

Carl Ludwig Schleich

C. L. Schleich wurde im Juli 1859 als Sohn eines Augenarztes in Stettin geboren und ging in Stralsund ins Gymnasium. Er studierte danach Medizin in Zürich, in Greifswald und ab 1886 in Berlin. Dann kehrte er nach Greifswald zurück, wo er 1887 promovierte und danach zwei Jahre als Assistenzarzt in der Chirurgie tätig war. Er eröffnete noch vor 1890 eine Privatklinik in Berlin, die er aber 1901 wieder aufgab, nachdem er zum Leiter der Chirurgie am Krankenhaus Groß-Lichterfelde berufen worden war. Schon 1891 wurde er zum Professor ernannt und erhielt 1900 als weitere Ehrung den Titel Geheimrat.

C. L. Schleich betätigte sich schon früh als populärwissenschaftlicher Schriftsteller und publizierte Beiträge in Zeitschriften wie *Natur* oder *Neue Rundschau*. Bekannter wurde er durch sein 1911 erschienenes Buch *Es läuten die Glocken: Phantasien zum Sinn des Lebens*. In seinen späteren Jahren betätigte er sich als Essayist für die Monatszeitschriften *Arena*, *Über Land und Meer* und *Gartenlaube*, wodurch er noch zu Zeiten des Kaiserreiches eine enorme Popularität erlangte. Unter seinen in den folgenden Jahren erschienenen Büchern ist der Band *Besonnte Vergangenheit* hervorzuheben, der 1920 beim Rowohlt Verlag erschien. Dieses Buch erreichte eine Millionenauflage, wurde bis 1985 gedruckt und war der erste Bestseller des Rowohlt-Verlages. Hervorzuheben ist auch sein engagiertes Eintreten gegen Tierversuche. C. L. Schleich starb 1922 in Bad Saarow und liegt auf dem Berliner Südwestkirchhof Stahnsdorf begraben. Im Stralsunder Stadtteil Knieper-Nord ist eine Straße nach ihm benannt.

Literatur

Adams HA, Kochs E, Krier C (2001) Heutige Anästhesieverfahren – Versuch einer Systematik. Anästhesiol Intensivmed Notafallmed Schmerzther 36: 262

Glade U. Geschichte der Anästhesie. http://www-user.uni-bremen.de/~d02q/19jhd.htm

Hess V (2007) Schleich, Carl Ludwig. Neue deutsche Biographie, Bd. 23. Duncker & Humboldt, Berlin

Loewe H (1956) Vom Cocain zum Novocain. Arzneimittelforschung 6: 43

Massel H, van Aken H (2006) Lokalanästhesie, Regionalanästhesie, regionale Schmerztherapie. Thieme, Stuttgart

Massler P (1922) Carl Ludwig Schleich. Greve, Berlin

Thorwald J (1957) Das Weltreich der Chirurgie. Europäischer Buchklub, Stuttgart

Uhlfelder E (1957) Alfred Einhorn. Ber Dtsch Chem Ges 50: 668

Internetlinks C. L. Schleich: http://www.carl-ludwig-schleich.de

6.4 Die Entstehung des Magengeschwürs

Die vielen können sich genauso irren wie die wenigen. (John Dryden)

Ein Magengeschwür (Ulcus ventriculi) ist eine Entzündung der inneren Magenwand, bedingt durch einen lokalen Defekt der Magenschleimhaut. Dieser Defekt ermöglicht es den aggressiven Verdauungssäften des Magens, die Proteine der eigenen Magenwand anzugreifen. Die Magenschleimhaut bildet eine aus speziellen Polysacchariden bestehende Schutzschicht aus, die weniger empfindlich ist gegenüber den sauren Verdauungssäften und die auch einem rascheren Erneuerungsprozess unterliegt als andere Areale menschlicher Haut.

Die Verdauungssekrete enthalten Salzsäure und unter anderem das Enzym Pepsin, das die Aufgabe hat, die Proteine (Eiweiße), die der Mensch in Form von Fleisch, Fisch und Eier zu sich nimmt, chemisch „klein zu hacken" und damit die endgültige Verdauung im Darmtrakt vorzubereiten.

Die Behauptung, der Magen sei im Prinzip in der Lage, die ungeschützte Magenwand selbst zu verdauen, lässt sich in Süddeutschland leicht nachprüfen. Dort gibt es in manchen Restaurants Gerichte, die Namen tragen wie „Kuddeln" oder „Kuddelsalat". Dabei handelt es sich um die klein geschnittenen Magenwände von Kälbern oder anderen Nutztieren. Der Autor hat selbst die Erfahrung gemacht, dass der menschliche Magen die Magenwände unsere Nutztiere, deren chemischer Aufbau dem des menschlichen Magens vollständig gleicht, problemlos verdauen kann.

Dem Magengeschwür geht typischerweise eine Entzündung der Magenschleimhaut voraus, Gastritis genannt. Vor allem im Anfangsstadium verursacht die Gastritis nicht notwendigerweise schon starke Schmerzen. Für das eigentliche Magengeschwür sind jedoch stechende Bauchschmerzen typisch, die sich bei Nahrungsaufnahme verstärken, weil dann die sauren Verdauungssekrete ausgeschüttet werden.

Jahrzehntelang nahm die Ärzteschaft an, dass folgende Faktoren zur Entstehung des Magengeschwürs beitragen:

- Eine genetisch bedingte Disposition
- Eine Übersäuerung des Magens, das heißt eine zu hohe oder zu früh erfolgende Ausschüttung der Magensäfte, die Salzsäure enthalten
- Rauchen, das durch Aktivierung des Vagusnervensystems die Sekretion von Magensäure begünstigt

- Alkohol, weil er eine oberflächliche Reizung der Magenschleimhaut bewirken kann
- Eine Dauerbehandlung mit Medikamenten der NSAR-Gruppe, zu der zum Beispiel Aspirin und Diclofenac (Voltaren) gehören. Werden diese Medikamente mit Glukokortikoiden kombiniert, so vervierfacht sich das Risiko, dass ein Magengeschwür entsteht.

Alle diese Faktoren sind auch aus heutiger Sicht noch zutreffend, aber im Jahr 1982 wurde die Fachwelt durch die Nachricht überrascht, dass der entscheidende Faktor für die Entstehung von Magengeschwüren in der Infektion der Magenschleimhaut mit dem Bakterium *Helicobakter pylori* besteht. Diese revolutionäre Erkenntnis verdankt die Medizin den australischen Forschern Barry Marshall und John Robin Warren, die für ihre Arbeit mit dem Medizin-Nobelpreis des Jahres 2005 geehrt wurden.

B. Marschall erhielt 1979 eine Anstellung am Royal Perth Hospital, wo er 1981 mit Robin Warren zusammentraf. Beide vereinbarten eine Zusammenarbeit über die Rolle schraubenförmiger Bakterien bei der Entstehung von Gastritis. 1982 gelang es ihnen, eine Kultur von *H. pylori* zu züchten, und sie entwickelten ihre Hypothese vom bakteriellen Ursprung der Gastritis und des Magengeschwürs. Marshall berichtete später, dass alle ihre Kollegen über die neue Hypothese lachten oder zumindest sehr skeptisch waren. Es schien der Fachwelt unglaubhaft, dass Bakterien in dem aggressiven sauren Milieu des Magens überleben können.

Um einen eindeutigen Beweis für die Infektiosität von *H. pylori* im Magen zu erlangen, entschloss sich Marshall 1984 zu einem Selbstversuch. Er schluckte den Inhalt einer Petrischale mit einer Kultur von *H.-pylori*-Keimen. Er wurde nun in kurzen Zeitabständen endoskopisch und mittels Biopsie überwacht. Es zeigte sich neben unerwarteten Symptomen wie Erbrechen und Schwindel, dass Marshall nach acht Tagen tatsächlich eine *H.-pylori*-Infektion entwickelte. Diese wurde nun mit Antibiotika behandelt und heilte schließlich wieder vollständig aus. Dieser Selbstversuch wurde 1985 im *Medical Journal of Australia* publiziert. Er bestätigte endgültig, dass *H. pylori* im sauren Magenmilieu gedeihen und Infektion auslösen konnte.

Barry Marschall und Robin Warren

Barry Marshall wurde am 30. September 1951 in Kalgoorlie geboren. Als er acht Jahre alt war, zog die Familie nach Perth, wo er das Newman College und danach die University of Western Australia besuchte. Dort erhielt er 1975 den Bachelor Grad in Medizin und Chirurgie. Im Jahre 1979 erhielt er eine Anstellung am Royal Perth Hospital, wo er 1981 mit Robin Warren zusammentraf. B. Marshall wechselte 1986 an die Universität von Virginia (USA) und blieb dort bis heute Mitglied. Er verlegte jedoch schon bald wieder seinen Hauptwohnsitz und Arbeitsplatz nach Australien zurück, wo er das neu gegründete „Helicobacter pylori Research Center" der Universität von Westaustralien leitet. Er erhielt schon vor dem Nobelpreis zahlreiche Ehrungen, zum Beispiel den Warren Alpert Prize 1994, den Australian Medical Association Award und den Albert Lasker Award 1995, den Gairdner Foundation International Award 1996, den Paul Ehrlich und Ludwig Darmstaedter Award 1997, den A. H. -Heineken-Preis für Medizin, die Florey Medal und die Buchanan Medal der Royal Society 1998, die Benjamin Franklin Medal for Life Sciences 1999, den Keio Medical Science Prize 2002 und die Australian Centenary Medal 2003. Im Jahre 2009 erhielt er einen Ehrendoktortitel der Universität von Oxford.

John Robin Warren wurde am 11. Juni 1937 in Adelaide geboren, wo er auch zur Schule ging und später Medizin studierte. Er wurde Facharzt für Pathologie und Forschungsleiter am Royal Perth Hospital. Hier verbrachte er den größten Teil seiner Karriere und traf 1981 mit B. Marshall zusammen. Er erarbeitete unter anderem einen wesentlichen Beitrag zur Entwicklung eines einfachen und zuverlässigen Diagnosetests für *H. pylori*, den ^{14}C-Harnstoff-Atemtest.

Die Entdeckung der *H.-pylori*-Infektion der Magenschleimhaut hat die Therapie der Gastritis und des Magengeschwürs vollständig geändert. Beschränkte man sich zuvor auf die Behandlung der Symptome, das heißt auf die Reduzierung der Magensäure, so steht nun die Bekämpfung der *H.-pylori*-Infektion mit Antibiotika im Vordergrund. Neuerkrankungen an Magengeschwüren entstehen in den westlichen Industriegesellschaften mit einer Rate von 0,05 % im Jahr. Die Häufigkeit des analogen Zwölffingerdarmgeschwürs ist dreimal so hoch, und dieses Geschwür wird ausschließlich von *H. pylori* verursacht. Daher wird auch das Zwölffingerdarmgeschwür heute ausschließlich mit Antibiotika behandelt.

Literatur

Fischbach W, Malfertheimer P, Hoffmann JC, Bolten W, Bornschein J (2009) S 3-Leitlinie Heliobacter pylori und gastroduodenale Ulcuskrankheit. Z Gastroenterol 47: 68

George M, Ann T (2005) The 2005 Nobel Prize in physiology or medicine. J of Australia 183: 612

Piper W (2007) Innere Medizin. Springer, Heidelberg

Syha Y, Popescu L, Wurglies M, Schubert-Zsilavecz M (2005) Geschichte der Ulcustherapie. Pharmazie in unserer Zeit 34 (3): 188

Internetlinks B. Marschall: http://nobelprize.org/medicine/laureates/2005/index.html

B. Marschall: http://www.nobelprize.org/nobel_prizes/medicine/laureates/2005/marshall-facts.html

R. Warren: http://www.vianet.net.au/~jrwarren/

6.5 Morbus Crohn und Colitis ulcerosa

Einer neuen Wahrheit ist nichts schädlicher als ein alter Irrtum. (Johann W. von Goethe)

Der Morbus Crohn ist in erster Linie eine chronisch-entzündliche Darmerkrankung, die aber den gesamten Verdauungstrakt vom Mund bis zum Schließmuskel befallen kann. Der untere Dünndarm (terminales Ileum) und der Dickdarm werden bevorzugt befallen. Charakteristisch ist für Morbus Crohn der segmentweise Befall, das heißt, es können zwei oder mehr Stellen des Darmes befallen sein, die durch gesunde Abschnitte voneinander getrennt sind. Dieses Krankheitsbild wurde von zwei Ärzten unabhängig voneinander beschrieben: zuerst im Jahr 1904 von dem polnischen Chirurgen Antoni Lesinowski (1867–1940) sowie 1932 von dem amerikanischen Gastroenterologen Burrill Bernhard Crohn (1884–1983), der schließlich zum offiziellen Namensgeber wurde (Morbus ist das lateinische Wort für Krankheit).

In Europa sind etwa 0,15 % der Bürger an Morbus Crohn erkrankt. Die jährliche Rate an Neuerkrankungen liegt bei 0,007 % der Bevölkerung mit steigender Tendenz. Zu den typischen Symptomen von Morbus Crohn gehören in erster Linie Bauchschmerzen und Durchfall. Die Schmerzen sind am stärksten nach dem Essen und vor dem Stuhlgang, auch ist der Durchfall oft blutig, weil die befallenen Darmpartien offenen Wunden gleichen. Appetitlosigkeit, Übelkeit und Erbrechen gehören ebenfalls zu den häufigen Symptomen. Im fortgeschrittenen Stadium treten in individuellen Fällen weitere Komplikationen auf:

- Darmverschluss (Ileus) bei 20–30 % der Erkrankten
- Fisteln (Verbindungen des Darms mit anderen Organen oder der Körperoberfläche)
- Abszesse mit Absonderung von Eiter
- Blutungen in den Darm hinein
- Karzinome, insbesondere Dickdarmkarzinome (eher selten)
- Gallensteine durch gestörten Leber-Darm-Kreislauf
- Osteoporose (Knochenschwund)

Charakteristisch für Morbus Crohn ist das Auftreten der akuten Beschwerden in Schüben, die mehrere Wochen anhalten.

Morbus Crohn wurde bisher als Autoimmunkrankheit der Darmschleimhaut definiert, und eine Ursache war zumindest bis zum Jahr 2007 unbekannt. Folgende Faktoren werden als Morbus Crohn fördernd eingestuft.

- Genetische Veranlagung: Einige Gene, die bei der Entstehung von Morbus Crohn involviert sind, wurden schon identifiziert.
- Rauchen: Dadurch wird das Risiko mindestens um den Faktor zwei erhöht.
- Hygiene: Es gibt verschiedene Hypothesen, wie übertriebene Hygiene Morbus Crohn fördern kann, denn die Krankheit ist gerade in Gesellschaften mit hohen Hygienestandards sehr verbreitet.
- Ernährung: Es wurde früher vermutet, dass ein hoher Verbrauch an Produkten, die raffinierten Zucker enthalten, begünstigend wirkt, doch wurde diese Hypothese nicht bewiesen und neuerdings wieder aufgegeben.
- Psychologischer Stress: Es gilt als gesichert, dass psychosozialer Stress Morbus-Crohn-Schübe auslösen oder zumindest fördern kann. Es wird vermutet, dass diese Wechselwirkung über die Beeinflussung des Immunsystems erfolgt.

Da man bis in jüngste Zeit Morbus Crohn als Autoimmunkrankheit unbekannten Ursprungs betrachtete, beschränkte sich die Therapie auf Methoden zur Dämpfung von Immunreaktionen. Medikamente mit dieser Wirkung können jedoch in hohen Dosen auch starke Nebenwirkungen entfalten, wie zum Beispiel Haarausfall oder Verminderung der Sehfähigkeit. Zu den neuesten, effektivsten, aber auch teuersten Medikamenten gehören monoklonale Antikörper (z. B. Romina), die spezifisch gegen Peptide, welche die Entzündung fördern und in geschädigten Darmbereichen die Schübe ankurbeln.

Schon B. B. Crohn mutmaßte, dass Bakterien Auslöser der nach ihm benannten Erkrankung seien, doch wurde diese nur spekulative Ansicht Jahrzehnte lang ignoriert. Erst seit 2007 kommen zunehmend Studien zur Veröffentlichung, die zeigen, dass geringe Schädigungen der Darmschleimhaut ein Eindringen von Bakterien ermöglichen. Diese führen zu chronischen Entzündungen, wenn das Immunsystem nicht den ersten Angriff abwehren kann. Daran ist maßgeblich das *Mycobacterium avium paratuberculosis* beteiligt, das bei über Zweidritteln aller Morbus-Crohn-Patienten gefunden wurde. Erste positive Behandlungsergebnisse mit einer Multi-Antibiotikatherapie wurden aus den USA und Australien gemeldet. Die Entdeckung, dass bakterielle Infektionen, begünstigt durch Schäden in der Darmschleimhaut, Auslöser für Morbus Crohn sind, stellt einen Paradigmenwechsel für Verständnis und

Therapie dieser Krankheit dar und eröffnet die Chance, dass zumindest Neuerkrankungen gänzlich geheilt werden können.

Die Colitis ulcerosa ist eine chronisch-entzündliche Darmerkrankung wie Morbus Crohn, zeigt jedoch neben vielen Ähnlichkeiten auch charakteristische Unterschiede. Colitis ulcerosa beschränkt sich ausschließlich auf die Schleimhaut von Dickdarm und Mastdarm, aber nicht auf andere Bereiche des Verdauungstraktes. Andererseits werden in einem fortgeschrittenen Stadium auch dem Dickdarm benachbarte Gewebe befallen, wie zum Beispiel die Eileiter bei Frauen.

In Europa und Nordamerika sind ca. 0,2 % der Bevölkerung an Colitis ulcerosa erkrankt, die Neuerkrankungsrate liegt bei 0,007 % jährlich. Im Unterschied zu Morbus Crohn gibt es ein Lebensalter, in dem Colitis ulcerosa bevorzugt ausbricht, nämlich die Zeit vom 20. bis 40. Lebensjahr. Die Symptome sind in etwa dieselben, nämlich häufiger Durchfall, der blutig sein kann, Koliken und intensiver Harndrang. Ebenfalls analog zu Morbus Crohn treten diese Symptome in Schüben auf, die unregelmäßig und unvorhersehbar sind. Bei schweren Verläufen kommt es zu großflächigen Geschwüren in der Darmwand, und es besteht die Gefahr, dass es zur Perforation kommt, was den zusätzlichen Nachteil hat, dass dann endoskopische Untersuchungen nicht mehr riskiert werden können. Das Risiko der Darmkrebsbildung scheint höher zu sein als bei Morbus Crohn, auch kommt es deutlich häufiger zu Erkrankungserscheinungen, die weit außerhalb des Darmes liegen. Dazu gehören arthritische Schmerzen durch Veränderungen in den Gelenken, Osteoporose und offene Wunden, die auf die üblichen Behandlungsmethoden nicht ansprechen.

Die Faktoren, welche das Ausbrechen von Colitis ulcerosa und spätere Schübe begünstigen, sind in etwa dieselben wie bei Morbus Crohn: genetische Disposition, psychischer Stress, Rauchen und die Zusammensetzung der Ernährung Für die optimale Ernährung gibt es jedoch keine allgemeingültigen regeln; vielmehr muss hier jeder Patient sein individuelles Optimum selbst herausfinden.

Zur Entstehung der Colitis ulcerosa waren bis in jüngste Zeit (2011) keine verlässlichen Ursachen bekannt. Genetisch bedingte Fehlsteuerung der Immunabwehr wurde als wahrscheinlichste Voraussetzung angesehen. Dementsprechend waren alle Therapievarianten auf die Bekämpfung von Symptomen und Linderung von Schüben ausgerichtet. Das wichtigste Standardmedikament ist Mesalazin, ein Derivat der 5-Aminosalizylsäure, das Entzündungen hemmt und das Darmkrebsrisiko mindert. Als kurzzeitige Ersatztherapie eignen sich auch Gaben von Kortison. Wenn diese Medikamente nicht hinreichend wirken, kann das Bakterium *Escherichia coli* Stamm Nissle 1917 eingesetzt werden. Dieses lebende Medikament muss bei Lagerung und Transport gekühlt werden.

Alle weiteren Medikamente sind Immunsuppressiva. Das noch relativ mild wirkende Standardmedikament ist Azathioprin, das bei zu geringer Wirkung durch Methotrexat, Ciclosporin oder Tacrolimus ersetzt werden kann. Bei schweren Verläufen, bei denen eine Dickdarmentfernung zur Diskussion steht, ist der Tumornekrosefaktor-α-Blocker Influximab eine Alternative, die am besten mit Immunsuppressiva kombiniert wird. Neuere TNF-α-Blocker (Humira, Romira) wurden als monoklonale Antikörper entwickelt. Sie sind hochspezifisch und arm an Nebenwirkungen, müssen aber gekühlt gelagert und transportiert werden und sind sehr teuer. Zahlreiche weitere Medikamente sind in der Testphase.

Die Frage, ob analog zu Morbus Crohn auch bei Colitis ulcerosa eine mikrobielle Infektion der Darmwand der entscheidende Auslöser ist, war im Jahr 2012 noch nicht geklärt. Für einen erfolgreichen Einsatz einer massiven antibiotischen Therapie, vor allem zu Beginn der Erkrankung, gibt es bis Ende 2012 noch keine Belege. Ein Paradigmenwechsel steht hier noch aus, ist aber zu erwarten. Die bakterielle Verursachung von Morbus Crohn und Colitis ulcerosa wurden auf dem „Crohn und Colitis Tag" am 15. September 2011 in Leipzig ausführlich diskutiert und in einer Pressemitteilung zusammengefasst.

Literatur

Anonym (2006) Genvariante schützt vor Morbus Crohn. http://www.aerzteblatt.de/nachrichten/26205

Anonym (2009) Morbus Crohn durch Mycobakterien: Ein Verdacht wird zur Gewissheit. Europäisches Institut für Lebensmittel- und Ernährungswissenschaften EU.L.E.N.-Spiegel 2: 21–24

Baumgart DC (2009) Diagnostik und Therapie von Morbus Crohn und Collitis ulcerosa. Deutsches Ärzteblatt 106 (8): 113

Baumgart DC, Wiedemann B, Dignass A (2003) Biologische Therapie chronisch entzündlicher Darmerkrankungen. Z Gastroenterol 41: 1017

Mpofu CM, Campbell BJ, Subramanian S, Marshall-Clarke S, Hart CA, Cross A, Roberts CL, McGoldrick A, Edwards SW, Rhodes JM (2007) Microbial mannan inhibits bacterial killing by macrophags: a possible pathogenic mechanism for Crohn's disease. Gastroenterol 133 (5): 1487–1498

Internetlinks http://www.ik-h.de/medizinische-klinik/erkrankungen-des-verdaunungssystems

6.6 Wie blind ist der Blinddarm?

Nur wer denkt, irrt auch. (Horst Friedrich)

Blinddarmentzündung (Appendizitis) ist ein Begriff, den jeder kennt. Die Erkrankung im Darmbereich ist gefürchtet, weil sie in wenigen Tagen zum Tod führen kann, wenn sie nicht rechtzeitig behandelt wird. Aus medizinischer Sicht ist der deutsche Begriff allerdings irreführend, weil im Falle einer typischen Blinddarmentzündung gar nicht der Blinddarm selbst erkrankt ist. Der Blinddarm, medizinisch Caecum genannt, ist ein kurzer Teil des Dickdarms, der sich unmittelbar an den Dünndarm anschließt. Im Falle einer sog. Blinddarmentzündung ist zumindest im Anfangsstadium ausschließlich der seitlich sitzende Wurmfortsatz (Appendix vermiformis) betroffen. Dieses etwa 10–12 cm lange und maximal Mittelfinger dicke Anhängsel des Blinddarms hat die Charakterisierung, blind zu sein, wenigstens insofern verdient, als es sich im Unterschied zum echten Blinddarm um eine Sackgasse handelt, durch die kein Verdauungsbrei fließt.

In seinem berühmten Buch *Die Abstammung des Menschen* (Abschn. 7.3) schildert Charles Darwin den Wurmfortsatz als eine für die Verdauung nicht mehr erforderliche, verkümmerte Struktur des Gedärms. Er nahm an, dass die Appendix ihre ursprüngliche Funktion im Lauf der Evolution verloren habe. Er sah einen Zusammenhang mit der Entwicklung der Affen darin, dass diese eine teilweise Ernährungsumstellung vom ausschließlichen Laubfressen zum vorwiegenden Früchtefressen vollzogen hätten. Tatsächlich dient der Blinddarm bei Pflanzen fressenden Tieren vorwiegend der Verdauung zellulosehaltiger Pflanzenteile unter Mitwirkung geeigneter Mikroben. Während der Zelluloseanteil zurückging, so folgert Darwin, konnte der Blinddarm schrumpfen, und die Appendix ist das Relikt dieses Schrumpfungsprozesses.

Nun wurde aber Ende 2012 bekannt, dass neben den Affen noch mehr Tiere über einen Wurmfortsatz verfügen, und zwar in unterschiedlicher Form und Größe. Der französische Biologe Michel Laurin vom Nationalmuseum für Naturgeschichte in Paris sowie Kollegen aus den USA und Australien verglichen 361 Arten an Säugetieren hinsichtlich der Evolution des Verdauungstraktes. Bei sechs Arten war die Appendix verlorengegangen, aber es wurden auch mindestens 32 Veränderungen gefunden, die auf eine kontinuierliche Evolution der Appendix hindeuten. Dieser Befund spricht nicht für eine Funktionslosigkeit dieses Organs. Bei denjenigen Tieren, die über eine Appendix verfügen, enthält diese ein Gewebe, das am Immunsystem beteiligt ist, und in den meisten Fällen ist die Wandung relativ kräftig und muskulös. Alle diese Ergebnisse sprechen gegen Darwins Hypothese. Auch von der menschlichen Appendix ist seit über 100 Jahren bekannt, dass sie Immungewebe enthält. Da jedoch nach ihrer Entfernung keine nennenswerte Schädigung der Gesundheit zu erkennen war, wurde der Wurmfortsatz bis zum Ende des 20. Jahrhunderts als überflüssiges Relikt der Evolution eingestuft.

Erst seit 20 Jahren wird das Zusammenspiel von Darmflora, Verdauungsfunktion und Immunsystem systematisch untersucht. Es ist schon lange bekannt, dass der Mensch nur auf Basis einer Symbiose mit verschiedenen Arten von Mikroorganismen im Darm existieren kann. Lange Zeit wurde allerdings die Rolle der Darmbakterien nur darin gesehen, dass diese bei der Verdauung von Nährstoffen behilflich sind. In neuerer Zeit wird zunehmend ein komplexes Zusammenspiel von Darmflora, Darmwänden und Immunsystem untersucht und diskutiert. Ein Teil der Darmbakterien verdrängt nicht nur schädliche Keime, sondern scheint auch den Därmen und dem Immunsystem bei der Abwehr infektiöser Keime behilflich zu sein. In diesem Zusammenhang ist es nun von Interesse, dass die Appendix innen und außen in hohem Maße von Zellen des Immunsystems besiedelt ist (das lymphatische Gewebe des gesamten Darmbereichs wird international mit der englischen Abkürzung GALT bezeichnet, „gut-associated lymphoid tissue"). Außerdem wurden schon bei Föten in der Appendix endokrine Zellen entdeckt, also Zellen, die Hormone bilden. Loren G. Martin, Professor der Oklahoma State University, vermutete daher schon 1999, dass die Appendix als lymphatisches Organ eine Rolle spielt. A. Zahid vermutete 2004, dass der Wurmfortsatz einen Beitrag zum Training des Immunsystems im Dickdarmbereich leistet.

In den Jahren nach 2004 war es vor allem eine Gruppe von Forschern unter Leitung von W. Parker und R. R. Bollinger, die sich mit der Funktion von Blinddarm und Appendix beschäftigten. Zu Form und Funktion des Wurmfortsatzes wurde 2009 folgende Aussage von dieser Forschergruppe veröffentlicht:

> Das neuerlich verbesserte Verständnis der Darmimmunität trifft sich mit der derzeitigen Denkweise in den biologischen und medizinischen Wissenschaften. Es sieht so aus, dass die Appendix eine Zuflucht für nützliche Bakterien ist, wenn es in Ländern mit schlechter Hygiene und mangelhafter medizinischer Versorgung zu Darminfektionen kommt (sodass der Darm bei einer kräftigen Diarrhö seine ganze Darmflora verliert). Diese Funktion rechtfertigt die Beibehaltung des Appendix in der Evolution. Es gibt bei Säugetieren drei Gestalttypen, die vor allem von der Form des Caecum abhängen: eine ausgeprägte Appendix, die aus einem runden Caecum herausragt (meist bei Affen), eine Appendix am Apex eines langen sackförmigen Caecum und eine Appendix ohne nennenswertes Caecum. Eine caecale Appendix hat sich in der Evolution mindestens zweimal unabhängig entwickelt, nämlich bei Beuteltieren in Australien und bei Säugetieren im Rest der Welt. Dieser Befund und die Existenz von über 80 Mio Jahren Evolution hinweg spricht für eine nützliche Funktion.

Dieselbe Arbeitsgruppe erwähnt auch, dass Appendixentzündungen in früheren Jahrhunderten in Europa fast unbekannt waren und erst mit zunehmender Hygiene in den letzten 150 Jahren stark zugenommen haben. Es wird vermutet, dass die Appendix beim Trainieren des Immunsystems benötigt wird. Fehlt es im Kindesalter an Darminfektionen und damit an Trainingsmöglichkeiten, dann kommt es häufiger zu Störungen (d. h. Entzündungen) in der Appendix (ähnlich der Zunahme von Allergien und Autoimmunkrankheiten unter Bedingungen hoher Hygienestandards). Das bessere Verständnis der Appendixfunktionen hat bewirkt, dass die vor 50 Jahren noch verbreitete vorsorgliche Entfernung der Appendix unterbleibt, und Appendixoperationen auch darüber hinaus abgenommen haben. Ob Menschen ohne Appendix nun eine schwächere Immunabwehr im Darmbereich aufweisen, ist eine noch nicht geklärte Frage.

Im Hinblick auf Kap. 5 ist zu sagen, dass das Umdenken in Sachen Appendix sicherlich einen bescheidenen und nicht revolutionär verlaufenden Paradigmenwechsel darstellt. Solche Paradigmenwechsel spielten sich hinsichtlich Ernährung, Gesundheitsfürsorge und medizinischen Therapien in den letzten 100 Jahren schon mehrfach ab. In ihrer Summe stellen sie einen enormen Fortschritt für Gesundheit und Lebensdauer der Menschen dar. Es zeigt sich damit in der Medizin wie in den gesamten Naturwissenschaften, dass das Kuhnsche Zweiphasenmodell wissenschaftlicher Forschung (Kap. 5) mit der Realität nicht übereinstimmt.

Literatur

Bollinger RR, Barbas AS, Bush EL, Lini SS, Parker W (2007) Biofilms in the large bowel suggest an apparent function of the human vermiform appendix. J Theoret Biol 249: 826

Everett ML, Polertrant D Miller SE, Bollinger RR, Parker W (2004) Immune exclusion and immune inclusion: a new model of host bacteria interaction in the gut. Clin Appl Immunol Rev 5: 321

Laurin M, Everett ML, Parker W (2011) The cecal appendix one more immune component eith a function disturbed by post-industrial culture. Anatomical Record 294 (4): 567

Martin LG (1999) What is the function of the human appendix? Did it once have a purpose that has since been lost? Scientific American, http://www.sciam.com/article.cfm?id=what-is-the-function-of-t

Salminen S, Bouley C, Boutron-Ruault MC et al. (1998) Functional food science and gastrointestinal physiology and function. British J Nutrition 80 (S 1): 147

Smith HF, Fisher RE, Everett ML, Thomas AD, Bollinger RR, Parker W (2009) Comparative anatomy and phyllogenetic distribution of the mammalian cecal appendix. J Evol Biol 22: 1984

Smith HF, Parker W, Koke SA, Laurin M (2012) Multiple independent appearance of the cecal appendix in mammalian evolution and in vestigation of related ecological and anatomic factors. Compt Rend Paleovol 12 (6): 339

Sommerburg JL, Angement LT, Gordon JL (2004) Getting a grip on things: how do Communities of bacterial symbionts become established in our intestine? Nat Immunol 5 (6): 569

Zahid A (2004) The vermiform appendix: not a useless organ? J Coll Physic Surg Pak 14 (4): 256

Internetlinks W. Harvey: http://www.famousscientists.org/william-harvey

R. Warren: http://www.vianet.net.au/~jrwarren

B. Marschall: http://nobelprize.org/medicine/laureates/2005/index.html

http://www.angiologie-online.de/blutkrei.htm

http://www.carl-ludwig-schleich.de

http://www.semmelweis,museum.hu/semmelweis/elete/index.html

http://www.ik-h.de/medizinische-klinik/erkrankungen-des-verdaunungs-systems

http://www.nobelprize.org/nobel_prizes/medicine/laureates/2005/marshall-facts.html

7
Biologie

„Der größte Feind des Fortschritts ist nicht der Irrtum, sondern die (geistige) Trägheit."

(Henry Th. Buckle)

7.1 Gibt es Spontanzeugung von Lebewesen?

Zunächst bedarf der Begriff Spontanzeugung einer Erklärung. Gemeint ist hier die spontane Entstehung von Mikroorganismen wie Protozoen, Amöben, Bakterien und evtl. Insekten aus Schmutz und Dreck, das heißt aus toter Materie. Davon zu unterscheiden ist die Urzeugung des Lebens. Darunter versteht die moderne Naturwissenschaft die Entstehung erster primitiver Einzeller in der Frühzeit der Erde auf der Basis einer viele Millionen Jahre dauernden chemischen Evolution, ausgehend von kleinen organischen Molekülen. Diese Hypothese postuliert also, dass sich aus einfachen organischen Molekülen immer komplexere Moleküle, insbesondere Biopolymere (Abschn. 8.4) entwickelt haben, bis die zur Bildung von Zellen notwendigen Komponenten vorhanden waren.

Die Vorstellung von einer Spontanzeugung niederer Lebewesen existierte schon in der griechischen Antike. Je nach Urheber hatte dieses Konzept jedoch eine unterschiedliche Ausprägung. So beinhaltete das Weltbild von Empedokles (490–430 v. Chr.), dass die Erde langen Entstehungs- und Untergangszyklen unterworfen ist, in deren Verlauf alles Leben abstirbt und auch spontan wieder entsteht. Zunächst entstehen niedere Lebewesen, aus denen sich dann im Lauf von Jahrtausenden die höheren Lebewesen und der Mensch entwickeln. Präzisere Aussagen im heutigen naturwissenschaftlichen Sinne finden sich dann bei Aristoteles (384–322 v. Chr.). Während er für die meisten Pflanzen und Tiere eine Entstehung aus Samen und eine geschlechtliche Fortpflanzung formulierte, postulierte er für einige Pflanzen und Insekten eine Entstehung aus Schmutz und faulendem Material. Diese Einschätzung überdauerte das gesamte Mittelalter und fand Anhänger bis ins 19. Jahrhundert.

Der Paradigmenwechsel wurde um 1675 von dem Niederländer Antoni van Leeuwenhoek (1632–1723) eingeleitet. A. van Leeuwenhoek hatte zwar kein naturwissenschaftliches Studium absolviert, er interessierte sich aber sehr für den Bau von Mikroskopen und deren Anwendung. Durch seine beruflichen Tätigkeiten und wohl auch durch seine Mutter besaß er genügend Geld, um seinem Hobby in einem eigenen Haus ungestört nachgehen zu können. Zunächst verbesserte er die schlechten Mikroskope seiner Zeit, die eine maximale Vergrößerung bis zum 50-Fachen erlaubten, und damit war er in der Lage, Beobachtungen zu machen, die noch kein Mensch zuvor gemacht hatte.

A. van Leeuwenhoek konnte kein Latein, und seine auf Niederländisch geschriebenen Beobachtungen blieben international unbekannt. Ein in seiner Heimatstadt Delft geborener Mitbürger, der seine Arbeiten kennen und schätzen gelernt hatte, empfahl ihn der Royal Society of London, in der er Mitglied war. Daher berichtete A. van Leeuwenhoek seine Beobachtungen ab 1673 an diese renommierte Gesellschaft.

Schon 1675 erklärte er, er habe in Teich- und Regenwasser sowie im Speichel sich schnell bewegende Mikroorganismen gesehen (von ihm „animalcules“ genannt). Für diesen Bericht erntete er zunächst ausgiebigen Spott, jedoch ergab die Überprüfung durch andere Forscher (wahrscheinlich in seinem Privatlabor), dass seine Beobachtungen zutreffend waren, und 1680 wurde er in Anerkennung seiner Leistung zum Mitglied der Royal Society gewählt.

A. van Leeuwenhoek gelang es auch erstmals, verschiedene Formen von Mikroorganismen zu beschreiben, zum Beispiel Bazillen (stäbchenförmig), Kokken (kugelförmig) und Spirillen (schraubenförmig). Seine bedeutendste Beobachtung betraf jedoch die Fortpflanzung von Lebewesen. So beobachtete er zum ersten Mal Spermatozoen (Samenzellen), und zwar bei Insekten wie auch beim Menschen. Ferner konnte er nachweisen, dass sich Kornkäfer, Flöhe und Muscheln aus Eiern entwickeln und nicht spontan aus Dreck und Schmutz. Auch diese Befunde stießen überwiegend auf Skepsis oder Verachtung und gerieten jahrzehntelang wieder in Vergessenheit, weil niemand über hinreichend gute Mikroskope verfügte, um derartige Untersuchungen fortzusetzen.

Nach den Napoleonischen Kriegen begannen in Europa die Naturwissenschaften wieder zu erstarken. Dabei kam es auch zu einem Aufblühen einer neuen Forschungsrichtung, der organischen Chemie, ein Begriff, der von dem schwedischen Chemiker Jöns J. Berzelius (1779–1848) geprägt wurde. Mehrere Forscher begannen nun, sich auch mit der alkoholischen Gärung zu beschäftigen (s. unten). Zu dieser Gruppe stieß ab 1854 Louis Pasteur als frisch gebackener Professor der Universität Lille. Er beschäftigte sich jedoch zunächst mit der Vergärung von Traubenzucker (Glukose) zu Milchsäure, die zum Beispiel für die Entstehung von Sauermilch verantwortlich ist. Ihm war zunächst noch nicht klar, dass die für die Milchsäuregärung verantwortlichen Mikroorganismen von den Hefen, welche die alkoholische Gärung verursachen, verschieden sind.

Er übertrug nun seine von der Milchsäuregärung erworbenen Erkenntnisse auf die alkoholische Gärung und wies nach, dass für beide Prozesse Mikroorganismen verantwortlich waren. Er erweiterte daraufhin den Begriff Gärung auch auf andere Zersetzungsreaktionen organischer Substanzen, von denen er annahm, dass Mikroorganismen an deren Zustandekommen beteiligt waren. Er erklärte, alle Fäulnisprozesse seien eine Art Gärungsreaktion, bei der die Zersetzung schwefelhaltiger Substanzen (später als Aminosäuren Cystein und Cystin identifiziert) den üblen Geruch verursachen würden.

Ab 1860 veröffentlichte L. Pasteur zur Thematik Fäulnis und Gärung in kurzer Zeit fünf Publikationen und präsentierte eine Zusammenfassung in einem Vortag vor der chemischen Gesellschaft von Paris. Der Erfolg dieses Vortags brachte ihm ein Preisgeld von 2500 Francs ein. Er beschrieb u. a. folgende Versuche:

- Hefehaltiges Zuckerwasser wurde zur Tötung der Hefe und anderer Keime aufgekocht und dann in einem geschlossenen Behältnis aufbewahrt. Der Inhalt blieb wochenlang steril. Danach wurde ein Wattebausch, durch den Luft gesaugt worden war, in das Behältnis gebracht, und innerhalb von 24 bis 36 h setzte Gärung ein.
- Bei Glaskolben wurde die nach oben zeigende Öffnung in eine seitwärts geschwungene dünne Röhre ausgezogen („Schwanenhals"), deren Ende gegen Luft offen war. Hefehaltige Zuckerlösung, Urin oder Milch, die in dem Kolben waren, wurden aufgekocht. Diese Kolben blieben steril. Wurde das Aufkochen unterlassen, setzte innerhalb weniger Tage Gärung oder Schimmelbildung ein. Wurde bei den sterilen Kolben der „Schwanenhals" so abgebrochen, dass die Öffnung nach oben offen war, so trat in kurzer Zeit Gärung/Fäulnis ein.
- Bei einer Serie von 20 Kolben wurde hefehaltige Zuckerlösung aufgekocht und zunächst steril verschlossen. Am Fuße des Jura in einer Höhe von ca. 250 m wurden die Kolben für einige Minuten geöffnet und wieder verschlossen. In acht Kolben wurde daraufhin Keimwachstum beobachtet. Eine analoge Versuchsserie wurde in 850 m Höhe durchgeführt und dabei Keimwachstum in fünf Kolben festgestellt. Eine dritte Serie wurde in 2.000 m Höhe auf einem Gletscher wiederholt, woraufhin nur ein einziger Koben insteril wurde.

Alle drei Versuche beweisen, dass Gärung und Fäulnis durch Keime aus der Luft verursacht werden und nicht durch den Zutritt von Sauerstoff.

1863 konnte L. Pasteur demonstrieren, dass Blut und Urin, die unter sterilen Bedingungen direkt aus Venen bzw. aus der Harnblase von Tieren entnommen und die Behälter sofort verschlossen wurden, wochenlang steril blieben. Im Jahre 1877 berichtete der britische Forscher Henry Charlton, in angeblich sterilem Urin doch Spontanzeugung von Mikroorganismen beobachtet zu haben. Daraufhin beschäftigten sich Mitarbeiter von L. Pasteur nochmals eingehend mit der Hitzesterilisierung und kamen zu folgendem wichtigen Ergebnis: Es gibt einige wenige Mikroorganismen, die ein kurzes Erhitzen auf 100 °C überleben. Einige Bakterien und viel Pilze bilden Sporen, die sehr resistent sind gegen Trockenheit und Hitze und kurzfristig selbst eine Temperatur von 120 °C überleben. Diese Ergebnisse von L. Pasteur und seinen Mitarbeitern hatten nun weitreichend Konsequenzen in verschiedenen Richtungen.

- Das Paradigma der Spontanzeugung wurde endgültig zu Grabe getragen.
- Gärungsfähige Getränke wie Bier, zuckerhaltiger Wein oder Milch können durch Erhitzen auf 55–60 °C für einige Tage oder Wochen haltbar gemacht werden, ohne dass ein nennenswerter Verlust an Geschmack oder Nährwert eintritt. Bei diesem sog. Pasteurisieren werden allerdings nicht alle Keime getötet.
- Werden Flüssigkeiten oder Gegenstände über 120 °C (oder besser 140 °C) erhitzt, dann werden alle Keime und Sporen abgetötet. Dieser vor allem für die Medizin wichtige Prozess wird Sterilisation genannt. Da man aber viele Materialien, wie zum Beispiel Kunststoffe und Gewebe, nicht so hoch erhitzen kann, werden heute meistens die Bestrahlung mit UV-Licht oder keimtötende Chemikalien zur Sterilisation eingesetzt.
- Während die Römer noch ausgiebig gebadet hatten, hielten die späteren Europäer bis Anfang des 19. Jahrhunderts viel Kontakt mit Wasser für schädlich und übertünchten ihren Gestank mit Parfüm und Puder– sofern sie Geld hatten. Nun wurde jedoch der Gedanke der Hygiene wieder in der westlichen Zivilisation verankert. Dies ging jedoch über die körperliche Reinhaltung weit hinaus. Der Hygienegedanke erstreckte sich auch auf die Reinigung von Kleidung, Geschirr und Wohnungen und stimulierte die entstehende chemische Industrie zu einer steigenden Produktion von Seifen, Wasch- und Desinfektionsmitteln. Er betraf aber vor allem auch die Kanalisation. Seit Anfang des Mittealters und bis Ende des 19. Jahrhunderts verlief in fast allen europäischen Städten die Kanalisation offen zwischen den eng stehenden Häusern. Die Choleraepidemie in Hamburg 1892 ist eine späte Konsequenz und Illustration dieses Sachverhaltes.

Bis heute haben die Arbeiten L. Pasteurs daher in mehrerer Hinsicht eine ungeheure Bedeutung für Gesundheit und Lebensdauer der Europäer.

Antoni van Leeuwenhoek

A. van Leeuwenhoek wurde am 24. Oktober 1632 in Delft geboren. Sein Vater war Korbmacher und starb schon sechs Jahre nach der Geburt seines Sohnes. Die Mutter war Tochter eines Bierbrauers und offensichtlich nicht unvermögend, denn sie schickte ihren Sohn auf eine höhere Schule nach Leiden. In dieser Zeit schien A. van Leeuwenhoek bei einem Onkel Privatunterricht in Physik und Mathematik zu haben. Seine Mutter schickte ihn 1648, also im Alter von 16 Jahren, nach Amsterdam, um eine Ausbildung als Buchhalter zu beginnen. Er besorgte sich jedoch eine Anstellung bei einem Tuchhändler und kehrte sechs Jahre später nach Delft zurück, wo er auch den Rest seines Lebens verbrachte. Er engagierte sich im Tuchhandel und kaufte sich ein Haus, in dem er Werkstatt und Labor einrichten konnte. Er galt offensichtlich als kluge und vertrauenswürdige Person, denn er machte auch in der lokalen Politik und Verwaltung Karriere. 1661 wurde er zum Landvermesser bestellt und zehn Jahre später zum Eichmeister ernannt. Ferner avancierte er zum Kämmerer am städtischen Gerichtshof. Er war mit dem Maler Jan Vermeer befreundet und verwaltete nach dessen Tod 1675 seinen Nachlass. A. van Leeuwenhoek selbst starb in Delft am 27. August 1723.

A. van Leeuwenhoek hatte genügend Geld und Zeit um, wenn auch mit Unterbrechungen, seinem Hobby, der Mikroskopie, zu frönen. Ihn interessierte vor allem die Verbesserung der Mikroskope, die damals wegen schlechter Linsen nur eine maximale Vergrößerung um das 50-Fache zustande brachten. Er baute annähernd 500 Mikroskope und erreichte in den besten Fällen eine Vergrößerung um das 270-Fache. Da Linsen zu schleifen viel Zeit kostet, musste er eine Methode gefunden haben, die eine effektivere Herstellung von Linsen ermöglichte. Wahrscheinlich erzeugte er Linsen mit kugelförmigem oder elliptischem Querschnitt aus geschmolzenem Glas. Da er seine Methoden der Linsenherstellung und des Mikroskopbaus geheim hielt, wurden seine Arbeitsmethoden nicht überliefert. Seinem Freund Jan Vermeer schenkte er möglicherweise Lupen, damit dieser ein präzises Malen kleiner Details seiner Bilder besser bewerkstelligen konnte. Der Royal Society hinterließ er bei seinem Tode 26 Mikroskope.

Neben der oben erwähnten Beobachtung von Mikroorganismen berichtete A. van Leeuwenhoek über den Blutfluss in Kapillargefäßen von Kaninchenohren oder von Fröschen, wodurch die erst kurz zuvor erfolgte Entdeckung des Kapillarsystems durch Marcello Malpighi (1628–1694) bestätigt wurde. Der Nachweis der Kapillargefäße und ihrer Funktion vervollständigte wiederum das Gesamtbild des Blutkreislaufes, das einige Jahrzehnte zuvor von William Harvey erstmals beschrieben worden war (Abschn. 6.1). A. van Leeuwenhoek beschrieb als erster die quergestreifte Muskulatur am Herzen, er erstellte mikroskopische Querschnitte von Pflanzen und Baumzweigen und machte detaillierte Studien von Insekten. Da die Leistung seiner besten Mikroskope für etwa 150 Jahre nicht mehr erreicht wurde, war die systematische Erforschung von Mikroorganismen erst wieder im 19. Jahrhundert möglich. Sie wurde dann aber mit großer Intensität und medizinischem Erfolg weitergeführt. A. van Leeuwenhoek erlangte im Lauf seines Lebens großes Ansehen und einen hohen internationale Bekanntheitsgrad. So wurde er von der britischen Königin Anne, von Zar Peter dem Großen und vom Allroundgenie Leibnitz aufgesucht.

Louis Pasteur

L. Pasteur wurde am 27. Dezember 1822 in Dole (Department Jura) als drittes von fünf Kindern einer armen Gerberfamilie geboren. Nach mehreren Umzügen wuchs er in Arbois auf, wo er die Grundschule besuchte. Im Alter von 15 und 16 Jahren gewann er so viele Schulpreise, dass man ihn zum Studium an der École Normale Supérieure in Paris empfahl. Dort studierte er anfangs Mathematik und geisteswissenschaftliche Fächer, wechselte dann aber zu Chemie und Physik über. Er schrieb zwei Dissertationen (in Chemie und Physik) und wurde auf deren Basis 1847 promoviert. Nach kurzer Tätigkeit als Gymnasialprofessor in Dijon wechselte er 1849 an die Universität von Strasbourg, wo er zunächst als Assistenzprofessor für Chemie tätig war. Er verliebte sich schon nach wenigen Tagen in die Tochter des Rektors der wissenschaftlichen Akademie und heiratete noch im Mai desselben Jahres. Seine Frau gebar ihm in der Folgezeit fünf Kinder, von denen drei schon in jungen Jahren starben.

In den folgenden vier Jahren wuchs sein wissenschaftliches Ansehen schnell, 1853 wurde er in die Ehrenlegion der pharmazeutischen Gesellschaft aufgenommen und mit einem Preis von 1.500 Franc geehrt. Im Jahr 1854 wurde er als Professor für Chemie an die Fakultät für Wissenschaft in Lille berufen und anschließend auch zum Dekan ernannt. Er setzte sich hier gleich für eine wesentliche Reformierung der Studiengänge ein: Laut kaiserlichem Dekret sollten die Studenten nun auch regelmäßig in Laborarbeit ausgebildet werden. Was heute in allen Ländern eine Selbstverständlichkeit ist, war damals neu, eine Konsequenz aus dem geänderten Verständnis von Naturwissenschaft und Technik.

L. Pasteur musste in Lille seine Forschungsaktivitäten an den Interessen der lokalen und regionalen Industrie ausrichten, und im Zusammenhang mit dem Brauen von Bier begann er, sich mit Gärungsprozessen zu beschäftigen. Aber schon drei Jahre später zog er nach Paris, wo er zum Direktor der wissenschaftlichen Studien an der École Normale Supérieure berufen worden war. Er erhöhte die Zahl der Promotionen und förderte das Ansehen dieser Institution in hohem Maße. L. Pasteur galt als humorlos und autoritär und geriet 1867 mit aufrührerischen Studenten in Konflikt, für deren Disziplin er als oberster Verwaltungschef (Kanzler) mit verantwortlich war. Er wechselte daraufhin auf eine Professur an der Sorbonne.

Seine Verwaltungstätigkeit an der École Normale Supérieure war eigentlich nicht mit Forschungstätigkeit verbunden gewesen, aber er hatte sich ein Privatlabor eingerichtet, wo er die Untersuchungen über Gärungsprozesse fortsetzen konnte. Von 1865 bis 1870 musste er sich im Auftrag der Regierung mit Infektionskrankheiten von Seidenraupen beschäftigen, wofür er die Sommerzeit in einem Feldlabor in Südfrankreich verbrachte. Trotz der Abdankung von Kaiser Napoleon III im deutsch-französischen Krieg erhielt er die noch vom Kaiser persönlich zugesagte Leibrente. Es gelang ihm auch, sich von allen Lehrverpflichtungen frei zu machen, sodass er seine Arbeiten über Gärung, Spontanzeugung und Erkrankungen von Seidenraupen bis 1876 abschließen konnte.

Fortan widmete er sich der Erforschung von Infektionskrankheiten bei Tieren und Menschen. Er konzentrierte sich zunächst auf die Bekämpfung von Geflügelcholera, Schweinerotlauf und Milzbrand bei Tieren. Es gelang ihm innerhalb weniger Jahre, Impfstoffe gegen alle drei Infektionskrankheiten zu entwickeln. Diese Erfolge brachten ihm weltweite Anerkennung und viele Spendengelder ein. Seine Impfstoffe basierten auf durch Sauerstoffbehandlung geschwächten lebenden Mikroorganismen. Gleichzeitig entwickelte Henry Toussaint weniger riskante Impfstoffe auf Basis toter Mikroben, doch waren diese damals nur schwierig in größeren Mengen zu produzieren. Die rapide wachsende Nachfrage nach Impfstoffen erforderte aber den allmählichen Aufbau einer industriellen Produktion, die von Pasteur anfänglich noch selbst betreut wurde.

Im Jahre 1885 gelang L. Pasteur der erste Impferfolg gegen Tollwut beim Menschen, obwohl es sich hierbei um eine Viruskrankheit handelt (dies war damals noch nicht unterscheidbar). Die daraufhin hochschnellenden Spendenaufkommen ermöglichten es ihm, den Bau des Institut Pasteur zu beginnen, das im November 1888 in Betrieb genommen wurde. L. Pasteur wurde natürlich zum ersten Direktor bestellt, aber er hatte zu diesem Zeitpunkt (im Alter von 65 Jahren) schon Schlaganfälle erlitten und war weitgehend gelähmt, sodass er keinen Beitrag zur Arbeit des Instituts mehr leisten konnte. Das der mikrobiologischen Forschung gewidmete Institut erlangte dennoch

Weltruhm und wurde in mehreren Ländern kopiert. L. Pasteur starb im September 1895 und wurde in einer Krypta des Instituts beigesetzt.

Neben den erwähnten Erfolgen sei noch ein weiteres außergewöhnliches Ergebnis der Arbeit Pasteurs genannt, nämlich die Isolierung spiegelbildlicher Kristalle von Salzen der Traubensäure. Es war eine Kombination von gutem Mikroskop, Kurzsichtigkeit und viel Glück die ihn zu Substanzen führte, die in zwei Varianten spiegelbildlichem Aufbau existieren (optische Antipoden oder chirale Isomere genannt) und auch getrennte spiegelbildlich geformte Kristalle bilden. Beim separaten Auflösen der spiegelbildlichen Kristalle in Wasser drehten diese Lösungen die Schwingungsebene von polarisiertem Licht in entgegengesetzten Richtungen. L. Pasteur lieferte damit einen entscheidenden Beitrag zum Verständnis der räumlichen Struktur von Molekülen und die experimentelle Basis, die es dem Chemiker Jakob H. van't Hoff (1852–1911) im Jahr 1874 ermöglichte, die Formelsprache der Chemie durch stereochemische Formeln zum Abschluss zu bringen. Die Entwicklung der Chemie aus der Alchemie, die mit der Umdeutung des Elementbegriffes durch Robert Boyle begonnen hatte (s. Kap. II-3.1), war damit zum Abschluss gekommen. van't Hoff erhielt dafür 1901 den ersten Nobelpreis für Chemie.

Zur Charakterisierung der Persönlichkeit L. Pasteur sind noch zwei Aspekte zu erwähnen. Pasteur war nicht nur autoritär, er praktizierte im Umgang mit seinen Mitarbeitern und Angestellten auch eine väterliche Art der Betreuung. In politischer Hinsicht war er konservativ bis reaktionär und pflegte ein besseres Verhältnis zu Napoleon III als zur nachfolgenden Republik. Dazu gehörte auch ein glühender Nationalismus, welcher der Zeit entsprechend mit einem Hass auf alles Deutsche verbunden war. Er lehnte daher alle Ehrungen durch deutsche Institutionen ab, auch die Verleihung des Ordens „Pour le Mérite".

Zu seinem 100. Geburtstag wurden seine Laborjournale der Öffentlichkeit zugänglich gemacht. In der Folge publizierten der Amerikaner Gerald L. Geison und der Italiener Antonio Caddedu Auswertungen der Tagebücher, in denen sie zeigten, dass Pasteurs Publikationen und Vorträge oft nicht mit Zahl und Beschreibung seiner Versuche übereinstimmten (insbesondere bei der Entwicklung von Impfstoffen). Allerdings bestanden seine Intentionen weniger in der Fälschung von Ergebnissen (sonst hätte er seine Laboraufzeichnungen vernichtet), sondern vielmehr darin, der Öffentlichkeit Misserfolge vorzuenthalten. Entscheidend für eine abschließende Bewertung seiner Forschung bleibt die Tatsache, dass sich alle seine wichtigen Ergebnisse als richtig und reproduzierbar erwiesen haben.

In Frankreich wird L. Pasteur auch heute noch wie ein Nationalheiliger verehrt, und zahlreiche Straßen, Plätze und Institutionen sind nach ihm benannt. Sein Lebenslauf wurde verfilmt, und der Asteroid 4804 trägt seinen Namen.

Literatur

Caddedu A (2005) Les vérités de la science. Pratique, récit, histoire: Le cas Louis Pasreur. Leo Olschki, Florenz

Carter KC (1988) The Koch-Pasteur dispute on establishing the cause of anthrax. Bull Hist Med 62 (1): 42

Carter KC (1991) The development of Pasteurs concept of disease causation and the emergence of specific causes in nineteen-century medicine. Bull Hist Med 65 (4): 528

Debré P (1994) Louis Pasteur. Flammarion, Paris

Dubos RJ (1950) Louis Pasteur. Free Lance of Science. Little Brown, Boston

Encyclopedia Americana (1973) Americana Corp., New York

Geison GL (1995) The private science of Louis Pasteur. Princeton University Press, Princeton

Laurizot P-Y (2003) Louis Pasteur. La réalité apres la légende. Edition de Paris, Paris

Meyer K (1998) Geheimnisse des Antoni van Leeuvenhoek. Pabst Science, Lenerich

Nestle W (1934) Aristoteles Hauptwerke. Kröner, Stuttgart

7.2 Die alkoholische Gärung

Die Erfahrung ist die Frucht begangener Irrtümer, darum muss man sich etwas verirren. (Johannes Nestroy)

Dass im Mittelmeerraum schon vor Zeiten der Geschichtsschreibung Traubensaft zu Wein vergoren wurde, das legt schon die Bibel nahe. Dass die wilden Germanen in ihren Wäldern Honigwasser zu Met vergoren, das berichtet zum Beispiel Tacitus in seiner Geschichte Germaniens. Dass im 19. Jahrhundert auch Heidelbeersaft zu Heidelbeerwein vergoren wurde, das bestätigt Heinrich Spörl in seinem unnachahmlichen Roman „Die Feuerzangenbowle".

Als sich zu Beginn des 19. Jahrhunderts die organische Chemie zu einem neuen Zweig der Naturwissenschaften zu entwickeln begann, war es naheliegend, dass sich die Chemiker auch die alkoholische Gärung untersuchen wollten. Bisher hatten sich die Alchemisten vor allem mit anorganischen Stoffen, mit Mineralien und Metallen, beschäftigt, denn man wollte aus billigen Ausgangsstoffen Gold gewinnen. Extrakte von Pflanzen wurden vorzugsweise für medizinische Zwecke hergestellt, aber nicht chemisch analysiert (wozu auch die Kenntnisse und Methoden gefehlt hätten). Zu Beginn des 19. Jahrhunderts war man nun vor allem an der Isolierung, Reinigung und Charakterisierung der Inhaltsstoffe von Pflanzen und Tieren interessiert und im Zusammenhang damit auch an der Untersuchung von Speisen und Getränken. Der Protagonist dieser neuen Forschungsrichtung war der deutsche Chemiker Justus von Liebig (1803–1873), der als Professor in Gießen und München tätig war und mit seinen Mitarbeitern unzählige Pflanzen und einige Tiere sezierte und analysierte.

Im Jahr 1815 hatte der französische Chemiker Joseph Louis Gay-Lussac (1778–1850) erstmals die Bruttoreaktionsgleichung für die Umwandlung von Traubenzucker (Glukose) in Alkohol und Kohlendioxid (CO_2) formuliert. Zwei der bedeutendsten Chemiker dieser Zeit, Jöns J. Berzelius (1779–1848) und Justus von Liebig, vertraten nun die Ansicht, dass die alkoholische Gärung nicht durch Lebewesen, sondern durch die Anwesenheit katalytisch aktiver Substanzen bewirkt würde. Der Begriff Katalyse wurde von J. J. Berzelius geprägt. Er bedeutet, dass eine chemische Reaktion durch eine kleine Menge einer unverändert bleibenden Substanz, dem Katalysator, erheblich beschleunigt wird. J. J. Berzelius und J. von Liebig waren mit ihrer Ansicht sicherlich nicht allein, andererseits waren sie nicht in der Lage, den vermuteten Katalysator zu identifizieren.

Im Jahr 1837 berichteten nun drei Forscher gleichzeitig, aber unabhängig voneinander, dass die alkoholische Gärung sehr wohl von Lebewesen, nämlich von Hefen verursacht würde. Bei diesen drei Forschern handelte es sich um den Franzosen Charles Cagniard de la Tour (1777–1859) sowie die Deutschen Theodor Schwann (1810–1882) und Friedrich T. Kützing. In diese Kontroverse schaltete sich nun auch Louis Pasteur ein. Dieser war 1854 als Professor und Dekan an die neu eingerichtete Naturwissenschaftliche Fakultät in Lille berufen worden. Er sollte sich um Analyse und Verbesserung chemischer Prozesse kümmern, die in der lokalen und regionalen Industrie von Bedeutung waren. Dazu gehörte auch die Verarbeitung von Rübenzucker, zum Beispiel zur Produktion von Alkohol.

L. Pasteur beschäftigte sich zunächst allerdings mit der Milchsäuregärung, bei der aus Zucker vorwiegend Milchsäure gebildet wird, sodass Sauermilch entsteht. Die durch Filtration gewonnene klare Milchsäurelösung zeigte die besondere Eigenschaft, dass sie bei durchscheinendem polarisiertem Licht die Schwingungsebene des Lichtes dreht (sog. optische Aktivität). Nun war optische Aktivität auch schon von anderen organischen Substanzen bekannt, etwa von Traubenzucker, Fruchtzucker und Aminosäuren. L. Pasteur vertrat aber die intuitiv entwickelte Theorie, dass optisch aktive organische Moleküle für den Stoffwechsel und die Reaktionsprodukte von Lebewesen typisch seien. Er vertrat dabei zeitweise die vitalistische Anschauung, dass Lebewesen über eine kosmische, asymmetrische Kraft verfügen würden. Im Fall der Milchsäuregärung waren allerdings nicht Hefen, sondern Bakterien (Laktobazillen) die „Täter", was L. Pasteur noch nicht wissen konnte. Im Jahr 1857 hielt er einen bedeutenden Vortrag vor der Gesellschaft für Wissenschaften, Landwirtschaft und Künste in Lille. Er fasste seine Ergebnisse hinsichtlich der Milchsäuregärung wie folgt zusammen:

- Gärung wird durch lebende Mikroorganismen verursacht.
- Verschiedene Typen der Gärung gehen auf verschiedenartige Mikroorganismen zurück.
- Die Mikroorganismen benötigen Nährstoffe aus dem Gärmedium.
- Verschiedene Mikroorganismen konkurrieren um die vorhandenen Nährstoffe.
- Normale Luft ist Trägerin der Mikroorganismen.

L. Pasteur übertrug diese Erkenntnisse auch auf die alkoholische Gärung. Er machte bei der alkoholischen Gärung aber eine besondere Beobachtung: Hefen sind „fakultative Anaerobier". Fast alle Mikroorganismen lassen sich in zwei Gruppen unterteilen: solche, die nur mit reichlich Sauerstoff gedeihen, die Aerobier, und solche, die sich besser bei Sauerstoffmangel vermehren, die Anaerobier. Hefen gehören zu den seltenen Mikroorganismen, die sowohl aerob als auch anaerob wachsen können. Im letzteren Fall ist allerdings die Fortpflanzungsrate gering, und die Stoffwechselprodukte sind verschieden. Bei Zufuhr von genügend Sauerstoff wird der Zucker vollständig zu Wasser und Kohlendioxid verbrannt, während bei Sauerstoffmangel Alkohol entsteht. Der zunehmende Alkoholgehalt des Gärmediums stoppt jedoch den Stoffwechsel der Hefen, sodass es durch alkoholische Gärung alleine nicht möglich ist, hochprozentige Schnäpse zu erzeugen. Dieses gesamte Phänomen wird bis heute als Pasteur-Effekt bezeichnet.

L. Pasteur konnte ferner zeigen, dass bei der anaeroben Gärung nicht nur Alkohol und Kohlendioxid entstehen, sondern auch verschiedene Beiprodukte wie Glyzerin, Bernsteinsäure und Fette. Er hielt diesen komplexen Reaktionsverlauf für ein Charakteristikum eines von Lebewesen gesteuerten Prozesses, während für eine „mechanistische Gärung", wie sie J. von Liebig postulierte, ein glatter Verlauf zu erwarten sein sollte. Er konnte auch zeigen, dass die Gärung nur ablief, wenn zur Zuckerlösung Bierhefe und deren Nährstoffe wie Ammoniumtartrat und Mineralstoffe gegeben wurden. Dennoch folgten die meisten Fachleute zunächst der Ansicht J. von Liebigs und J. J. Berzelius'. Diese Kontroverse wurde vor allem deshalb heftig, weil J. von Liebig auch L. Pasteurs bestgehasster wissenschaftlicher Gegner war, zudem ein Deutscher, während L. Pasteur sich als ein deutschfeindlicher französischer Patriot verstand.

Die Ironie des Schicksals wollte es, dass die weitere Forschung schließlich beiden Parteien recht geben musste. Moritz Traube (1826–1907) schlug schon1858 eine Hypothese vor, die einen Kompromiss darstellte und 1860 von Marcelin Berthelot (1827–1907) untermauert wurde. Diese Forscher postulierten, dass die Gärung von Fermenten (Biokatalysatoren) verursacht wird, die von Mikroorganismen produziert werden, aber auch nach Abtrennung oder Abtötung der Mikroorganismen aktiv sein können. J. von Liebig stimmte nach 1868 dieser Hypothese zu, während L. Pasteur sich eher ablehnend verhielt. Die endgültige Klärung dieses Problems ergab sich im Januar 1897 durch eine Publikation von Eduard Buchner, der bewies, dass ein Zymase genanntes Ferment, das er aus einem zellfreien Hefeextrakt gewonnen hatte, die alkoholische Gärung katalysierte. Für diese Forschungsarbeit erhielt E. Buchner im Jahr 1907 den Nobelpreis.

Die weitere Forschung ergab, dass sich Zymase aus mehreren Enzymen (Biokatalysatoren) zusammensetzt, weil die alkoholische Gärung ein mehrstufiger Prozess ist, der für die einzelnen Reaktionsstufen verschiedene Biokatalysatoren erfordert. Im Jahr 1929 wurde ein weiterer Nobelpreis für wichtige Beiträge zum Verständnis der alkoholischen Gärung an den britischen Forscher Arthur Harden (1865–1940) und an den Deutschen Chemiker Hans von Euler-Chelpin (1873–1964) vergeben.

Zu Beginn des 21. Jahrhunderts sind alle Reaktionswege und Enzyme bekannt, und die neuere Forschung konzentriert sich auf genetische Fragestellungen. Salopp ausgedrückt heißt heute die wichtigste Frage: Wie kam die Evolution zum Alkohol?

Eduard Buchner

E. Buchner wurde am 20. Mai 1860 in München geboren. Sein Vater war Arzt und Professor für Gerichtsmedizin. Auch sein älterer Bruder Hans war Arzt und hatte eine Anstellung als Privatdozent an der Ludwig-Maximilians-Universität München. E. Buchners Laufbahn verlief zunächst sehr zielgerichtet. Nach Abitur und Beendigung der militärischen Grundausbildung 1878 begann er ein Chemie- und Medizinstudium an der Ludwig-Maximilians-Universität, gleichzeitig absolvierte er auch eine Ausbildung in anorganischer Chemie an der Technischen Universität unter Leitung von Prof. Erlenmeyer. Ab 1879 beteiligte er sich finanziell und mit Forschungsarbeiten an der Konservenfabrik von Walter Nägeli. Finanziell erlitt er dabei einen Rückschlag, aber er machte erstmals mit Problemen der Gärung Bekanntschaft, eine Thematik, die ihn nun lebenslang beschäftigen sollte. In der Zeit von 1882 bis 1884 arbeitete er am botanischen Institut von Carl Wilhelm von Nägeli, wo er unter Betreuung durch seinen Bruder die Eigenschaften von Spaltpilzen sowie den Einfluss von Sauerstoff auf Gärungsprozesse untersuchte.

Ende 1883 nahm er sein Studium an der Ludwig-Maximilians-Universität wieder auf und studierte nun als Hauptfach Chemie bei Adolph von Bayer sowie im Nebenfach Botanik bei C. W. von Nägeli. A. von Bayer und sein Assistent Theodor Curtius erkannten rasch die besondere Begabung E. Buchners und warben ihn für die eigene Arbeitsgruppe an. In der Folgezeit befreundete er sich mit Th. Curtius, eine Freundschaft, die für seine spätere Laufbahn wichtig wurde. Er promovierte bei A. von Bayer im November 1888, musste aber Teile seiner Dissertation bei Th. Curtius in Erlangen fertigstellen. A. von Bayer hatte seinem Assistenten eine zunächst zugesagte Habilitation verweigert, sodass Th. Curtius an die Universität Erlangen gewechselt war. Das Verhältnis Buchners zu A. von Bayer wurde dadurch jedoch nicht getrübt, und er konnte bei seinem Doktorvater nun selbst eine Habilitationsarbeit anfertigen, die er 1891 mit Erfolg abschloss. Seine erste Probevorlesung befasste sich im Unterschied zu seiner Habilitationsarbeit mit den chemischen Vorgängen bei der Gärung.

Ende 1893 folgte E. Buchner seinem Freund Th. Curtius an die Universität Kiel, wo er als Privatdozent eingestellt wurde. 1896 erhielt er den Ruf auf eine außerordentliche Professur für analytische und pharmazeutische Chemie an der Universität Tübingen. Hier konzentrierte er seine Arbeiten auf den Ablauf der alkoholischen Gärung in Abwesenheit von Hefezellen. Schon 1898 wechselte er auf eine ordentliche Professorenstelle an der Landwirtschaftlichen Hochschule Berlin, wo er elf Jahre lang tätig war. 1909 folgte er dann aber einem Ruf auf eine ordentliche Professur an der Universität Breslau, doch gefielen ihm dort weder die Arbeitsbedingungen noch die privaten Lebensumstände, sodass er sich um eine andere Stelle bemühte.

Im Gefolge der Nobelpreisverleihung 1907 wurde er im Jahr 1909 zum Mitglied der Bayerischen Akademie der Wissenschaften „Leopoldina“ berufen und bewarb sich um eine Professur an der bayerischen Universität Würzburg, die er 1911 auch erhielt. Obwohl schon 55 Jahre alt und Nobelpreis-Laureat, wurde er 1915 als Hauptmann zum Kriegsdienst eingezogen und zum Major einer Transporteinheit befördert. Die Universität Würzburg, die über relativ wenige Professorenstellen verfügte, bemühte sich nun intensiv beim Kriegsministerium um Buchners Freistellung. Er wurde daher im März 1916 wieder aus dem Militärdienst entlassen und nahm seine Lehr- und Forschungstätigkeit wieder auf. Nach Kriegseintritt der USA im April 1917 meldete er sich als Freiwilliger zum Kriegsdienst und wurde als Leiter einer Munitionskolonne an der Ostfront eingesetzt. Am 11. August 1917 wurde er bei Focsani in Rumänien so schwer verwundet, dass er zwei Tage später im Feldlazarett verstarb. Er wurde auf einem Soldatenfriedhof in Rumänien beigesetzt. E. Buchner hatte 1900 die Tochter des Tübinger Professors Hermann Stahl geheiratet und hinterließ nun eine Witwe mit drei Töchtern.

Literatur

Belitz H-D, Grosch W, Schieberle P (2008) Lehrbuch der Lebensmittelchemie, 6. Aufl. Springer, Heidelberg

Buchner E (1897) Alkoholische Gärung ohne Hefezellen. Ber Dtsch Chem Ges 30: 117

Buchner E, Rapp R (1899) Alkoholische Gärung ohne Hefezellen. Ber Dtsch Chem Ges 32: 2086

Klemm F (1955) Buchner Eduard. Neue Deutsche Biographie, Bd. 2. Dunker & Humblot, Berlin

Kohler R (1971) The background to Eduard Buchners discovery of cell-free fermentation. J Hist Biol 4: 35

Maurizio A (1993) Geschichte der gegorenen Getränke. Sändig Reprint, Vaduz

von Liebig J (1837) Anleitung zur Analyse organischer Körper. Viehweg, Braunschweig

Literatur http://nobelprize.org/chemistry/laureates/1907

7.3 Evolution und Darwinismus

Es irrt der Mensch, so lange er lebt. (Johann W. von Goethe)

Es gibt wohl in den gesamten Naturwissenschaften keine Thematik, über die in populärwissenschaftlichen Darstellungen so viele Falschmeldungen und Fehleinschätzungen verbreitet wurden, wie über das Thema Evolutionstheorie und Darwinismus. Es würde den Rahmen dieses Buches sprengen, diese Thematik in allen Richtungen ausführlich darzustellen, andererseits ist das Thema für die menschliche Selbsteinschätzung und für das naturwissenschaftliche Weltbild zu wichtig, als dass es übergangen werden kann. Es gibt auch kein anderes naturwissenschaftliches Arbeitsgebiet, auf dem so häufig demonstriert wurde (und noch demonstriert wird), wie naturwissenschaftliche Erkenntnisse verbogen, abgelehnt oder sogar diffamiert werden. Um sauber argumentieren zu können, ist es vor allem wichtig, eine Unterscheidung zu treffen zwischen Evolutionsmechanismen und Evolutionstheorie (d. h. der Grundidee der Existenz einer Evolution) an sich. Charles Darwin beschrieb zwei wichtige Evolutionsmechanismen, aber er setzte nicht die Idee einer Evolution in die Welt.

Wie nicht anders zu erwarten, lässt sich das Konzept einer Evolution der Tiere in Europa bis zu den vorsokratischen Naturphilosophen zurückverfolgen. In seinem Buch *Die Vorsokratiker* schreibt W. Capelle, Anaximander aus Milet (611–546 v. Chr.) sei der Überzeugung gewesen, „im Feuchten wären die ersten Lebewesen entstanden, die von stacheligen ‚Rinden' umgeben waren; im weiteren Verlauf seien sie dann aufs Trockene ausgewandert und hätten, indem die ‚Rinde' von ihnen abfiel, auf kurze Zeit ihre Lebensform geändert".

Auch Empedokles von Agrigent (ca. 495–435 v. Chr.) lehrte eine Kosmologie, wonach die Erde unter dem Einfluss der Wirkungsprinzipien „Zwietracht" (νεικοσ) und „Zuneigung" (Φιλια) in langen Zeiträumen Zyklen des Vergehens und Wiederentstehens durchläuft. Für die Phase der Wiederentstehung nahm er an, dass zunächst wenige primitive Lebewesen gebildet werden, die sich dann nach und nach zu der Vielzahl komplexer Organismen ausdifferenzieren, die Empedokles zu seinen Lebzeiten vorfand.

Die Römer hatten wenig Interesse an dieser Fragestellung, und in den 1.500 Jahren nach Ende des römischen Reiches (ab Erstürmung des Limes gerechnet) war unter dem Einfluss der Völkerwanderung und der christlichen Kirche eine Erörterung von Evolutionstheorien nicht möglich oder nicht erwünscht. Auch im Gefolge der Renaissance fanden andere Themen zunächst mehr Beachtung, bis am Anfang des 19. Jahrhunderts unter französischen Wissenschaftlern eine Debatte darüber ausbrach, ob und wie man sich eine Evolution der Lebewesen vorzustellen habe. Den Nährboden für ein Aufkeimen neuer Evolutionstheorien lieferte die Geologie mit der Entdeckung von Sedimenten, welche die Überreste von Muscheln und zahlreichen anderen, möglicherweise ausgestorbenen Organismen enthielten. Die Wortführer dieser Debatte waren die drei in Paris tätigen Biologen Jean-Baptiste de Lamarck (1744–1829), Étienne Geoffroy Saint-Hilaire (1772–1844) und Georges L. C. D. Baron de Cuvier (1769–1832).

J.-B. de Lamarck war in der Picardie geboren und nahm am siebenjährigen Krieg gegen Preußen Teil. Er war schon als junger Mann an Pflanzen interessiert und nutzte die verschiedenen Standortwechsel für botanische Studien. Mithilfe staatlicher Finanzierung konnte er 1779 ein dreibändiges Werk über „Französische Flora" veröffentlichen, das ihn erstmals bekannt machte. Nach verschiedenen Tätigkeiten erhielt er 1793 eine feste Anstellung am neu gegründeten Nationalmuseum für Naturgeschichte, wo er sich um die Sammlungen von Insekten und wirbellosen Tieren kümmerte und auch Vorlesungen hielt. Für die Wirbeltiere zuständig war sein Kollege E. G. Staint-Hilaire. Jean-Baptiste de Lamarck publizierte in der Folgezeit zahlreiche Schriften über die „Wirbellosen", ein Begriff, den er dabei prägte. Ferner schrieb er mehrere Veröffentlichungen über Geologie, Meteorologie, Chemie und Physik, die weniger Beachtung fanden. 1809 erschien sein Werk *Philosophie zoologique*, in dem er seine Evolutionslehre darlegte, insbesondere seine

Vorstellungen von der Umwandlung (Transformation) der Arten. Lamarck war der erste, der eine einigermaßen in sich geschlossene, wenn auch primitive Evolutionstheorie entwickelte. Diese Theorie beinhaltete folgende Thesen:

- Die primitivsten Organismen entstanden und entstehen immer noch durch Urzeugung.
- Die primitiven Urformen entwickeln sich weiter zu immer komplexeren Formen.
- Die dabei entstehenden Klassen entwickeln sich zwar nicht alle zeitgleich, aber in etwa so, dass kein phylogenetischer Baum entsteht, bei dem alle Klassen und Arten aus einem gemeinsamen Ursprung kommen.
- Diese Stufenleiter der Komplexitätsentwicklung wird ergänzt durch folgendes Nebenprinzip der Höherentwicklung: Veränderte Umweltbedingungen veranlassen Tiere zu veränderten Gewohnheiten, die zu einer veränderten (Be-)Nutzung von Organen führt. Diese wiederum führt zu einer Änderung der Organe selbst, die weiter vererbt wird.

Der Einfluss von Umweltveränderungen auf die „Transformation" von Organismen und die Vererbung erworbener Eigenschaften war nicht de Lamarcks Erfindung, wurde aber durch sein Konzept gestützt und populär gemacht. Daher brandmarkte man die Vererbung erworbener Eigenschaften später als „Lamarckismus" und überinterpretierte sie oft. Aber de Lamarck war nicht so dumm zu postulieren, dass eine mäßig talentierte, aber gut trainierte Klavierspielerin ihre erworbene Fähigkeit direkt an den Nachwuchs vererbt. Die Ironie der Wissenschaftsgeschichte wollte es, dass gerade dieser Aspekt der Lamarckschen Theorie durch die moderne Genetik weitgehend rehabilitiert wurde (Abschn. 3.4).

E. G. Staint-Hilaire wurde in Étampes in der Nähe von Paris als Sohn eines Rechtsanwaltes geboren. Er studierte zunächst Theologie und wurde nach Abschluss des Studiums Kanonikus in seinem Geburtsort. Er begann jedoch nach kurzer Zeit, in Paris Vorlesungen in verschiedenen Fächern der Naturwissenschaften zu hören. Im Juni 1793 wurde er dann als Professor für Zoologie an das neugeschaffene Nationalmuseum für Naturgeschichte berufen und war dort für Verwaltung, Forschung und Vorlesungen über Wirbeltiere zuständig. Seine Vorstellungen über Evolution basierten auf folgenden Punkten:

- Bei der Entwicklung von Arten gibt es keine Sprünge („Natura non facit saltus" war eine weitverbreitete Ansicht bei allen Arten von Naturwissenschaften).
- In neuerer Zeit findet keine Entstehung von Arten mehr statt.

- Wirbellose Tiere und Wirbeltiere lassen einen gemeinsamen Grundbauplan erkennen, sodass alle Tierklassen und -arten aus einem gemeinsamen Ursprung stammen könnten.
- Es gab eine Weiterentwicklung von primitiven fossilen Lebewesen zu rezenten komplexeren Lebewesen. Vögel stammen von Reptilien ab.

Die letzten beiden Punkte finden auch in der modernen Biologie Anerkennung.

G. Cuvier wuchs als Spross einer französischen Familie in der württembergischen Exklave Mömpelgard (im Sundgau) zweisprachig auf und studierte zunächst mehrere Jahre in Stuttgart. Er setzte danach seine Karriere jedoch in Frankreich fort, zunächst als Hauslehrer in der Normandie, später durch Vermittlung von E. Saint-Hilaire als Professor für Zoologie in Paris. Sein Spezialgebiet waren vergleichende Anatomie sowie Studien von fossilen Organismen, er gilt daher als „Vater der Paläontologie". Sein naturwissenschaftliches Weltbild unterschied sich von denjenigen de Lamarcks und Saint-Hilaires vor allem in drei Punkten:

- Tierarten können aussterben und sind im Lauf der Erdgeschichte ausgestorben.
- Es gibt vier voneinander unabhängige Großgruppen von Tieren: Wirbeltiere (Vertebrata), Gliedertiere (Articulata), Strahlentiere (Radiata) und Weichtiere (Mollusca).
- Als Anhänger der geologischen Katastrophentheorie, dem Katastrophismus (Abschn. 9.5), nahm er an, dass alles Leben auf der Erde in langen Zyklen komplett untergeht und wieder neu entsteht.

Die Debatten zwischen den wissenschaftlichen Kontrahenten gingen als „Pariser Akademiestreit" in die Wissenschaftsgeschichte ein, und wurde auch im Ausland mit Interesse verfolgt. Johann Wolfgang von Goethe nahm ebenfalls daran teil, und daher ist anzunehmen, dass auch Ch. Darwin davon Kenntnis erhielt.

Ch. Darwin (Biographie s. unten), der in seinen jungen Jahren nur Exkursionen im südwestlichen England gemacht hattet, startete im Alter von 28 Jahren auf Empfehlung eines Freundes zu einer fast fünfjährigen Weltreise auf dem Forschungs- und Vermessungsschiff HMS Beagle unter der Leitung von Kapitän FitzRoy. Die Beobachtungen und die Funde, die er auf dieser Reise machte, sowie die Lektüre des Buches *Principles of geology* von Charles Lyell (Abschn. 9.5) bildeten den Nährboden für die Entwicklung seiner Evolutionstheorie.

In den ersten Jahren nach seiner Rückkehr war er vor allem mit der Aufarbeitung seines Reisejournals sowie mit der Ordnung und Beschreibung seiner riesigen Sammlung botanischer, zoologischer und geologischer Mitbringsel beschäftigt. 1837 begann er mit der Ausarbeitung seiner Evolutionstheorie. Dazu kamen zwei Anstöße von außen. Zunächst war es der Ornithologe und bekannte Maler von Vogelbildern John Gould, der ihm mitteilte, dass die Finken auf den Galapagosinseln, die er auf Basis von Darwins Vogelbälgen studiert hatte, alle von einer Art abstammten und für jede Insel eine charakteristische Population ausgebildet hatten. Dann folgte 1855 eine Schrift des Naturforschers Alfred Russel Wallace mit dem Titel *On the law which has regulated the introduction of new species*. A. R. Wallace hatte sich auf Exkursionen nach Südamerika und zu den malayischen Inseln zu einem angesehenen Insektenkenner, vergleichenden Anatom und Geologen entwickelt. Er schickte seine Schrift an Darwin mit der Bitte, sie an Ch. Lyell zur Begutachtung weiterzuleiten.

Bis zu diesem Zeitpunkt hatte Darwin seine Theorie nur in kurzen Aufsätzen fixiert und an seine Freunde verteilt, aber nicht publiziert. Er und Lyell fürchteten nun um die Priorität Darwins, und Ch. Lyell arrangierte ein „gentleman agreement". Die Schrift von A. R. Wallace und ein Text von Ch. Darwin wurden am 1. Juli 1858 auf einer Sitzung der angesehenen Linnean Society vorgelesen und anschließend publiziert. Es gab jedoch keine nennenswerte öffentliche Reaktion auf diesen Vorgang. Ch. Darwin veröffentlichte dann 1859 sein berühmtestes Werk *On the origin of species by means of natural selection of the preservation of favoured races in the struggle for life* („Die Entstehung der Arten"). Darin präsentierte Ch. Darwin vor allem die folgenden fünf Thesen:

- Es gibt eine Evolution durch Veränderung der Arten.
- Alle Lebewesen haben einen gemeinsamen Ursprung.
- Die Veränderung von Rassen (und Arten) erfolgt in kleinen Schritten (ähnlich der von Ch. Lyell postulierten graduellen Veränderung der Erdkruste).
- Die natürliche Selektion ist der wichtigste, aber nicht der einzige Evolutionsmechanismus.
- Artenbildung und Vermehrung erfolgt in Populationen.

Die Hypothese einer Evolution der Lebewesen (auch von einem gemeinsamen Ursprung aus) wurde zumindest in der Fachwelt auch international weitgehend akzeptiert, da ja spekulative Theorien in dieser Richtung auch von anderen Forschern schon publik gemacht worden waren. Die Darwin-Wallacesche Theorie der Entstehung neuer Arten durch natürliche Selektion wurde jedoch als Revolution und Provokation empfunden und teilte auch seine Freunde in zwei Lager. R. Owen, J. Henslow, A. Gray. A. Sedgwick und Ch. Lyell teilten seine Ansichten nicht.

Ch. Darwin formulierte zwei Selektionsmechanismen. So postulierte er eine langsame, in kleinen Schritten fortschreitende Veränderung von Rassen unter dem Druck der sich verändernden Umwelt. Diejenigen Rassen, die sich am schnellsten und besten an neue ökologische Nischen anpassen, können sich am effizientesten fortpflanzen, während die ungeeignetsten Rassen allmählich aussterben. Schließlich kommt es zu einer Aufspaltung sehr unterschiedlicher Rassen in neue Arten. Das bekannte Schlagwort vom „survival of the fittest for life" prägte allerdings der Philosoph Herbert Spencer, obwohl dessen Ansichten eher mit denen de Lamarcks übereinstimmten. Ch. Darwin hatte auch bemerkt, dass manche äußeren Merkmale von Tieren sich entwickelt hatten, ohne einen Vorteil im täglichen Kampf ums Überleben zu bieten. Dazu gehören zum Beispiel die großen Hörner und Geweihe vieler Arten männlicher Huftiere. Äußere Merkmale, die Gesundheit und Stärke symbolisieren, erhöhen aber die Chance, während der Brunft eine oder mehrere Weibchen zu erobern und sich schnell und mehrfach fortzupflanzen. Es gibt also auch einen sexuellen Selektionsmechanismus.

Die Darwin-Wallacesche Evolutionstheorie beinhaltete auch (von ihren Urhebern zunächst nicht klar angesprochen), dass der Mensch durch natürliche Selektion aus tierischen Vorfahren hervorgegangen sein musste. Dieser Aspekt der Evolutionstheorie war natürlich ein Schlag ins Gesicht der christlichen Kirchen und fast aller gläubigen Laien, denn es war damals ein Teil des christlichen Glaubenskanons, dass die Welt in einem einzigen Schöpfungsakt entstanden war und seither alle Arten unverändert weiterbestanden. Aber nicht nur religiöse Menschen, sondern auch ein Teil der Wissenschaftler und viele von Darwins Freunden und Bekannten lehnten seine Theorie ab, weil der Mensch demnach das Produkt einer auf Anpassung zielenden Evolution war und nicht das Ziel einer Evolution, die ein Ebenbild Gottes schaffen wollte.

Die Darwin-Wallacesche Theorie verbreitete sich jedoch wie ein Lauffeuer durch Europa und erreichte nun auch die Stammtische. Damit wurden die christlichen Kirchen zu öffentlichen Reaktionen provoziert, und schon 1860 kam es in Abwesenheit Darwins (er musste am gleichen Tag seinen ältesten Sohn beerdigen) vor der British Association for the Advancement of Science zu einem heftigen Schlagabtausch. Der Oxforder Bischoff Samuel Wilberforce und Kapitän FitzRoy von der HMS Beagle stritten sich mit Darwins Anhängern J. D. Hooker und T. H. Huxley (später Darwins „bulldog" genannt).

Die Auseinandersetzung zwischen Vertretern der naturwissenschaftlichen Evolutionstheorie und religiösen Fundamentalisten aller monotheistischen Religionen hat bis ins 21. Jahrhundert angehalten und wird auch kein schnelles Ende finden, denn wer sich anmaßt, Krone der Schöpfung zu sein und

Gottes Ebenbild, wird sich von diesem selbstgezimmerten Thron durch wissenschaftliche Argumente nicht vertreiben lassen, zumal Selbstkritik keine hervorstechende Tugend von Fundamentalisten ist. Der erfahrene Psychologe Wilhelm Busch durchschaute schon um 1870 dieses Scenario und reimte folgenden Kommentar:

Sie stritten sich beim Wein herum,
was das nun wieder wäre.
Das mit dem Darwin wär gar zu dumm
und wider die menschliche Ehre.
Sie tranken manchen Humpen aus
und torkelten aus den Türen.
Sie grunzten vernehmlich und kamen nach Haus
gekrochen auf allen Vieren.

Ch. Darwin zögerte zwölf Jahre lang, zur Frage der menschlichen Abstammung klar Stellung zu beziehen. Er hatte Theologie studiert und war von William Paleys Buch *Natural theology* stark beeinflusst. Eine konsequente Auslegung seiner Evolutionstheorie bedeutete, dass er das gesamte Glaubensgebäude seiner jungen Jahre über Bord werfen musste. Erst 1871 erschien sein Buch *The descent of man and selection in relation to sex*, in dem er den letzten Schritt vollzog. Zuvor war im deutschen Sprachraum die Darwin-Wallacesche Theorie von dem Biologen und Philosophen Ernst Haeckel (1834–1919) intensiv verbreitet worden. Er schrieb zunächst (1866) ein bedeutendes Fachbuch, das einen wesentlichen Beitrag zur Weiterentwicklung der Evolutionstheorie lieferte. Aber er schrieb auch populärwissenschaftliche Bücher, als erstes die *Natürliche Schöpfungsgeschichte*, in der er noch vor Ch. Darwin ausführlich auf die tierische Abstammung des Menschen einging. Er war außerdem ein hochtalentierter Zeichner und Illustrator seiner Bücher und zeichnete auch eine beeindruckende Bildfolge der menschlichen Abstammung von äffischen Vorfahren, was zur Popularität seiner Bücher entscheidend beitrug.

Im Gefolge der Darwin-Wallaceschen Theorie prägte T. H. Huxley den Begriff Darwinismus. Dieser Begriff umfasst aus naturwissenschaftlicher Sicht die Selektionsmechanismen Darwins sowie die Ergänzungen, die direkt auf Darwins Konzept beruhen. Der Begriff Darwinismus wurde aber später von Befürworten und Gegnern des Darwin-Wallaceschen Konzeptes ausufernd gebraucht und teilweise missbraucht. Ethische, soziologische, philosophische und politische Schriften oder Reden wurden damit angereichert. Eine besonders kuriose Volte schlugen dabei solche Autoren, die Ch. Darwin beschuldigten, einem brutalen Sozialdarwinismus den Weg bereitet zu haben, also einer Weltsicht, bei der der Stärkere beim Kampf um Nahrung und Überleben siegen soll und siegen wird. Damit wird die Ideengeschichte auf den Kopf gestellt, denn Ch. Darwin bezog Anregungen zu seinen ersten Selektionstheorie aus dem berühmten Buch *Essay on the principle of population* von Thomas Robert Malthus. In diesem Essay wird dargelegt, dass die Menschheit schneller wachsen wird als die Produktion von Nahrungsmittel, sodass notwendigerweise ein Kampf um die sich verknappenden Ressourcen entbrennen wird, bei dem der Stärkere siegt.

Die Darwin-Wallacesche Evolutionstheorie konnte nicht alle Befunde zur Evolution von Lebewesen erklären, und grundsätzliche Aspekte der graduellen Evolution von Arten unter ökologischem Druck erwiesen sich später als falsch. Die großen Fortschritte kamen erst Jahrzehnte später aus dem Bereich der Genetik im Verein mit der Molekularbiologie und der genetischen Populationsforschung. Dieser Weiterentwicklung, die wiederum einen Paradigmenwechsel beinhaltet, ist das nächste Kapitel gewidmet.

Charles Robert Darwin

Ch. Darwin wurde am 12. Februar 1809 in Shrewsbury geboren, als fünftes von sechs Kindern des Ehepaares Robert und Susannah Darwin. Sein Vater war Arzt und dessen Vater der Naturforscher Erasmus Darwin. Seine Mutter war eine geborene Wedgwood, und deren Vater war der wohlhabende Keramikfabrikant Joshua Wedgwood. Im Juli 1817 starb die Mutter, und Ch. Darwin wurde von den drei älteren Schwestern betreut. Nach einem Jahr in der Tagesschule der Unitariergemeinde wechselte er 1818 an die private Internatsschule in Shrewsbury, die er sieben Jahre lang besuchte.

Schon in dieser Zeit zeigte er mehr Interesse an Mathematik und Technik als am traditionellen Sprach- und Literaturunterricht. Er begann nun auch, bei Streifzügen in die Umgebung Muscheln, Seeigel und Mineralien zu sammeln, auch interessierte ihn das Verhalten von Vögeln. Ferner nahm er an chemischen Experimenten teil, die sein älterer Bruder Erasmus (1804–1881) in einem Geräteschuppen des elterlichen Anwesens durchführte. In dieser Zeit beabsichtigte Ch. Darwin, wie sein Vater Arzt zu werden, und er begann 1825 an der Universität Edinburgh mit dem Medizinstudium. Allerdings langweilte ihn das Hauptstudium schnell, und er besuchte lieber Vorlesungen über Chemie und Mineralogie. Sein Vater bemerkte das Desinteresse an Medizin und drängte ihn zum Theologiestudium. Ch. Darwin ließ sich überzeugen, ging nach Cambridge und erreichte 1831 den ersten Abschluss als „Baccalaureus Artium".

In Vorbereitung auf die Abschussprüfung befasste er sich mit dem damals bekannten Werk *Natural theology* von William Paley, das ihn sehr beeindruckte und von dessen Einfluss er sich später nur schwer befreien konnte. Während des Theologiestudiums wurde er von seinem Großcousin William Darwin Fox für Entomologie (Insektenkunde) begeistert, und er entwickelte sich zu einem leidenschaftlichen Insekten- und Käfersammler. Ferner besuchte er Vorlesungen des Botanikprofessors John Steven Henslow (1796–1861) und machte durch Vermittlung seines Großcousins auch dessen private Bekanntschaft, die sich zu einer lebenslangen Freundschaft entwickelte. J. Henslow motivierte Ch. Darwin dazu, sich auch mit Geologie zu beschäftigen, und vermittelte ihm auch die Bekanntschaft mit dem Geologieprofessor Adam Sedgwick, mit dem er dann eine Exkursion nach Nordwales unternahm.

Ch. Darwin hatte in dieser Zeit auch A. von Humboldts Buch über eine *Reise in die Äquinoctial-Gegenden des neuen Continents* gelesen und sich für eine Reise nach Teneriffa begeistert. Am 29. August 1831 erhielt er einen Brief von J. Henslow, indem ihm dieser mitteilte, dass Kapitän Robert FitzRoy für seine nächste „Dienstfahrt" mit der HMS Beagle einen Begleiter mit breiter naturwissenschaftlicher Bildung suche. Der erste persönliche Kontakt beider Männer verlief zufriedenstellend, und eine gemeinsame Expedition wurde vereinbart. Allerdings stellte sich während der Reise heraus, dass Kapitän FitzRoy manisch depressiv war, und zwar in einem Maße, das 1865 zum Selbstmord führte. Kapitän FitzRoy verfolgte neben seinen Dienstaufgaben auch das Hobby, nach Beweisen für die biblische Schöpfungsgeschichte Ausschau zu halten. Das heißt, er glaubte entsprechend der damaligen Lehre der katholischen und anglikanischen Kirche, dass die Schöpfung vor etwa sechs Millionen Jahren innerhalb einer Woche von Gott vollzogen worden und seither weitgehend unverändert geblieben war. Es ist daher naheliegend, dass er sich später zum erbitterten Gegner von Darwins Evolutionstheorie entwickelte.

Nachdem Darwin die Erlaubnis seines Vaters eingeholt hatte, begann er mit den Reisevorbereitungen. Wegen schlechten Wetters stach die HMS Beagle jedoch erst am 27. Dezember 1831 in See. Der erste Stopp, Teneriffa, erwies sich für Ch. Darwin als große Enttäuschung, denn das Schiff wurde in Quarantäne gelegt, weil kurz vor seinem Auslaufen in England eine Choleraepidemie ausgebrochen war. Ch. Darwin nutzte die Zeit, um sein Schleppnetz auszuprobieren und um Charles Lyells Buch *Principles of geology* zu lesen (Abschn. 9.5), das ihm Kapitän FitzRoy noch vor der Abreise geschenkt hatte.

Auf der kapverdischen Insel Santiago konnte Ch. Darwin im Januar 1832 erstmals an Land gehen. Auf seinen Wanderungen fand er in Klippen Sedimentschichten, die Muscheln enthielten, was ihn in der von Ch. Lyell postulierten kontinuierlichen Veränderung der Erdoberfläche bestärkte. Am 28. Februar 1832 erreichte die HMS Beagle bei Salvador de Bahia erstmals die Ostküste Südamerikas. Bis Ende September folgten Vermessungen der Küstenlinie. Den Jahreswechsel verbrachte man in den Gewässern Feuerlands.

Nach einem Besuch der Falklandinseln wurde die Vermessung der Ostküste bis in den Dezember 1833 hinein fortgesetzt. In dieser Zeit machte Ch. Darwin mehrere Exkursionen ins Landesinnere von Uruguay und Argentinien. Danach begann von Montevideo aus eine Umrundung Südamerikas durch die Magellanstraße, die über Valdivia und Concepcion führend im Juli in Valparaiso endete.

Ch. Darwin konnte nun mehrere Wochen dazu nutzen, ins Landesinnere zu reisen und erstmals den Anden einen Besuch abzustatten. Danach kartographierte die HMS Beagle den Chronos-Archipel, und Ch. Darwin erkundete die Insel Chiloe. Bei der Rückkehr nach Concepcion im März 1835 fanden sie die Stadt durch ein Erdbeben völlig zerstört vor. Bei drei weiteren Andenexpeditionen entdeckte er, dass das Gebirge weitgehend aus maritimer Lava bestand. Er entdeckte fossile, versteinerte Bäume und wurde dadurch zur Weiterentwicklung der Lyellschen Theorie angeregt. Nach Vermessung der Küste von Chile und Peru segelte die HMS Beagle zu den Galapagos-Inseln weiter, und Ch. Darwin hatte einen Monat Zeit, drei Inseln zu studieren, beachtete aber die von Insel zu Insel etwas unterschiedlichen Populationen von Schildkröten und Finken nicht. Danach segelte die HMS Beagle nach Neuseeland und Australien weiter und von dort südlich an Madagaskar vorbei nach Südafrika, wo sich Ch. Darwin mit dem berühmten Astronomen John Herschel (1792–1871) traf. Auf der Heimreise wurden die Inseln St. Helena und Ascension erforscht. Kapitän FitzRoy kehrte nun aber nochmals nach Salvador de Bahia zurück, um fehlerhafte Messungen des ersten Besuches zu korrigieren. Doch dann ging es direkt nach England zurück, wo man am 2. Oktober 1836 den Hafen von Falmouth erreichte. Ch. Darwin brachte 386 Seiten zoologischer Notizen, 1.383 Seiten Kommentare über Geologie sowie 770 Seiten seines Reisetagebuches mit nach Hause. Dazu kamen 1.529 in Spiritus konservierte Organismen und 3.907 Felle, Häute, Knochen, Pflanzen und Mineralien.

Im März 1837 ließ sich Ch. Darwin in London nieder, wo er sich mit Ch. Lyell (1797–1875) und Richard Owen (1804–1892) anfreundete. Die Aufarbeitung seiner Reiseerlebnisse mündete zuerst in einem mehrbändigen Werk mit dem Titel *The zoology of the voyage of the HMS Beagle*. Seine Reisebeschreibung unter dem Titel *Journal of researches* wurde zu einem Bestseller, der nur von seinem epochemachenden Werk *On the origin of species* übertroffen wurde. Mit Büchern über die Geologie Südamerikas und über die besuchten Vulkaninseln schloss er seine Reiseberichte ab.

Ch. Darwin heiratete am 29. Januar 1839 seine Cousine Emma Wedgwood, eine Ehe, aus der schließlich zehn Kinder hervorgingen. Das gemeinsame Vermögen erlaubte es ihm, den Rest seines Lebens völlig seiner Forschung widmen zu können. Er litt seit seiner Reise an gesundheitlichen Problemen, deren Ursache bis heute nicht geklärt ist. Daher beschloss Ch. Darwin 1842, sich mit seiner Familie auf einen Landsitz bei dem Dorf Down, südlich von London, zurückzuziehen, und er unternahm auch keine Reise mehr. Zu dieser Zeit freundete er sich mit dem Botaniker John Dalton Hooker (1817–1911) an, der zusammen mit dem Biologen Thomas Henry Huxley (1825–1895) Darwins wichtigster Kampfgefährte bei der Verteidigung von Darwins Abstammungs- und Selektionslehre war.

Ch. Darwin entwickelte in den Jahren 1837 bis 1858 Schritt für Schritt seine Vorstellung von der Evolution der Lebewesen, basierend auf der Entstehung neuer Arten durch Selektion. Die Publikation des Buches *On the origin of species* war der vorläufige Abschluss und Höhepunkt dieser Entwicklung. Erst 1871 zog er die Konsequenz seiner Theorie für die Abstammung des Menschen mit dem Buch *The descent of man and selection in relation to sex.* Aber Ch. Darwin beschäftigte sich auch mit Themen, die man im Nachhinein als relativ unbedeutend einstufen möchte. So publizierte er eine Schrift über den Einfluss der Domestikation auf die Variationsbreite bei Pflanzen und Tieren. Er studierte ausgiebig den Artenreichtum von Rankenfußkrebsen. Nach intensiven Studien schrieb er Bücher über die Befruchtung von Blütenpflanzen durch Insekten sowie über Schlingpflanzen. Auch Regenwürmer fanden seine Beachtung.

Ch. Darwin war durch seine vielseitigen Publikationen bei allen Arten von Naturwissenschaftlern in England bekannt und geschätzt, auch war er Mitglied in den bedeutendsten wissenschaftlichen Gesellschaften. Er erhielt zudem zahlreiche Ehrungen, die jedoch ausschließlich seine Arbeiten als Zoologe, Botaniker und Geologe betrafen, aber niemals seine Beiträge zur Evolutionstheorie. Als er am 19. April 1882 starb, gab es jedoch wenig Widerstand gegen eine Beerdigung in der Westminster Abbey zu Füßen eines Monuments, das zu Ehren von Sir Isaac Newton und Sir John Herschel errichtet worden war. 1895 wurde eine Statue vor dem National History Museum eingeweiht, nachdem sein wissenschaftlicher Gegner und Gründer des Museums, R. Owen, gestorben war. Zu den posthumen Ehrungen gehört die Umbenennung der Galapagos-Finken in Darwin-Finken, obwohl er sie bei seinem Besuch kaum beachtet hatte. Ferner wurden in Australien eine Stadt, ein Nationalpark und eine Universität nach ihm benannt, ebenso ein College in England, ein Ort auf den Falkland-Inseln sowie Berge in Kalifornien, auf Tasmanien, Feuerland und in Chile. Seinen Namen tragen auch je eine Insel des Galapagos-Archipels und der Antarktis sowie ein Sund in Feuerland.

Alfred Russel Wallace

R. Wallace wurde am 8. Januar 1823 in Usk, Montmouthshire (UK) geboren. Er war der jüngste von acht Kindern des Ehepaares Thomas Vere Wallace und Marie Anne. Von 1828 bis 1836 besuchte er das Richard-Hale-Gymnasium in Hertford, danach musste er wegen finanzieller Schwierigkeiten der Eltern die Schule verlassen. Nach kurzem Zwischenaufenthalt bei seinem älteren Bruder John in London begab er sich 1837 in die Obhut seines ältesten Bruders William und arbeitete unter dessen Leitung als Landvermessungslehrling. 1839 siedelten die Brüder nach Neath in Glanmorgan über, wo William als selbstständiger Landvermesser tätig wurde. Finanzielle Probleme veranlassten A. Wallace, nach einem anderen Lebensunterhalt zu suchen, und er fand schließlich eine Anstellung als Zeichner, Kartograph und Landvermesser am Collegiate College in Leicester. Seine Berufstätigkeit ließ im viel Zeit, sich in der städtischen Bibliothek weiterzubilden. Dabei erhielt er zwei Stimuli, die für sein späteres Leben wichtig waren. Zum einen las er das von Thomas Malthus verfasste Buch *An essay on the principle of population*, und zum anderen machte er die Bekanntschaft von Henry Bates, der ihn dazu animierte, Insekten zu sammeln.

Nach 1845 betätigte sich A. Wallace wieder als Landvermesser, zuerst angestellt bei einer Baufirma, später selbstständig mit seinem Bruder John. Diese Tätigkeit ermöglichte es ihm, eine umfangreiche Insektensammlung der Region anzulegen. Auch in dieser Zeit bemühte er sich um Weiterbildung und diskutierte oft schriftlich mit H. Bates wichtige neue Bücher wie *The voyage of the Beagle* von Ch. Darwin oder *Principles of geology* von Ch. Lyell.

Diese Bücher sowie Berichte anderer Forscher animierten A. Wallace, zusammen mit H. Bates 1848 eine Reise nach Brasilien anzutreten, um die Flora und Fauna der Region um Para do Belem zu erforschen. Die Reise sollte durch den Verkauf der gesammelten Insekten und Pflanzen an britische Sammler und Naturforscher finanziert werden. A. Wallace erkundete und kartographierte das Gebiet des Rio Negro und kehrte im Jahr 1852 nach England zurück, während H. Bates insgesamt zehn Jahre in Brasilien verbrachte. Unglücklicherweise geriet die Brigg Helen, auf der sich A. Wallace für die Rückreise eingeschifft hatte, nach 28 Tagen auf See in Brand und musste aufgegeben werden. Dabei ging fast die gesamte Insekten- und Pflanzensammlung verloren. A. Wallace selbst und die Mitglieder der Besatzung wurden nach zehn Tagen im offenen Boot von der Brigg Jordeson gerettet.

Zurück in London verkaufte A. Wallace die kärglichen Reste seiner Sammlung und schrieb – auf sein Tagebuch und sein Gedächtnis gestützt – sechs Bücher über seine Reise, unter anderem die Titel *On the monkeys of the Amazon*, *Travels on the Amazon* und *Palm trees of the Amazon and their uses*. Diese

Bücher machten ihn bekannt, und er kam in schriftlichen Kontakt mit Ch. Darwin. In den sechs Jahren nach 1854 absolvierte A. Wallace seine längste und wissenschaftlich erfolgreichste Expedition in den malayischen Archipel. Für diese Reise hatte er auch ein finanzielles Motiv, denn er wollte eine große Sammlung exotische Lebewesen zusammenbringen und nach seiner Rückkehr verkaufen. Er brachte es auch auf eine Sammlung von 125.000 Objekten mit etwa 80.000 Insekten. Darunter befanden sich auch über 1.000 damals noch nicht bekannte Arten. Ferner entdeckte er einen Flugfrosch, der später nach ihm benannt wurde. Wichtiger war jedoch seine Beobachtung, dass diesseits und jenseits der Meerenge zwischen Bali und Lombok erhebliche Unterschiede in der Fauna anzutreffen waren. Er formulierte die Hypothese einer zoographischen Grenze, für die auch heute noch der Ausdruck „Wallace-Linie" in Gebrauch ist.

Den Ertrag dieser Expedition konnte A. Wallace ungeschmälert nach Hause bringen und finanziell nützen. Er verkaufte seine Sammlung nach und nach über einen Agenten und schrieb 1869 einen Reisebericht mit dem Titel *The malay archipelago*, den er Ch. Darwin widmete. Dieses Buch wurde eines der bekanntesten wissenschaftlichen Werke des 19. Jahrhunderts, das auch von interessierten wissenschaftlichen Laien gelesen und bis zu ersten Weltkrieg mehrfach neu aufgelegt wurde. Er schrieb noch weitere Veröffentlichungen, zum Beispiel für Fachzeitschriften, dadurch wurde er sehr bekannt und von wissenschaftlichen Gesellschaften zu Vorträgen oder mehrteiligen Vorlesungen eingeladen. Er lernte dabei Ch. Darwin, Ch. Lyell und H. Spencer persönlich kennen.

Auf der verbesserten finanziellen Basis, auf der er sich nun bewegte, wagte er es 1866, Annie Mittler zu heiraten, die er wohl durch Kontakte zu ihrem als Moosexperte bekannten Vater kennengelernt hatte. Aus dieser Ehe gingen drei Kinder hervor, jedoch starb der erstgeborene Sohn Herbert schon nach sieben Jahren. Anfang der 1870er-Jahre geriet A. Wallace in finanzielle Schwierigkeiten, weil er das von seinem Agenten sicher angelegte Einkommen mit spekulativen Bergwerks- und Eisenbahnprojekten wieder verlor. Ch. Lyell und vor allem Ch. Darwin versuchten, ihn durch Aufträge unterschiedlicher Art finanziell zu unterstützen. Schließlich erreichte Ch. Darwin durch seine Beziehungen, dass A. Wallace ab 1881 eine staatliche Pension erhielt. Von da an lebte A. Wallace in bescheidenen, aber gesicherten Verhältnissen. In den letzten 25 Jahren seines Lebens war er vor allem als Sozialpolitiker aktiv und verfasste zu dieser Thematik auch zahlreiche Schriften.

Er widmete sich aber auch der Frage, ob es auf dem Mars von intelligenten Lebewesen geschaffene Kanäle gebe, wie sie von dem britischen Astronomen Percival Lowell postuliert wurden. In einem kleinen 1907 erschienen Buch *Is mars habitable?* sammelte er eine Reihe zum Teil auch heute noch gültiger

Argumente, die das Postulat von P. Lowell widerlegten. Die moderne Marsforschung hat ihn voll und ganz bestätigt.

Er starb am 7. November 1913 in Broadstone, Dorset, wo er zuletzt in einem Landhaus mit Namen „Old Orchard" gelebt hatte. Einige Freunde und Wissenschaftler wollten ein Begräbnis in der Westminster Abbey erreichen, aber seine Frau ließ ihn seinem Wunsch gemäß auf dem Dorffriedhof von Broadstone beisetzen. Am 1. Januar 1915 wurde jedoch in Westminster Abbey in der Nähe von Darwins Grab eine Gedenktafel zu seinen Ehren enthüllt. Der Tod von A. Wallace fand ein großes Echo in der Presse und die *New York Times* nannte ihn „den letzten Riesen, welcher der wunderbaren Gruppe von Intelektuellen angehörte, welche unter anderem Darwin, Spencer, Lyell und Owen umfasste, und deren wagemutige Forschung das Gedankengut des Jahrhunderts revolutionierte und weiterentwickelt hatte". Zu Lebzeiten wurde A. Wallace durch die Verleihung von neun Medaillen wissenschaftlicher Gesellschaften geehrt, zuletzt 1908 mit der neu geschaffenen Darwin-Wallace-Medaille in Gold. Posthum wurden zahlreiche Organismen nach ihm benannt, zum Beispiel der Wallace-Paradiesvogel (*Semioptera wallacii*) sowie ein Mond- und ein Marskrater.

Literatur

Capelle W (1938) Die Vorsokratiker. Kröner, Stuttgart

Desmond A, Moore J (1991) Darwin. List, München

Engels E-M (2007) Charles Darwin. C.H. Beck, München

Lefevre W (2001) Jean Baptiste Lamarck. In: Jahn I, Schmitt M (Hrsg) Darwin & Co. Eine Geschichte der Biologie in Portraits, Bd. 1. C.H. Beck, München, S. 176–201

Mueller V, Lenz AE (2006) Darwin, Haeckel und die Folgen. Monismus in Vergangenheit und Gegenwart. Angelika Lenz, Neustadt bei Rübenberge

Raby P (2002) Alfred Russel Wallace: A Life. Princeton Univ. Press

Rieppel O (2001) Etienne Gioffroy Saint-Hilaire (1772–1844). In: Jahn I, Schmitt M (Hrsg) Darwin & Co. Eine Geschichte der Biologie in Portraits, Bd. 1. C.H. Beck, München, S. 157–175

Rieppel O (2001) Georges Cuvier (1769–1832). In: Jahn I, Schmitt M (Hrsg) Darwin & Co. Eine Geschichte der Biologie in Portraits, Bd. 1. C.H. Beck, München, S. 139–156

Schwarz G (2012) Evolution in Natur und Kultur: Eine Einführung in die verallgemeinerte Evolutionstheorie. Springer, Heidelberg

Weber TP (2002) Darwinismus. Fischer kompakt (http://www.fischer-kompakt.de)

Wuktetis F (2005) Darwin und der Darwinismus. C.H. Beck, München

Internetlinks Jean-Baptiste de Lamarck: http://www.merke.ch/biografien/biologen/lamarck.php

Étienne Geoffroy Saint-Hilaire: http://www.ucmp.berkeley.edu/history/hilaire.html

www.evolutionstheorie-darwin.de

Liste aller veröffentlichten Artikel von A.R. Wallace: http://www.gutenberg.org/files/15998/15998-h/15998-h.html/APPENDIX

7.4 Genetik und Darwinismus

Wie oft ist erst der Irrtum der Durchbruch zu neuem Wissen. (K.H. Bauer)

Schon Johann W. von Goethe verwendete das Adjektiv „genetisch" bei seinen Untersuchungen über die Morphologie von Pflanzen. In der Folgezeit benutzten Naturforscher den Begriff, anders als heute, für eine Methode der Untersuchung und Beschreibung der individuellen Entwicklung (Ontogenese) von Lebewesen. Genetik ist ein 1906 von William Bateson (1861–1926) für ein neues Forschungsgebiet der Biologie geprägter Begriff, der im Deutschen mit Vererbungslehre übersetzt werden kann. Die Ursprünge dieses neuen Fachgebietes gehen auf den Augustinermönch Gregor Mendel (1822–1884) zurück, der in den Jahren 1856–1865 im Garten seines Klosters systematisch Kreuzungsexperimente mit unterschiedlich geformten und gefärbten Erbsen durchführte. Die statistische Auswertung der Ergebnisse fasste er in den später nach ihm benannten „Mendelschen Regeln" zusammen.

Die heutige Genetik gliedert sich in vier Hauptrichtungen:

- Klassische Genetik, die den Fußspuren G. Mendels folgt und untersucht, in welchen Kombinationen die Merkmale (s. unten) bei Kreuzungsexperimenten auf die Nachkommen übertragen werden.
- Populationsgenetik, die genetische Prozesse untersucht, und zwar auf der Ebene von Populationen einzelner Pflanzen- oder Tierarten sowie ganzer Lebensgemeinschaften.
- Molekulargenetik, ein Teil der Molekularbiologie, welcher die molekularen und chemischen Grundlagen der Vererbung untersucht.
- Epigenetik, welche die Vererbung von Eigenschaften untersucht, die durch äußere Einflüsse auf die Genregulation zustande kommen.

Die 1865 publizierten Ergebnisse G. Mendels wurden zwar in der *Ecyclopedia Britannica* erwähnt, fanden bei Biologen aber lange Zeit keine Beachtung. Erst die um 1900 veröffentlichten Arbeiten von Hugo de Vries (1848–1935),

Carl Correns (1864–1933) und Erich Tschernak (1871–1962), welche die Mendelschen Ergebnisse bestätigten, machten dessen Arbeiten in der Fachwelt bekannt. Es folgte eine rasante Entwicklung des neuen Fachgebietes, von der nur einige wenige Höhepunkte erwähnt werden können.

Die Aufklärung der räumlichen und chemischen Struktur von Chromosomen und Genen war ein Jahrzehnte dauernder Prozess, an dem zahlreiche Mediziner und Biologen beteiligt waren. So isolierte der Arzt Friedrich Miescher (1844–1895) schon 1869 aus den Zellkernen (eukaryotischer) Zellen höherer Organismen eine „Nuclein" genannte Komponente. 1889 konnte Friedrich Altmann zeigen, dass das Nuclein aus einer sauren Komponente, den Nucleinsäuren, sowie aus basischen Proteinen (den Histonen) aufgebaut ist. Ein Jahr früher hatte Heinrich W. Waldeyer (1836–1921) anfärbbare „Körperchen" in den Zellkernen entdeckt und sie Chromosomen genannt. In den Jahren 1903 und 1904 publizierten unabhängig voneinander der Amerikaner Walter Sutton (1877–1916) und der Deutsche Theodor Boveri (1862–1915) Ergebnisse, welche die „Chromosomentheorie" begründeten, das heißt die Aussage, dass die Chromosomen die materiellen Träger der Erbinformation darstellen.

Im Jahr 1907 begann der Amerikaner Thomas H. Morgan (1866–1944, Nobelpreis 1933) mit genetischen Untersuchungen an der Taufliege (*Drosophila melanogaster*), die in den folgenden Jahrzehnten zum genetisch am besten untersuchten tierischen Organismus avancierte. Er konnte zeigen, dass die Chromosomen eine Aneinanderreihung von Hunderten oder Tausenden Genen sind, welche die Information für die Synthese von Proteinketten beinhalten. 1928 entdeckte der Arzt Frederik Griffith (1877–1941), dass infektiöse und harmlose Pneumokokken Erbinformation austauschen können (sog. Transformation). Oswald T. Avery (1877–1953) und seine Mitarbeiter konnten 1944 beweisen, dass ausschließlich Desoxyribonucleinsäuren (DNA) die Träger der Erbinformation sind.

Die viele Tausende von Atomen umfassenden DNA-Ketten, basieren auf Kettengliedern (Nucleotide genannt), welche aus einem Zuckermolekül, Desoxyribose, und einer Phosphorsäuregruppe bestehen. Seitlich an der Desoxyribose sitzen die Nucleobasen, Stickstoffatome enthaltende Ringmoleküle, von denen die DNA vier verschiedene Typen aufweist: Adenin, Guanosin, Thymin und Cytosin. 1950 entdeckte Erwin Chargaff (1905–2002), dass Adenin und Thymin (A und T) sowie Guanosin und Cytosin (G und C) immer gleich häufig auftreten. Diese Paare stabilisieren über Wasserstoffbrücken den Zusammenhalt zweier eng benachbarter antiparallel verlaufender DNA-Ketten, die zusammen die räumliche Struktur einer Doppelhelix (Helix = Schnecke) annehmen, also wie ein überlanger Korkenzieher angeordnet sind. Für die Aufklärung dieser Struktur erhielten James Watson (geb.1928) und Francis Crick (1916–2004) 1953 den Nobelpreis. Die Sequenz der Nucleobasen entlang der DNA-Kette entscheidet über die Sequenz der Aminosäuren, aus denen ein Protein aufgebaut ist. Dabei repräsentiert eine Sequenz von drei Nucleobasen (Codon) die Information für eine Aminosäure.

Nun besteht die organische Substanz des menschlichen Körpers fast nur aus Proteinen, von den Haarspitzen über die Muskeln bis zum Zehennagel, von den Blutgefäßen über die Lunge bis zum Darm, und auch die Enzyme, die Biokatalysatoren, welche den Stoffwechsel regeln, bestehen fast vollständig aus Proteinketten. Wachsen und Funktionieren das menschlichen Körpers bedeutet daher, dass die nötigten Proteine zum richtigen Zeitpunkt in der optimalen Menge von den Zellen synthetisiert werden. Die dafür benötigten Informationen werden auf Signale aus der Zelle hin von den Genen abgelesen. Die Synthese der Proteinketten auf Basis der in der DNA gespeicherten Information geschieht durch einen komplexen Apparat, an dem Enzyme, aber vor allem drei verschiedene Ribonucleinsäuren (messenger, transfer und ribosomale RNA) beteiligt sind. Diese unterscheiden sich von der DNA durch einen anderen Zuckerbaustein, die Ribose, welche eine Hydroxy-(OH-)Gruppe mehr enthält als die Desoxyribose.

Bis in die 1960er-Jahre galt für die meisten Biologen hinsichtlich höherer Organismen ein Paradigma der Genetik, das auf folgenden drei Regeln – meist Dogmen genannt – beruhte:

- Ein Gen codiert die Information für ein einziges Protein, ein von George Beadle (1903–1989) und Edward Tatum (1909–1979) im Jahr 1940 aufgestellte Hypothese, für die sie 1958 den Nobelpreis für Medizin und Physiologie erhielten.
- Information fließt nur von DNA zu RNA und von dort zum Protein. Dieses sog. zentrale Dogma der Genetik wurde 1958 von Francis Crick in die Welt gesetzt.
- Die Gene behalten stets ihren Platz auf demselben Chromosom.

Auf diesen Paradigmen basierte und basiert nun der moderne Darwinismus, der auch „synthetische Theorie" (oder „Neodarwinismus") genannt wird, weil sie eine Kombination der Selektionslehre des klassischen Darwinismus mit Erkenntnissen aus Molekulargenetik, Mutationslehre und mathematisch-statistischer Analyse der Populationsgenetik darstellt.

Diese „synthetische Theorie" beinhaltet nun ihrerseits drei Dogmen:

- Genetische Veränderungen, denen Arten unterworfen sind, treten ausschließlich langsam und kontinuierlich, quasi linear, auf.
- Veränderungen, die in bestehenden Arten entlang der Evolution auftreten und potenziell zur Entstehung neuer Spezies führen, unterliegen aus-

schließlich dem Zufallsprinzip, sowohl was die Qualität als auch den Zeitpunkt ihres Auftretens betrifft.

- Die Rolle der Selektion wird, unter Auslassung des primären Prinzips der biologischen Kooperativität, dahingehend interpretiert, dass ausschließlich maximale Fortpflanzung darüber entscheidet, wer den Kampf ums Überleben gewinnt. Das Prinzip der Selektion begünstigt daher nur solche (zufälligen) Veränderungen von Organismen, die der effektiven Fortpflanzung dienen; diesbezüglich besteht ein fortwährender Selektionsdruck.

Alle diese Dogmen der Genetik und des synthetischen Darwinismus wurden durch die Forschung der letzten 50 Jahre weitgehend widerlegt. Dieser Paradigmenwechsel wurde durch Arbeiten der amerikanischen Biologin Barbara McClintock eingeleitet, die 1951 auf einer Konferenz in Cold Spring Harbor (Long Island, USA) ihre neuen an Maisgenen erarbeiteten Ergebnisse vorstellte. Sie hatte entdeckt, dass Gene von einem Chromosom auf ein anderes übertragen werden können, eine Entdeckung, die unter dem Begriff „springende Gene" in die Geschichte der Genetik einging. Wie für einen revolutionären Paradigmenwechsel zu erwarten, reagierten die Zuhörer skeptisch bis massiv ablehnend. Um nicht ihren guten, zuvor mit anderen Ergebnissen (z. B. Entdeckung der „cross-over reactions") erarbeiteten Ruf zu gefährden, stoppte B. McClintock zwar nicht ihre Forschung, wohl aber das Publizieren über „springende Gene". Nachdem in den 1960er-Jahren und später ihre Beobachtungen von anderen Genetikern auch an anderen Organismen bestätigt wurden, trat sie wieder mit ihren Ergebnissen an die Öffentlichkeit. Ihre vollständige Rehabilitation gipfelte 1983 in der Verleihung des Nobelpreises.

Das weitere Fortschreiten des Paradigmenwechsels wurde vor allem durch die Sequenzierung von DNA beschleunigt und vervollständigt. Unter Sequenzierung ist eine Kombination von chemischen, enzymatischen und chromatographischen Methoden zu verstehen, die es ermöglichen, die Abfolge der Nucleobasen entlang einer DNA-Kette zu ermitteln. Es wurden zwei verschiedene Sequenzierungsverfahren erarbeitet, und zwar zunächst eine Methode von Allan Maxam (geb. 1942) und Walter Gilbert (geb. 1932), die heutzutage kaum noch verwendet wird, sowie die 1975 publizierte Analysenmethode von Frederik Sanger (geb. 1918, Nobelpreise 1958 und 1980), die nach weiteren Verbesserungen eine computergesteuerte Automatisierung ermöglichte. Damit gelang es 1995 erstmals, das gesamte Genom eines primitiven Einzellers (*Haemophilus influenzae*) zu analysieren. Schon 1997 folgte die Genomanalyse der Bäckerhefe (*Streptomyces cervisiae*) und danach als Krönung die Genomanalyse des Menschen. Die durch eine internationale Kooperation zahlreicher Wissenschaftler erarbeiteten Daten („human genom project") wurden ab 2003 im Internet allgemein zugänglich gemacht. Der

Vergleich des menschlichen Genoms mit vielen verschiedenen Tieren ermöglicht es nun in Zukunft, den gesamten Verlauf der Evolution nachzuzeichnen und in Kombination mit anderen Methoden auch einen zuverlässigen phylogenetischen Stammbaum zu ermitteln.

Der Stand der Kenntnis bis zum Jahr 2008 wird im folgenden Text vorwiegend auf Basis des Buches *Das kooperative Gen* dargestellt, das von dem deutschen Mediziner und Genetiker Joachim Bauer (geb.1951) publiziert wurde. Die Analyse des menschlichen Genoms ergab, dass weniger als 2 % der gesamten DNA des Zellkerns Informationen für die Synthese von Proteinen enthalten. Es handelt sich dabei aber immerhin um etwa 23.000 Gene, welche je nach Aktivierung für etwa 34.000 Proteine codieren. Die Hauptmasse der DNA hat daher gar keine Genfunktion im engeren Sinne und wurde von den Darwinisten als Ausschuss-DNA („junk DNA") eingestuft bzw. gemäß dem britischen Zoologen Richard Dawkins (geb. 1941) als egoistische Gene klassifiziert, das heißt Gene, die nur auf ihre eigene Reproduktion aus sind.

Im Fall des menschlichen Genoms wurden nun für ca. 50 % dieser DNA eine Funktion als Transpositionselement (Transposon) nachgewiesen. Bei manchen Tieren wie etwa dem Frosch (*Rana esculenta*) machen die Transposons bis zu 77 % der DNA-Masse aus, bei anderen Organismen wie etwa der Bäckerhefe (*S. cervisiae*) aber nur 3–5 %. Die Funktion dieser Transposons besteht wohl darin, auf Signale aus der Zelle hin einen teilweisen Umbau des Genoms vorzunehmen. Sie können:

- Gene oder deren Kopien an anderer Stelle eines Genoms einbauen (die von B. McClintock entdeckten „springenden Gene").
- Gene mit neuen Genschaltern (Promotoren) kombinieren, die darüber entscheiden, wann und wie oft das Gen für die Proteinsynthese aktiviert wird.
- Zwei Gene oder Genabschnitte fusionieren, wodurch ein neuartiges Gen entsteht.
- Teile von Chromosomen mit vielen Genen im Genom neu positionieren.

Die Transposons verschiedener Tiere gleichen einander in prinzipiellen Merkmalen. Beim Menschen und bei Säugetieren gibt es drei Gruppen mit unterschiedlichen Funktionen. Alle diese Transposons und ihre Aktivitäten liefern die Voraussetzung dafür, dass Genome sich so verändern können, dass neue Rassen und schließlich auch neue Arten entstehen. Dabei wird die Entwicklungsrichtung nicht durch Zufälle beeinflusst. Vielmehr orchestriert die Zelle den Einsatz der Transposons durch Signalmoleküle – meist kurze Proteinketten – wobei Veränderungen der Umwelt, welche Veränderungen einer Art erfordern, als Auslöser wirken.

Die für die Grundfunktion einer Zelle benötigten sog. Hox-Gene werden gegen den Angriff von Transposons geschützt. Transposons, die vorübergehend nicht benötigt werden, werden von der Zelle gehemmt. Zum optimalen Ablauf eines Umbauprozesses gehört auch, dass es im Gegensatz zum „zentralen Dogma" einen Informationsfluss vom Protein zur RNA und von der RNA zur DNA gibt sowie in manchen Fällen vielleicht auch einen Informationsfluss vom Protein zur DNA. Dazu J. Bauer wörtlich (S. 9):

„Was die Evolution vorantrieb und neue Arten entstehen ließ waren vom Genom vollständig vollzogene, schubweise Umstrukturierungen seiner Architektur, mit denen es aktiv auf ökologische, vor allem schwere klimatische Stressoren reagierte." Und auf Seite 12 heißt es: „Gene und Genome folgen drei biologischen Grundprinzipien (die sich nebenbei bemerkt, außerhalb der Biosphäre nicht finden lassen): Kooperativität, Kommunikation, Kreativität. [...] Die Eigenschaften lebender Systeme, in kreativer Weise neue genetische Varianten zu erproben und dabei immer komplexer zu werden, liegt in ihnen selbst begründet." B. McClintock sagte in ihrer Nobelpreisrede 1983: „The genom is a highly sensitive organ. Cells make wise decisions and act upon them."

Diese Erkenntnisse widersprechen allen Postulaten des Darwinismus, und sie widersprechen auch den Vorstellungen von R. Dawkins über die Rolle der Gene. J. Bauer: „Das Buch ‚Das egoistische Gen', der Science-Fiction-Bestseller des britische Zoologen R. Dawkins, hat den irrigen, aber bis in die Fachwelt hinein weitverbreiteten Irrtum entstehen lassen, die DNA und die in ihr vorhandenen Gene seien autonome Kommandozentralen von Zellen bzw. von Organismen. Lebewesen sind nach R. Dawkins von den Genen zum Zweck der eigenen maximalen Reproduktion gebaute Maschinen." Dazu R. Dawkins wörtlich (S. 52): „Ein Affe ist eine Maschine, die für den Fortbestand von Genen auf Bäumen verantwortlich ist, ein Fisch ist eine Maschine, die Gene in Wasser fortbestehen lässt." J. Bauer weiter: „Gene zu installieren und denen das Kommando zu überlassen wäre – zumal, wenn es sich um egoistische Gene gehandelt hätte – für jede Zelle zu einem Desaster geworden."

Zufall und Mutation spielen in der darwinistischen Evolutionstheorie eine entscheidende Rolle, für den Verlauf der Evolution wie auch für die Entstehung des Menschen. Zur Popularisierung dieser Sichtweise trug der französische Mikrobiologe und Nobelpreisträger Jaques Monod (1910–1976) entscheidend bei. Über sein in mehrere Sprachen übersetztes Buch *Zufall und Notwendigkeit* schrieb die Frankfurter Allgemeine Zeitung (zitiert in der 4. Aufl. 1979): „Der Zufall – so schließt er [J. Monod] weiter – liegt einzig und allein jeder Neuerung, jeglicher Schöpfung in der belebten Natur zugrunde. Daher ist auch der Mensch ein Zufallsprodukt; er muss seine totale Verlassenheit seine radikale Fremdheit erkennen … ein Zigeuner am Rande des Universums."

Zur Rolle des Zufalls aus heutiger Sicht schreibt J. Bauer wörtlich (S. 108): „Der Zufall gehört zu den brisantesten Themen der Biologie. Von den Gralshütern des Darwinismus wird er wie eine Reliquie verehrt. […] hat dazu geführt, dass jeder geäußerte Zweifel am evolutionären Zufallsprinzip heute die Gefahr der Exkommunikation aus der wissenschaftlichen Gemeinde nach sich zieht. Insoweit hat sich der Darwinismus ironischerweise dem gleichen Dogmatismus verschrieben wie seine religiösen Gegner."

Der Begriff Mutationssprung wurde kurz nach 1900 von dem niederländischen Biologen Hugo de Vries (1848–1935) in den Sprachgebrauch der Genetik eingeführt. (Punkt-)Mutationen sind Veränderungen oder Zerstörungen einzelner Nucleotide (Baustein der DNA aus Nucleobase, Desoxyribose und Phosphatgruppe) und Basenpaare in der DNA. Es gibt zwei ganz verschiedene Quellen für das Auftreten von Mutationen:

- Endogene Prozesse: Dabei handelt es sich vor allem um Fehler bei der Basenpaarung, die passieren können, wenn die zwei komplementären DNA-Stränge, die während des Ablesens der Information zur Proteinsynthese temporär getrennt sind, wieder rekombinieren.
- Exogene Prozesse: Hierbei handelt es sich um Einflüsse von außen:
  - UV-Strahlen, die je nach Wellenlänge jegliche Art chemischer Bindungen zerstören können.
  - Radioaktive Strahlung (die den Menschen sowohl aus dem Weltall als auch aus der Erde heraus trifft).
  - Aggressive Chemikalien, von denen ein Teil als Karzinogene bezeichnet wird.

Eine Zelle kann Mutationen nicht verhindern, aber sie kann deren Wirkung steuern. DNA-Bereiche, welche wie etwa die Hox-Gene stabil gehalten werden sollen, werden rasch und effektiv repariert. Da, wo ein Genom unter Wirkung von Transposons umgebaut wird, werden Mutationen dazu benutzt, den Umbau zu beschleunigen und eine breitere Variation der Erbinformation zu erreichen. Die Nutzung von Mutationen geschieht vor allem durch Kombination mutierter DNA-Sequenzen mit unveränderten Genen oder Genabschnitten.

Dieser Prozess erfolgt normalerweise zusammen mit einer Genverdoppelung. Die Verdoppelung intensiv genutzter Gene ist typischerweise die erste Reaktion einer Zelle auf Umweltstress. Genverdoppelungen kombiniert mit Mutationen standen am Anfang der Entwicklung mehrzelliger Organismen aus Einzellern vor etwa 600 Mio. Jahren. Dieser Mechanismus setzte auch die sog. „kambrische Explosion“ in Gang, bei der vor 530 bis 570 Mio. Jahren in relativ kurzer Zeit eine große Zahl neuer Arten entstand. Beide evolutionären Prozesse kann der Darwinismus nicht erklären. Zusammenfassend nochmals zwei Zitate von J. Bauer (S. 28 und 30): „Dass Gene Kommunikatoren und Kooperatoren sind und Genome sich unter dem Einfluss äußerer Faktoren punktuell verändern können, widerspricht gleich mehreren darwinistischen bzw. soziobiologischen Dogmen. [...] Der Darwinismus ist dabei heute mehr denn je in Gefahr, sich zu einer Denk- und Erkenntnisbremse zu entwickeln, die unseren Blick auf die Biologie einengt und verzerrt.“

So bewirkt der Fortschritt der Genetik einen weitgehenden Paradigmenwechsel des von Ch. Darwin und Alfred R. Wallace eingeleiteten ersten Paradigmenwechsels der Evolutionstheorie, aber dieser neuere Paradigmenwechsel ist keine Rolle rückwärts.

Barbara McClintock

B. McClintock wurde am 16. Juni 1902 in Hartford, Connecticut, geboren, als drittes von vier Kindern des Ehepaares Thomas H. und Sara H. McClintock. Ihr Vater war Arzt und ihre Mutter eine vielseitige Künstlerin – Pianistin, Malerin und Dichterin in einer Person. 1908 zog die Familie nach Brooklyn, wo B. McClintock zur Schule ging. 1919 begann sie ein naturwissenschaftliches Studium mit Schwerpunkt Botanik an der Cornell University (New York State), wo sie 1927 promovierte. Sie setzte ihre Forschungsarbeit an dieser Universität bis 1936 fort, obwohl sie keine feste Anstellung hatte, sondern über Projekte finanziert wurde. Die Cornell University hatte sich zwar nach dem ersten Weltkrieg für Studentinnen geöffnet, aber für weibliches Lehrpersonal waren feste Stellen nur im Fach Hauswirtschaft vorgesehen. Fördergelder der Guggenheim Foundation, der Rockefeller Foundation und des National Research Center ermöglichten jedoch ihr mehrmonatige Gastaufenthalte an anderen Forschungseinrichtungen und Universitäten. So kam sie 1933 auch nach Deutschland, war aber vom politischen Klima so abgestoßen, dass sie vorzeitig abreiste.

Schon während des Studiums konnte B. McClintock an einem Forschungsprojekt teilnehmen, dessen Ziel die Aufklärung der genetischen Vorgänge in Maiszellen war. Diesem Arbeitsgebiet, Zytogenetik („zytos“ = Zelle) und Mais als Experimentierfeld, blieb sie ihr Leben lang treu. In ihrer Zeit an der Cornell University erzielte sie schon beachtliche Erfolge. Sie erarbeitete eine Färbetechnik, mit der man die zehn Chromosomen des Maises unter dem Mikroskop unterscheiden konnte. Dadurch gelang es ihr, sog. Kopplungsgruppen, das heißt Gene, die bei Kreuzungsversuchen gekoppelt weitergegeben werden, jeweils einem Chromosom zuzuordnen. Sie beschrieb auch

1930 erstmals die über Kreuz laufenden Wechselwirkungen bei der Meiose (Zellteilung bei Gewebewachstum). Daraufhin konnte sie zusammen mit der Studentin Harriet B. Creighton den *Cross-Over*-(Überkreuz-)Effekt aufklären, bei dem einzelne Chromosomenabschnitte ausgetauscht werden, sodass ein effektiverer Austausch von Erbinformation zustande kommt. Bedeutende Entdeckungen Anfang der 1930er-Jahre waren außerdem die Teilbarkeit des Centromers sowie die Umstände der Bildung des Nucleolus nach der Zellteilung.

Im Jahr 1936 wurde die in Fachkreisen nun schon bekannte Forscherin an die University of Missouri berufen. Dort begann sie mit Untersuchungen über die Konsequenzen von Chromosomenbrüchen. Sie beobachtete, dass Bruchstellen wieder geheilt werden können, jedoch auch den Anlass für zahlreiche Mutationen liefern können. Damit entstand auch die Grundlage der Telomertheorie (Telomere sind Endgruppen der Chromosomen mit DNA-Struktur und entscheidender Funktion bei der Zellteilung). Im Jahr 1941 wechselte sie an das Cold Spring Harbor Laboratory auf Long Island, wo sie erstmals eine feste Planstelle erhielt, auf der sie bis zu ihrem Tod 1992 tätig war. Diese Anstellung beinhaltete keine Lehr- oder Verwaltungsverpflichtungen, sodass sie sich vollständig auf ihre Forschungsinteressen konzentrieren konnte. Sie hatte nun so viel an wissenschaftlichem Ansehen gewonnen, dass sie 1944 in die National Academy of Sciences aufgenommen wurden – als dritte Frau in dieser Akademie. Schon ein Jahr später avancierte sie zur Präsidentin der Genetics Society of America und war in dieser Position die erste Frau.

Das Jahr 1944 war für B. McClintock noch in zweierlei Hinsicht besonders erfolgreich. Zum einen absolvierte sie einen Gastaufenthalt bei dem Nobelpreisträger George Beadle an der Stanford University. Sie begründete dort die Zytogenetik des Schimmelpilzes *Neurospora crassa*, der in der Folgezeit zu einem der bedeutendsten Modellorganismen in der Genetik avancierte. Zum anderen begann sie an ihrem ständigen Arbeitsplatz auf Long Island mit neuen Untersuchungen an Mais, die sich zum bedeutendsten Teil ihres Lebenswerkes entwickelten.

So beobachtete sie erstmals das Wandern von Bruchstellen am Chromosom Nummer 9 und entdeckte das Prinzip der „springenden Gene". Sie entwickelte eine neue Theorie der Genregulation und der Zelldifferenzierung, welche sie auf dem „Cold Spring Harbor Symposium" 1951 erstmals vorstellte. Da sie nur skeptische oder ablehnende Kommentare erntete, verzichtete sie ab 1953 auf Publikationen zu dieser Thematik, arbeitete aber weiter und behielt publikationsfähige Manuskripte in der Schublade. Ab 1957 beschäftigte sie sich im Rahmen eines Projektes der National Academy of Sciences mit der Untersuchung der zahlreichen, teilweise vom Aussterben bedrohten Maissorten Südamerikas hinsichtlich deren Chromosomenstruktur und evolutionärer Verwandtschaft.

Ab 1960 erschienen von verschiedenen Seiten nach und nach mehrere Publikationen zur Genregulation bei Bakterien und anderen Mikroorganismen sowie zu Transpositionsvorgängen. B. McClintock erfuhr nun eine vollständige Rehabilitation und eine späte Würdigung, die 1983 in der Verleihung des Nobelpreises für Physiologie und Medizin gipfelte. Als weitere Ehrungen seien hier genannt: der Albert Lasker Award for Basic Medical Research, die Thomas Hunt Morgan Medal, der Kimber Genetics Award und der Louis Gross Horwitz Preis.

Literatur

Bauer J (2008) Das kooperative Gen. Hoffmann und Campe, Hamburg

Graw J (2010) Genetik. Springer, Heidelberg

Jahn I, Löther R, Senglaub K (1985) Geschichte der Biologie. Gustav Fischer, Jena

McClintock B (1984) Significance of responses of the genome to challenge. Science 226: 792

Monod J (1979) Zufall und Notwendigkeit, 4. Aufl. dtv, München

Schmitz S (2001) Barbara McClintock. In: Jahn I, Schmitt M (Hrsg.) Darwin & Co. Eine Geschichte der Biologie in Porträts, Bd. 2. C.H. Beck, München, S. 490–506

Shapiro JA (2005) A 21. century view of evolution: genome system architecture, repetitive DNA and natural genetic engineering. Gene 345: 91

Woese C (2002) On the evolution of cells. PNAS 99: 8742

Internetlinks www.almaz.com/nobel/medicine/1983a.html

7.5 Der Piltdown-Mensch

In der ganzen Geschichte der Menschen ist kein Kapitel unterrichtender für Herz und Geist als die Annalen seiner Verirrungen. (Friedrich Schiller)

Der sog. Piltdown-Mensch besteht eigentlich nur aus einigen Knochensplittern sowie Teilen eines Schädels, die vor 1913 in einer Kiesgrube bei dem Dorf Piltdown in der Nähen von Uckfield, East Sussex (Südwestengland), gefunden wurden. Der Finder war Charles Dawson, ein Rechtsanwalt und Amateurarchäologe, zu dessen Ehre der hinter den Fundstücken vermutete

Urmensch *Eoanthropus dawsoni* (Dawson-Mensch der Morgenröte) betitelt wurde.

Die näheren Umstände, unter denen die Schädelfragmente gefunden wurden, dokumentierte Dawson merkwürdigerweise nur schlecht. Er gab nach 1912 zu Protokoll, im Jahr 1908 sei ihm erstmals durch einen Arbeiter der Kiesgrube bei Piltdown ein Knochenstück übergeben worden, von dem er vermutete, dass es sich um das Schädelfragment eines Urmenschen handele. Daraufhin habe er in den folgenden Jahren die Kiesgrube mehrfach aufgesucht und weitere Schädelfragmente gefunden. Dawson übergab seine Funde dem Leiter der geologischen Abteilung des British Museum, Arthur Smith-Woodward (1864–1944). Dieser war an den Funden äußerst interessiert und beteiligte sich ab Juni 1912 selbst an Grabungen in der Kiesgrube. Auch der an der Naturgeschichte des Menschen sehr interessierte Jesuit und Schriftsteller Pierre Teilhard de Chardin (1861–1955) nahm an diesen Ausgrabungen teil.

Während eines Treffens der Geological Society of London am 18. Dezember 1912 gaben Ch. Dawson und A. Smith-Woodward bekannt, dass ihnen bei Grabungen nahe Piltdown ein epochaler Fund gelungen sei. Die anhand der Fragmente von A. Smith-Woodward angefertigte Rekonstruktion des Schädels entsprach in erheblichem Umfang dem eines modernen Menschen, mit drei Ausnahmen: So betrug das Gehirnvolumen nur Zweidrittel desjenigen eines modernen Schädels, und der Übergang vom Schädel zur Wirbelsäule war verschieden. Vor allem aber entsprachen Kiefer und Zähne eher denjenigen eines Schimpansen als denjenigen eines *Homo sapiens*. Trotz anfänglicher Zweifel bescheinigten die Gelehrten des Natural History Museum of London den Schädelfragmenten ein Alter von 200.000 bis 500.000 Jahren und damit ein wesentlich höheres Alter als dem Neandertaler. Mit der geballten wissenschaftlichen Autorität des British Museum im Rücken interpretierte A. Smith-Woodward den neuen Fund als das entscheidende „missing link" (fehlendes Bindeglied) zwischen Menschenaffen und *Homo sapiens*.

Die Bekanntmachung des Piltdown-Fundes erzeugte ein großes Echo, sowohl in der Fachwelt als auch in der Bevölkerung. A. Smith-Woodward schrieb ein Buch mit dem Titel *The earliest englishman*, was genau die Meinung und den Nationalstolz der Engländer traf. Allerdings wurde dieses Buch erst 1948 posthum von Arthur Keith herausgebracht. Derselbe A. Keith enthüllte am 23. Juli 1938 in der Nähe von Berkham Manor ein Denkmal, um die Stelle zu kennzeichnen, wo Dawson den Piltdown-Menschen gefunden hatte. Der Schluss der Ansprache lautete:

„So lange, wie ein Mensch an seiner seit langem vergangenen Geschichte interessiert ist, an den Unbeständigkeiten, die unsere früheren Vorfahren durchmachten und an den wechselnden Ereignissen, die sie ereilten, so lange ist der Name von Charles Dawson unseres Gedenkens sicher. Wir tun gut daran, seinen Namen mit dieser malerischen Ecke von Sussex zu verbinden, dem Schauplatz seiner Entdeckung. Ich habe nun die Ehre, diesen Monolithen zu enthüllen, der seinem Andenken gewidmet ist."

Der Text auf dem Gedenkstein lautet übersetzt: „Hier im alten Flusskies fand Mr. Charles Dawson, FSA, 1912–1913 den fossilen Schädel des Piltdown-Menschen. Die Entdeckung wurde von Herrn Charles Dawson und Sir A. Smith-Woodward im *Quarterly Journal of the Geological Society 1913–1915* beschrieben." Der in der Nähe gelegene Pub wurde gleichzeitig in „Piltdown Man" umgetauft.

Die Bekanntmachung des Fundes im Dezember 1912 ging auch als Sensationsmeldung um die Welt und zog in den folgenden 100 Jahren mehr als 500 Publikationen aller Art nach sich. Der Piltdown-Fund fand nicht nur bei britischen Fachleuten, sondern auch bei amerikanischen und einigen kontinentaleuropäischen Experten rasche Akzeptanz, schloss er doch eine wesentliche Lücke im Verständnis der menschlichen Evolution. Im Jahr 1912 waren nur wenige Überreste von Frühmenschen bekannt; dazu zählten vor allem der Neandertaler (1856), der Java-Mensch (1891) und der Mensch von Maur (bei Heidelberg, 1907).

Der Piltdown-Mensch war der älteste Fund und legte nahe, dass die Evolution vom Menschenaffen zum *Homo sapiens* in Europa begonnen hatte, was dem Selbstwertgefühl der Europäer schmeichelte. Man zog aus der Struktur des Schädels weitreichende Schlussfolgerungen aller Art. So schien die Entwicklung eines großen Hirns die Voraussetzung gewesen zu sein für die Herausbildung anderer menschlicher Merkmale wie terrestrische Lebensweise, aufrechter Gang, Erfindung von Werkzeugen sowie Entwicklung von Sprache und Kunst. Diese Entwicklung hatte zwei negative Konsequenzen. Erstens wurden andere Funde, die nach 1913 gemacht wurden, wie zum Beispiel die Australopithecus-Funde, von angelsächsischen Paläoanthropologen Jahrzehnte lang ignoriert. Zweitens wurde leise Kritik, wie sie zum Beispiel schon früh vom Royal College of Surgery geäußert wurde, geflissentlich überhört.

Die Bombe platzte am 21. November 1953 durch eine Mitteilung des British Museum. Es handelte sich um die Ergebnisse langjähriger Forschungsarbeiten, zu denen der Chefarchäologe Kenneth Wahley vom Natural History Museum einen entscheidenden Beitrag geleistet hatte. Der Piltdown-Fund wurde endgültig als Fälschung entlarvt. Entscheidend für dieses Urteil war die ab 1950 neueingeführte Methode, das Alter von Fossilien durch deren Fluoridgehalt zu bestimmen. Zwar zeigten die verschiedenen Fragmente unterschiedliche Werte, aber insgesamt ergab sich ein Alter von weniger als Tausend Jahren. Im Jahr 1959 bestätigte die Radiokohlenstoffmethode ein Alter von wenigen Hundert Jahren. Insgesamt wurden die Schädelfragmente als

Teile eines mittelalterlichen Schädels identifiziert, der Unterkiefer stammte von einem etwa 500 Jahre alten Orang-Utang und die fossilen Zähne von einem Schimpansen. Sie waren mit Eisenchlorid und Kaliumchromatlösungen auf antike Färbung getrimmt worden. Ferner fand man nun auch Feilspuren an den Zähnen, weil es dem Fälscher notwendig erschienen war, die Form der Affenzähne derjenigen von menschlichen Zähnen anzupassen. Die Blamage für viele Fachgelehrte war ungeheuer, aber A. Smith-Woodward und einige andere Zeitgenossen hatten sich schon ins Jenseits verabschiedet.

Mit der Enttarnung als Fälschung kam das Thema Piltdown Mensch jedoch noch nicht zur Ruhe. Nun begann die Suche nach dem Fälscher und seinen Komplizen, und diese Suche wird auch im 21. Jahrhundert noch fortgesetzt. Der Hauptverdächtige war und ist natürlich Dawson selbst. Erschwerend kommt für ihn hinzu, dass er noch 1915 den Fund von Fragmenten eines anderen Schädels aus einer anderen Kiesgrube nahe Piltdown meldete. Merkwürdigerweise hat sich A. Smith-Woodward zumindest offiziell nie mit diesem zweiten Fund beschäftigt und den zweiten Fundort nie besucht. Dieser zweite Fund und die Kenntnis des Fundortes gingen ebenfalls merkwürdigerweise verloren. Es sollen hier nun nicht all die zahlreichen Verdächtigungstheorien präsentiert werden, die in der einen oder anderen Form kolportiert wurden, doch eine Hypothese ist erwähnenswert. Der nur 15 km von der Fundstelle entfernt lebende Sir Arthur Connan Doyle, Urheber der Sherlock-Holms-Figur, wurde ebenfalls verdächtigt. Als Motiv wurde ihm Rache an der Fachwelt unterstellt, weil etablierte Wissenschaftler seine Forschung zu Geistwesen heftig attackiert hatten.

Eine neue Forschungskampagne zur Identifizierung des oder der Täter wurde 2012 von Prof. Chris Stringer, Leiter der Abteilung zur Erforschung der Herkunft des Menschen am Natural History Museum, gestartet. Dabei sollen auch die gesamten schriftlichen Hinterlassenschaften aller Beteiligten auf brauchbare Fingerzeige hin durchforstet werden. Auf die Ergebnisse dieses Projektes darf man gespannt sein.

Die amüsante Geschichte des Piltdown-Menschen wurde hier präsentiert als Beispiel dafür, dass es in den Naturwissenschaften nicht nur unbeabsichtigte Irrtümer gibt, sondern auch schwarze Schafe existieren, die wissenschaftliche Ergebnisse fälschen. Wie schnell Irrtümer und Fälschungen aufgeklärt werden, hängt von drei Faktoren ab: vom Zufall, von der Intensität, mit der ein Gebiet bearbeitet wird, und von der Entwicklung neuer Analysemethoden. Die Geschichte des Piltdown Menschen ist ein Beispiel für Letzteres. Abschließend soll der Nobelpreisträger James Watson (geb.1928, Nobelpreis in Medizin 1962) zu Wort kommen: „Es genügt nicht, die Forschung zu fälschen, man muss auch den Nobelpreis dafür bekommen."

Literatur

Gee H (1996) Box of bones clinches identity of Piltdown paleontology hoaxer. Nature 381: 261

Stringer C (2012) The 100 year mystery of Piltdown Man. Nature 492: 177

Winkels R (2012) Rätsel um einen Schädel. Die Welt vom 14.12.2012

Walsh JE (1996) Unraveling Piltdown: The scienece fraud of the century and its solution. Random House, N. Y.

8 Chemie

„Wer tiefer irrt, wird auch tiefer weiser."

(Gerhard Hauptmann)

8.1 Was sind Elemente?

Der Begriff Elemente und was darunter zu verstehen ist, beschäftigt die Menschheit, soweit wir das aus schriftlichen Quellen beurteilen können, seit mehr als zweieinhalb Tausend Jahren. Die Urväter der griechischen Naturphilosophie, Thales, Anaximander und Anaximenes, alle in Milet an der Südwestküste der heutigen Türkei geboren, waren die ersten, die nach einem Urgrund aller natürlichen Erscheinungen suchten. Von Thales, der um 610 v. Chr. geboren und um 546 gestorben sein soll, lagen schon zu Zeiten von Aristoteles (384–322 v. Chr.) keine Originalschriften mehr vor. Die indirekten Überlieferungen besagen jedoch, dass Thales das Wasser als Urstoff aller Materie und auch die Erde als eine auf Wasser schwimmende Scheibe ansah.

Anaximenes (ca. 585 v. Chr. geboren und zwischen 524 und 528 gestorben) favorisierte ebenfalls einen einzigen konkreten Urstoff als Basis des Kosmos, nämlich die Luft. Verdünnung der Luft sollte Feuer ergeben, ihre Verdichtung aber Wasser und unter äußerstem Druck schließlich Erde (Gestein). Gleichzeitig wurde der Luft auch ein göttliches Wesen beigemessen. Der folgende Satz wurde von ihm überliefert: „So wie unsere Seele, die Luft ist, uns regiert, so umfasst auch den ganzen Kosmos Hauch und Luft" (W. Capelle nach Aetius). Dieser Satz deutet an, was im Denken der Antike und des Mittelalters weit verbreitet war, nämlich eine Verquickung von naturwissenschaftlichen Erkenntnissen und Hypothesen mit religiösen Aspekten.

Der abstrakteste Denker unter den drei Vorsokratikern aus Milet war Anaximander, der von 611 bis etwa 547 v. Chr. gelebt haben soll. Er postulierte das Unendliche als Urgrund allen Seins. Leider ist nur ein einziges Fragment aus seiner Feder direkt erhalten geblieben, und ob folgende tiefsinnige Aussage wirklich von ihm stammt, ist nicht absolut gesichert: „Woraus aber für das Seiende das Entstehen ist, dahin erfolgt auch das Vergehen, gemäß der Notwendigkeit, denn sie schaffen einander Ausgleich und zahlen Buße für ihre Ungerechtigkeit an der Ordnung der Zeit.“ (Übersetzt nach C. Rapp).

Empedokles von Akragas (Akrigent auf Sizilien) bewirkte den ersten Paradigmenwechsel in der Lehre von den Urelementen. Empedokles wurde um 495 v. Chr. geboren und starb um 435 im Exil auf dem Peloponnes. Er war nicht nur Philosoph, sondern auch Arzt und aktiver Politiker und soll ein begnadeter Redner gewesen sein. Fragmente zweier Lehrgedichte, *Über die Natur* und *Reinigungen*, sind erhalten, jedoch stammen die meisten Informationen über ihn (wie auch über die anderen Vorsokratiker) aus indirekten Quelle, vornehmlich von Aristoteles und dessen Interpreten Simplikios. Die geistigen Interessen Empedokles’ bezogen sich auf Entstehung und Eigenschaften des Kosmos sowie auf theologische und ethische Fragestellungen. Im Zusammenhang mit seiner Kosmologie entwickelte er das Konzept von den vier Urstoffen: Feuer, Luft, Wasser und Erde. Dieses erst später Vier-Elemente-Lehre genannte Konzept beeinflusste in Europa über viele Jahrhunderte hinweg Philosophie, Medizin, Biologie und Alchemie.

Empedokles verwendete den Begriff Elemente („stochoia“) selbst nicht, sondern sprach von „rhaziomata“, was wörtlich übersetzt Wurzeln bedeutet und so viel wie Urgrund oder Urstoff meint. Im Unterschied zu den Hypothesen der Vorgänger aus Milet gibt es also bei Empedokles nicht einen einzelnen Urstoff, sondern vier, und diese vier Urstoffe sind gleichwertig, erfüllen den Raum lückenlos, sind unvergänglich und können sich auch nicht ineinander umwandeln. Was immer von einem Betrachter als stoffliche Veränderung wahrgenommen wird, resultiert aus einer Positionsänderung kleinster Substanzteilchen, die sich lokal in unterschiedlichen Mengen mischen. Damit wird erstmals der Aufbau des gesamten Kosmos durch unterschiedliche Kombinationen von vier unbegrenzt stabilen Urelementen erklärt.

Es gibt jedoch leider keine verlässlichen Informationen darüber, was sich Empedokles unter den kleinsten Substanzeinheiten vorstellte (heute würden wir z. B. zwischen Nucleonen, ganzen Atomen, Molekülen und Nanopartikeln unterscheiden). Empedokles assoziierte seine vier Urstoffe mit göttlichen Wesen, doch sind die einzelnen Paarungen nicht klar rekonstruierbar. Als Triebkraft für alle Veränderungen, auch für menschliche Schicksale, postulierte er den ewigen Widerstreit zweier Wirkungsprinzipien: Liebe („philotes“) und Zwietracht („neikos“).

Die Vier-Element-Lehre hatte Auswirkungen in mehrere Richtungen bis ins 17. Jahrhundert, wurde aber auch in mancherlei Hinsicht modifiziert und erweitert. So assoziierte schon Platon (427–347 v. Chr.) die vier Elemente mit vier symmetrischen Raumkörpern (Tab. 8.1), und Aristoteles versuchte, die Hypothese von einem einzigen Urgrund mit der Vier-Elemente-Lehre zu

Tab. 8.1 Die vier Elemente des Empedokles und ihre (später ergänzten) Attribute

Element	Raumform (Platon)	Eigenschaften (Aristoteles)	Himmelsrichtung	Temperament	Tierkreiszeichen
Feuer	Tetraeder	Heiß und trocken	Süden	Cholerisch	Widder, Löwe, Schütze
Luft	Oktaeder	Heiß und feucht	Osten	Sanguinisch	Zwillinge, Waage, Wassermann
Wasser	Ikosaeder	Kalt und feucht	Westen	Melancholisch	Krebs, Skorpion, Fische
Erde	Würfel	Kalt und trocken	Norden	Phlegmatisch	Stier, Jungfrau, Steinbock

verknüpfen und postulierte eine fünfte Komponente, Äther genannt, die er als eine Art Quintessenz der vier Urstoffe ansah. Diese dualistische Denkweisen, einem Wirkungsprinzip auch eine stoffliche Eigenschaft zuzuordnen, blieb in der Spätantike und im Mittelalter erhalten und hatten ihren letzten bedeutenden Ausläufer in der Phlogiston-Theorie (Abschn. 8.2). Einige Ausschmückungen der Vier-Elemente-Lehre durch Assoziation mit Begriffen aus anderen Bereichen ist in Tab. 8.1 zusammengestellt. Selbst im deutschen Sprachgebrauch des 21. Jahrhunderts hat Empedokles noch Spuren hinterlassen, zum Beispiel wenn vom Toben der Elemente die Rede ist.

Der zweite Paradigmenwechsel wurde durch den irischen Alchimisten/Chemiker Robert Boyle (1626–1691) eingeleitet. In seinem zweiten, 1661 erschienen Buch mit dem Titel *The sceptical chemist* wiederholte er die Forderung Francis Bacons, auf dem Gebiet der Naturwissenschaften gründliche experimentelle Untersuchungen anzuwenden (Primat der Empirie). Beobachtungen müssten geprüft und erst danach (Hypo-)Thesen aufgestellt werden. Boyles Interesse galt vor allem der Zusammensetzung und den Eigenschaften von Stoffen. Er postulierte Elemente als die kleinsten Bestandteile von Stoffen, die durch chemische Methoden (Reaktionen) nicht mehr zerlegt werden können. Er unterstrich seine Ansicht mit rhetorischen Fragen wie: „Wer hat je Gold in seine Elemente zerlegt?"

An dieser Stelle ist es nun wichtig zu definieren, was unter chemischen Reaktionen zu verstehen ist. Die Definition lautet: „Chemische Reaktionen sind stoffliche Veränderungen, die durch Reaktionen der Valenzelektronen von Atomen und Molekülen zustande kommen." Valenzelektronen sind die äußersten und damit am schwächsten gebundenen Elektronen im Grundzustand von Atomen und Molekülen (der Begriff Valenz beruht auf dem lateinischen Verb „valere" = können, vermögen). Andere stoffliche Veränderungen, die nicht unter den Begriff chemische Reaktion fallen sind:

- Mischungs- und Lösungsvorgänge (im letzteren Fall gibt es eine fließende Grenze zu chemischen Reaktionen)
- Änderungen der Aggregatzustände
- Reaktionen von Atomkernen

Auf Basis dieser der modernen Chemie zugrunde liegenden Elementdefinition waren in der Antike folgende Elemente in annähernd reiner Form bekannt: Kohlenstoff, Schwefel, Blei, Zinn, Eisen, Kupfer, Silber, Gold, Zink und Quecksilber. Diese Elemente kamen entweder in der Natur gediegen vor oder wurden aus Erzen gewonnen.

Der im 15. Jahrhundert intensivierte und verbesserte Bergbau (v. a. im Erzgebirge) führte zur Entdeckung von Verunreinigungen in Eisenerzen, welche (damals) seltenen Metallen zugeschrieben und nach Berggeistern benannt wurden: Cobalt, Nickel, Wolfram. Es folgte 1669 die Entdeckung des Phosphors, und aufgrund verbesserter Analysenmethoden kamen in kurzen Zeitabständen weitere Elemente hinzu. Vor 1751 wurden zu den zuvor genannten Elementen auch Arsen, Antimon und Bismut entdeckt, die vor allem in Begleitmineralien von Kupfererzen gefunden wurden.

In der Zeit von 1751 bis 1800 wurden folgende Elemente rein dargestellt und charakterisiert: Wasserstoff, Stickstoff, Sauerstoff, Chlor, Tellur, Titan, Chrom, Mangan, Yttrium, Zirkonium und Uran. In den Jahren 1800 bis 1830 folgten die Hauptgruppenelemente: Lithium, Natrium, Kalium, Magnesium, Calcium, Strontium, Barium, Silizium, Selen, Brom und Jod. Und bis 1869 kamen elf weitere Elemente hinzu: Helium, Rubidium, Cäsium, Indium, Thallium, Niob, Ruthenium, Lanthan, Cerium, Terbium und Erbium.

Das Jahr 1869 wurde als vorläufiger Endpunkt dieser historischen Betrachtung gewählt, weil auf Basis der damals bekannten Elemente das „Periodensystem der Elemente" erfunden wurde, mit dem die Chemie als moderne Wissenschaft einen gewaltigen Schritt vorwärts machte. Der Erfinder war der russische Chemiker Dimitri I. Mendeleev (s. unten), der im März 1869 eine Veröffentlichung mit dem (übersetzten) Titel *Die Abhängigkeit der chemischen Eigenschaften der Elemente vom Atomgewicht* vorstellte.

Diesem bedeutenden Entwicklungssprung waren wichtige Erkenntnisse mehrerer anderer Chemiker vorausgegangen, von denen an erster Stelle John Dalton (1766–1744) zu nennen ist. J. Dalton wurde am 6. September 1766 in Eaglesfield, England, geboren und wurde Lehrer an der Schule, die er als Junge selbst besucht hatte. In seiner Freizeit beschäftigte er sich mit Meteorologie, begann mit 21 Jahren auch Experimente durchzuführen und konstruierte Barometer und Thermometer. Seine Beschäftigung mit der Meteorologie weckte sein Interesse an den Eigenschaften von Luft und Wasser und deren Bestandteilen. Er postulierte, dass in einem Gasgemisch jedes einzelne Gas unabhängig von den anderen seinen eigenen Partialdruck besitzt. Er stellte auch die Hypothese auf, dass die Dampfdrücke aller Flüssigkeiten gleich groß sind, wenn sie denselben Temperaturabstand vom Siedepunkt haben.

Ferner maß er den Ausdehnungskoeffizienten von Gasen bei Temperaturerhöhung und postulierte als Erster einen absoluten Nullpunkt der Temperatur. Außerdem versuchte er, die relativen Gewichte von Gasen zu bestimmen, wobei er Wasserstoff mit dem Gewicht 1 als Bezugsgröße wählte. Diese Ergebnisse wurden im Oktober 1803 publiziert. Dass Wasserstoff und die Bestandteile der Luft aus zweiatomigen Molekülen bestehen, wusste er dabei noch nicht. Seine Versuche führten ihn jedoch zu folgender Annahme:

- Jede Substanz besteht aus kleinsten, nicht teilbaren, kugelförmigen Teilchen, die in Anlehnung an den von dem griechischen Naturphilosophen Demokrit geprägten Begriff „atomos" (unteilbar) von nun an als Atome bezeichnet wurden.
- Alle Atome ein und desselben Elementes haben gleiche Volumina und Massen. Dagegen unterscheiden sich die Atome verschiedener Elemente hinsichtlich Masse und Volumen.
- Atome können durch chemische Reaktionen weder erzeugt noch zerstört werden.
- Bei chemischen Reaktionen werden Atome nur neu geordnet, und zwar in charakteristischen Zahlenverhältnissen.

Von J. Dalton stammt daher auch das Gesetzt der multiplen Proportionen (bei chemischen Reaktionen), das nun zusammen mit dem Gesetz der konstanten Proportionen (Joseph Proust 1794) und dem Gesetz der äquivalenten Proportionen (Jeremias Benjamin Richter 1791) eine einheitliche Erklärung fand. Seine bedeutendste Publikation, in der auch seine Atomhypothese dargelegt war, erschien 1808 unter dem Titel *A new system of chemical philosophy*.

Dem italienischen Chemiker Stanislao Cannizarro (1826–1910) blieb es vorbehalten, in den 1850er-Jahren nachzuweisen, dass Wasserstoff und andere damals bekannte Gase (z. B. Sauerstoff, Stickstoff, Chlor) Moleküle waren, die aus zwei Atomen bestanden. S. Cannizarro war ab 1855 Professor für Chemie in Palermo, ab 1851 Professor in Alessandria, ab 1855 in Genua, ab 1861 in seiner Heimatstadt Palermo und ab 1871 in Rom, wo er auch verstarb. Zu seiner vielseitigen Tätigkeit gehörte auch die Analyse von Gasen (einschließlich verdampfter Flüssigkeiten), und ein bevorzugtes Studienobjekt war das von Edward Frankland (1825–1899) erstmals synthetisierte Diethylzink, weil es organische Gruppen und gleichzeitig ein Metall enthielt. Aus diesen Untersuchungen stammte seine Erkenntnis, dass viele Gase aus zwei Atomen bestehen. Der Vollständigkeit halber sei hier auch erwähnt, dass die Bezeichnung „Molekül“ für eine chemische Verbindung aus zwei oder mehr Atomen 1811 von dem italienischen Chemiker Amadeo Avogadro (1776–1856) in den Sprachgebrauch der Naturwissenschaften eingeführt wurde.

Die Ergebnisse Cannizarros brachten neuen Schwung in die Debatte um Atom- und Molekülgewichte, und im Jahr 1860 organisierte der deutsche Professor F. A. Kekule (1829–1896), berühmt für seine Erfindung der Benzolformel, eine internationale Konferenz mit dem Ziel, die Atom- bzw. Elementgewichte verbindlich festzulegen. Dieses Vorhaben hatte Erfolg, und das Wasserstoffatom wurde mit der Massenzahl 1.0 als Bezugsgröße für alle schwereren Elemente festgelegt. Aus Gründen die in Abschn. 9.1 dargelegt sind, wurde die kleinste Masseneinheit der Chemie später nochmals neu und mit größerer Genauigkeit definiert (bei Wasserstoff mit Veränderungen hinter dem Punkt) und mit der Bezeichnung „Da“ zu Ehren von John Dalton versehen.

Nach Klärung der Frage, was unter dem Begriff Element zu verstehen sei, stellte sich nun die Frage der Namensgebung und der Definition von Symbolen, die sich für die Formulierung chemischer Gleichungen eignen. Für die Namensgebung galt seit dem frühen Mittelalter das ungeschriebene Gesetz, dass derjenige, der ein Element neu entdeckte, auch das Recht der Namensgebung hatte. Die Symbole wurden nach einem Vorschlag des schwedischen Chemikers Jöns J. Berzelius (1779–1848) aus einer Abkürzung des Namens hergeleitet, die maximal zwei Buchstaben umfassen durfte. Beispiele, die auf den griechischen oder lateinischen Namen der teilweise schon in der Antike bekannten Elemente basieren, sind in Tab. 8.2 zusammengefasst.

Ein Problem, das Mitte des 19. Jahrhunderts viel diskutiert wurde, war die Frage, ob und wie es möglich sein könnte, eine sinnvolle Ordnung in die wachsende Zahl der Elemente zu bringen. Es war den Fachleuten klar, dass eine Auflistung nach Alphabet oder Massenzahl nur eine Behelfsmethode sein konnte. Johann W. Döbereiner (1780–1849), Professor in Jena, machte darauf aufmerksam, dass es Triaden von Elementen mit sehr ähnlichen Eigenschaften gebe (z. B. Calcium, Strontium, Barium). John A. R. Newland (1837–1896) wies darauf hin, dass mehr als zwei Sequenzen von acht Elementen existieren würden, die Ähnlichkeiten in ihren Reaktion zeigten. Im selben Jahr (1869) in dem D. Mendeleev sein Periodensystem vorstellte, berichtete der deutsche Chemiker Lothar Meyer, dass beim Vergleich von Atomgewichten und Atomvolumina charakteristische Periodizitäten anzutreffen seien.

Mendeleevs Periodensystem (eine verbesserte Version wurde 1871 publiziert) integrierte alle diese Befunde, fand aber nicht bei allen Zeitgenossen sofort Anerkennung. Es wurde unter anderem deshalb angezweifelt, weil es noch erhebliche Lücken aufwies. Dieser Sachverhalt spornte jedoch nun

Tab. 8.2 Elementsymbole und ihr sprachlicher Ursprung

Chem. Symbol	Deutscher Name	Sprachlicher Ursprung
H	Wasserstoff	Griech. Hydrogenium (= Wasser bildend)
O	Sauerstoff	Griech. Oxygenium (= Säure bildend)
Cl	Chlor	Griech. Chloros (= gelbgrün)
Br	Brom	Griech. Bromos (= Gestank)
I	Jod	Griech. Ioeidäs (= veilchenfarbig)
C	Kohlenstoff	Latein. Carbon
S	Schwefel	Latein. Sulfur
Au	Gold	Latein. Aurum
Ag	Silber	Latein. Argentum
Cu	Kupfer	Latein. Cuprum (von Zypern)
Fe	Eisen	Latein. Ferrum
Pb	Blei	Latein. Plumbum
Sn	Zinn	Latein. Stannum

manche Wissenschaftler an, nach Elementen zu suchen, welche diese Lücken füllen konnten. Diese Elemente wurden auch nach und nach gefunden und lieferten eine endgültige Bestätigung für das Mendeleevsche System, das auch im 21. Jahrhundert in jedem Hörsaal eines chemischen Institutes zu finden ist. Schließlich zeigte sich, dass auf der Erde 92 Elemente vorkommen, von denen 12 radioaktiv sind und mehr oder minder schnell zerfallen. In Teilchenbeschleunigern wurden bis zum Jahr 2012 sechzehn weitere instabile Elemente hergestellt, und diese Art von „Schöpfungsprozess" wird sich auch in Zukunft fortsetzen. Die Ordnungsnummern, die in diesem Periodensystem auftreten (von 1 bis 92), erwiesen sich später als identisch mit der Zahl von Protonen im Atomkern. Über Aufbau und Stabilität von Atomen finden sich weitere Informationen in Abschn. 9.1.

Während es wohl unstrittig ist, dass, wie zuvor dargelegt, der Elementbegriff im Lauf von 2.500 Jahren zwei Paradigmenwechsel durchlief, gibt es unterschiedliche Meinungen, ob Mendeleevs Erfindung auch als (dritter) Paradigmenwechsel einzustufen ist. Nach Ansicht des Autors gab es jedoch vor 1869 kein allgemein akzeptiertes System einer Ordnung nach chemischen Gesichtspunkten, und wo kein Paradigma existiert, kann es auch keinen Paradigmenwechsel geben. Abgesehen von der Entwicklung des heliozentrischen Weltbildes ist die Wandlung des Element-Begriffes der wohl bedeutendste Paradigmenwechsel in der Geschichte der Naturwissenschaften,denn er betrifft alle Disziplinen, die mit Struktur uns Eigenschaften von Molekülen befasst sind.

Robert Boyle

Robert Boyle wurde am 4. Februar 1627 (nach gregorianischem Kalender) auf Schloss Lismore als 14. Kind des Earl of Cork (1566–1643) geboren. Schloss Lismore umfasste einen großen Landsitz in Südirland, und die guten finanziellen Verhältnisse erlaubten es dem Earl, seinen Kindern eine erstklassige Erziehung angedeihen zu lassen. So ging Robert Boyle in England im angesehenen Eaton College zur Schule und setzte seine Ausbildung in Genf und schließlich in Florenz fort. Seine schulische und universitäre Ausbildung erstreckte sich auf die Fächer Jura, Philosophie, Mathematik, Medizin sowie Theologie, und diese Ausbildung setzte notwendigerweise voraus, dass er wie jeder Wissenschaftler und Arzt der damaligen Zeit auch die lateinische Sprache beherrschte.

Sein Interesse galt aber zunehmend den Naturwissenschaften, und auch während seiner Aufenthalte in Florenz begann er das Werk von Galilei zu studieren, der 1642 in der Nähe von Florenz gestorben war. Nach dem Tod des Earl of Cork lebte R. Boyle ab 1644 auf einem Landsitz bei Stalbridge. Dort schrieb er sein erstes Buch (über Ethik) und begann auch mit chemischen Experimenten. 1655 zog er nach Oxford und wurde Mitglied einer Gemeinschaft von Wissenschaftlern, die sich „Invisible College" nannte. Aus dieser Gemeinschaft entstand die Royal Society mit Hauptsitz in London, und R. Boyle wurde sowohl Gründungsmitglied als auch (ab 1680) Präsident dieser Gesellschaft. Ab 1668 lebte er auch in London, wo er politisch tätig war, zumal er wegen seines Vermögens nicht gezwungen war, einem Broterwerb nachzugehen. Er lebte dort zusammen mit seiner Schwester, denn er war nie verheiratet. R. Boyle war von schlanker Statur und kränkelte Zeit seines Lebens. Wegen seiner angegriffenen Gesundheit zog er sich nach dem 62. Lebensjahr aus seinen öffentlichen Verpflichtungen zurück. Am 31. Dezember 1691 starb er, ein Jahr nach dem Tode seiner Schwester. Isaac Newton kam zu seinem Begräbnis im Januar 1692, und zusammen mit John Loke (1632–1704) kümmerte er sich in der Folgezeit um den schriftlichen Nachlass.

Zu R. Boyles bedeutenden Leistungen gehörte nicht nur die Neufassung des Elementbegriffes. Im Zusammenhang damit war er auch experimentell bemüht, verschiedene Substanzen in ihre chemischen Bestandteile zu zerlegen, das heißt, ihre Zusammensetzung zu analysieren. Er ist daher der Urheber des Wortes Analyse (griech. = Auflösung), und gilt daher auch als Urvater der analytischen Chemie. Er entdeckte als erster, dass bei der Verbrennung von Metallen, damals Verkalkung („calcination") genannt, das Gesamtgewicht zunimmt. Der deutsche Chemiker Georg E. Stahl (1659–1734), der die Phlogiston-Theorie entwarf (Abschn. 8.2) kannte Boyles Ergebnisse, die seiner Theorie widersprachen, entweder nicht, oder er ignorierte sie bewusst.

R. Boyle beschäftigte sich ferner intensiv mit den Eigenschaften von Luft und versuchte, ihr Gewicht zu messen sowie Informationen über ihre Zusammensetzung zu erlangen. Er beobachtete zum Beispiel, dass in einer geschlossenen Kammer eine Maus in dem Augenblick stirbt, in dem auch eine brennende Kerze erlischt. Damit war klar, dass Luft eine Komponente enthält, die sowohl Verbrennung unterhält als auch Leben ermöglicht. Aber die Identifizierung dieser Komponente als Sauerstoff gelang ihm noch nicht, sondern erfolgte erst etwa 100 Jahre später durch A. L. Lavoisier (Abschn. 8.2). Bei Messungen mit einem teilweise mit Quecksilber gefüllten U-Rohr fand er 1662 das Gesetz, dass Druck (P) und Volumen (V) umgekehrt proportional sind ($P = \text{konst.}/V$) oder $P \times V = \text{konst.}$). Fünf Jahre später wurde dieses Gesetz unabhängig auch von dem französischen Physiker Edme Mariotte (ca. 1620–1684) gefunden und ging schließlich als Gesetz von Boyle und Mariotte in die Lehrbücher ein.

Dimitri Ivanowitch Mendeleev

Dimitri I. Mendeleev wurde am 8. Februar 1834 (gregor. Kalender) in Tobolsk geboren als das jüngste von 17 Kindern von Iwan und Maria Mendeleev. Er besuchte in Tobolsk aber nur kurz das Gymnasium, weil seine Familie 1849 nach St. Petersburg umzog. Er wurde 1850 in das pädagogische Institut aufgenommen, musste sich aber 1855–1856 auf die Halbinsel Krim begeben, um eine beginnende Tuberkulose auszukurieren. Von 1859 bis 1861 war er in Paris tätig, wo er in seiner Wohnung auch ein kleines Labor einrichtete. Anschließend war er in Heidelberg tätig, wo er bei G. R. Kirchhoff neue spektroskopische Methoden kennenlernte. Von dort kehrte er nach St. Petersburg zurück, wo er 1862 heiratete. Er heiratete später noch ein zweites Mal und hatte mehrere Kinder.

D. Mendeleev promovierte 1865 an der Universität von St. Petersburg „Über die Verbindung von Alkohol und Wasser“. Aufgrund der dabei erworbenen Kenntnisse arbeitete er in der Folgezeit unter anderem an der Verbesserung der russischen Wodkaproduktion. Schon ab 1860 hatte er sich auch mit der Verbesserung der Erdölförderung in Baku (Aserbeidschan) befasst. Diese erfolgreichen und wirtschaftlich nützlichen Arbeiten hatten zur Folge, dass er 1867 zum Professor ernannt wurde. Er war auch danach weiterhin als Experte für Erdölförderung tätig und wurde 1876 von der Regierung nach Pennsylvania geschickt, um die Methoden der dortigen Erdölförderung zu studieren. Nach seiner Rückkehr verbesserte er die Raffinierung des russischen Erdöls und verfasste ein Buch mit dem Titel *Die Erdölindustrie in Pennsylvanien und in Kaukasien*. Obwohl er 1890 gegen die Beschneidung der universitären Autonomie durch Rücktritt von seiner Professur protestiert hatte, wurde er 1893 vom Finanzministerium zum Direktor des russischen Amtes für Maße und Gewichte ernannt. Daraufhin führte er in Russland das metrische System ein.

Sein größter wissenschaftlicher Erfolg war die Erfindung des Periodensystems der Elemente, wie es noch heute (nach mehreren Ergänzungen) benutzt wird. D. Mendeleev berichtete später selbst, dass er beim Schreiben eines Chemie-(Lehr-)Buches nach einer systematischen Ordnung der Elemente gesucht habe. Dabei habe er sich vor allem von folgenden Gesichtspunkten leiten lassen:

- vom Atomgewicht,
- von Ähnlichkeiten bei der Bildung von Verbindungen,
- vom elektrochemischen Verhalten und der Wertigkeit,
- von der Neigung zur Isomorphie.

D. Mendeleev war in Russland hoch angesehen, und an seinem Begräbnis 1907 auf dem Wolkow-Friedhof nahmen Tausende von Menschen teil. Zu den Ehrungen, die D. Mendeleev zu Lebzeiten zuteilwurden, gehörte die Ehrenmitgliedschaft in der Russischen Akademie der Künste sowie Mitgliedschaften in 90 ausländischen Akademien. Bei der Abstimmung des Nobelpreiskomitees 1906 fehlte ihm eine Stimme zur Preisverleihung. Posthum wurden in Russland zahlreiche Dörfer und kleinere Städte nach ihm benannt. Ferner tragen die Russische Chemisch-Technologische Universität in Moskau sowie eine U-Bahn-Station (Mendeleevskaja) seinen Namen. Wissenschaftler der Universität von Kalifornien in Berkeley gaben dem von ihnen erstmals erzeugten Element 101 seinen Namen, und ein Vulkan, ein unterseeischer Gebirgskamm sowie Krater auf dem Mond wurden nach ihm benannt.

Literatur

Abbott D (Hrsg.) (1986) Mendelejev, Dimitri Ivanovich. In: The biographical dictionary of scientists. Peter Bedrick Books, N. Y.

Broke WH (1997) Viewegs Geschichte der Chemie. Vieweg, Wiesbaden

Capelle W (1938) Die Vorsokratiker. Kröner, Stuttgart

Hollemann AF, Wiberg E (1960) Lehrbuch der Anorganischen Chemie. Walter de Gruyter, Berlin

Hunter M (2009) Between god and science. Yale University Press, New Haven

Kauffman GB (1988) Mendeleev, Dimitri Ivanovich. In: The electronic encyclopedia. Grolier Publishers, N. Y.

Maddison REW (1969) The life of honourable Robert Boyle FRS. Taylor & Francis, London

Mansfield J (Hrsg.) (1998) Die Vorsokratiker I. Reclam, Stuttgart
Posin DQ (1948) Mendeleev – the story of a great chmeist. Wittlesey House, N. Y.
Quafbeck-Seeger H-J (2007) Die Welt der Elemente – Die Elemente der Welt. Wiley VCH, Weinheim
Rapp C (1997) Die Vorsokratiker. C. H. Beck, München

8.2 Die Phlogiston-Theorie

Der Irrtum ist umso gefährlicher, je mehr Wahrheit er enthält. (Henry Frederic Amiel)

Die Emanzipation der Chemie als exakte Naturwissenschaft aus dem Schoß der jahrtausendealten Alchemie erfolgte vor allem durch Aufklärung einiger fundamentaler Irrtümer sowie durch die Entwicklung einer eigenen Formelsprache. Die Entwicklung der Formeln kam 1874 zum Abschluss durch eine Publikation des niederländischen Chemikers Jakob H. van't Hoff, der dafür 1901 mit dem ersten Nobelpreis für Chemie ausgezeichnet wurde.

Zu den fundamentalen Irrtümern, die überwunden werden mussten, gehörte die Phlogiston-Theorie. Das Wort Phlogiston stammt aus dem Altgriechischen und bedeutet „verbrannt" (im frühen Wissenschaftslatein wurde auch der Begriff „caloricum" verwendet). Unter Phlogiston wurde eine flüchtige, unsichtbare Substanz verstanden, die beim Verbrennen eines festen Produktes entwich. Wenn, wie im Fall von Schwefel und Kohle, beim Abrennen kein oder nur wenig Rückstand hinterblieb, dann wurde dieses Produkt als phlogistonreich erachtet. Wenn aber, wie bei der Verbrennung von Metallen, nur geringe Verluste gefunden wurden, dann war das Metall arm an Phlogiston. Zumindest bei einigen Metallen war es möglich, auch die Umkehrung der Verbrennung (heute: Oxidation) zu realisieren, indem die beim Verbrennen entstandenen Metalloxide (oder Oxid-Carbonat-Gemische) mit Kohle erhitzt wurden und so die Metalle zurückerhalten wurden (heute Reduktion genannt).

Die Phlogiston-Theorie wurde von dem in Halle lebenden Alchimisten Georg Ernst Stahl (1659–1734) in die Welt gesetzt. Die theoretische Basis seines Konzeptes bildete das Werk des deutschen Alchimisten und Bergbaufachmanns Johann Joachim Becher (1635–1682). Dieser hatte die Vier-Elemente-Lehre des Empedokles weiterentwickelt (Abschn. 8.1), indem er das Element Erde in drei Gruppen einteilte (dargelegt in seinem Hauptwerk *Physica subterranea*):

- *Terra fluida* (merkurische Erde), die mit den Eigenschaften Flüchtigkeit, Flüssigkeit, Feinheit und mit metallischen Eigenschaften assoziiert wurde.
- *Terra pinguis*, das Prinzip der fettigen und öligen Erde, das den Substanzen ölige, schwefelige und brennende Eigenschaften verlieh.
- *Terra lapida*, das Prinzip der steinartigen Erde, das den Substanzen Festigkeit, Kristallinität und Schmelzbarkeit verlieh.

Aus dieser Aufzählung wird auch ersichtlich, dass es bei den drei „Terras" nicht so sehr um Materie, als vielmehr um Wirkungsprinzipien ging. G. Stahl beschäftigte sich nun vor allem mit einer weiteren Ausarbeitung der „terra pinguis" und präsentierte seine Gedanken 1697 in dem Buch *Zymotechnica fundamentalis*. Das Prinzip Schwefel und Brennbarkeit wurden zum Phlogiston, das nicht nur bei der Verbrennung entwich, sondern sich auch beim Gären organischer Stoffe sowie beim Verwesen von Pflanzen und Tieren entwich. In G. Stahls eigenen Worten: „[…] dass freilich sowohl in dem Fett, da man die Schuhe mit schmiert, als in dem Schwefel aus den Bergwerken und allen verbrennlichen halben und ganzen Metallen, in der wahren Tat, einerley, und eben dasselbige Wesen sey, was die Verbrennlichkeit gibt und macht."

G. Stahl beachtete noch mehr als J. J. Becher den Unterschied zwischen Substanzen (Materialien) einerseits, und Prinzipien, welche den Substanzen ihre typischen Eigenschaften verleihen, andererseits. Die unterschiedlichen Eigenschaftsbilder verschiedener Substanzen ergaben sich dann durch die gemeinsame Einwirkung von zwei oder mehr verschiedenen Prinzipien. Und noch mal Originalton G. Stahl: „[…] nicht, daß der Schwefel, aber wohl in dem Schwefel, eben dasselbige brennende Grundwesen sey, was auch in diesen Metallen, ja allen verbrennlichen Dingen, das wahre eigentliche und specifique brennliche Hauptwesen ausmacht."

G. Stahl gelang es nicht nur, die verbrannten Metalle, das heißt die Metalloxide (und Oxid-Carbonat-Gemische) durch Zuführung von Phlogiston (d. h. durch Erhitzen mit Kohle) wieder in die Metalle zurückzuführen, dies gelang ihm sogar auch bei dem Nichtmetall Schwefel und seinen Verbrennungsprodukten. Er konnte aus Schwefelsäure geringe Mengen an Schwefel zurückgewinnen. Diese Ergebnisse bestätigten ihm die Allgemeingültigkeit seiner Theorie.

Ein Problem, das anfänglich Verwirrung stiftete, war die Beobachtung, dass ein Verbrennungsvorgang schnell erlosch, wenn man eine Glas- oder Blechhaube darüber stülpte. Die Hilfserklärung bestand in der Annahme, dass sich Phlogiston am Brandherd ansammele und die Ausbreitung von weiterem Phlogiston verhindere. Erst die Verdünnung mit Luft ermögliche die Fortsetzung der Verbrennung. Ein weiteres Problem für die Anhänger der Phlogiston-Theorie bildete die Frage, inwieweit das Phlogiston ein realer Stoff ist, der sich in geeigneten Experimenten isolieren und charakterisieren lassen sollte. Der Mann, der auf diese Frage zunächst eine geeignete Antwort zu haben schien und die Phlogiston-Theorie zur höchsten Blüte entwickelte, war Henry Cavendish. Er brachte Metalle wie Eisen, Zink oder Zinn in Kontakt mit Salzsäure oder verdünnter Schwefelsäure und beobachtete 1766 die Entwicklung eines Gases (z. B. $Zn + 2\ HCl \rightarrow ZnCl_2 + H_2$), das interessante Eigenschaften aufwies.

Dieses heute Wasserstoff genannte Gas (H_2) war leicht flüchtig, es war farb- und geruchlos und leicht entzündlich. Das bei der Verbrennung entstehende Wasser entging Cavendish zwar nicht, aber er hielt es für Feuchtigkeit, die im Gas enthalten war. Aus der Tatsache, dass sich dieses Gas aus verschiedenen Säuren entwickelte, unabhängig von deren Konzentration, schloss Cavendish, dass das neue Gas aus den Metallen freigesetzt wurde und das gesuchte Phlogiston war. Für diese Hypothese fand er viele Anhänger. Eine weitere Stütze für seine Phlogiston-Theorie sah Cavendish in folgendem Experiment: Da verbrannte Metalle, das heißt Metalloxide und -carbonate, frei von Phlogiston sein sollten, dürfte beim Verrühren mit Säuren auch keine „brennbare Luft“, das heißt Phlogiston, freigesetzt werden, was durch mehrere entsprechende Experimente bestätigt wurde.

Ebenfalls einen wichtigen Beitrag lieferte Joseph Priestley. Er ließ „brennbare Luft“ über erhitzte, fein verteilte Metalloxide streichen und beobachtete einen Verbrauch des Gases bei gleichzeitiger Rückbildung der Metalle (z. B. $PbO + H_2 \rightarrow H_2O + Pb$). Offensichtlich waren also die als dephlogenisierte Metalle verstandenen Metalloxide wieder phlogenisiert worden.

Cavendish bemühte sich auch sehr, die Bildung von Wasser und seine Verunreinigung durch Salpetersäure zu verstehen. Er hatte beobachtet, dass bei der Verbrennung von Phlogiston (Wasserstoff) mit Luft Wasser entstand, das geringe Mengen an Salpetersäure enthielt. Bei der Verbrennung von Wasserstoff mit reinem Sauerstoff entstand jedoch reines Wasser. Daher interpretierte Cavendish den Stickstoff der Luft (N_2) als phlogenisierte Salpetersäure und die Salpetersäure als dephlogenisierten Stickstoff. Dazu passte, dass bei der Explosion von Kaliumnitrat (KNO_3), einem Salz der Salpetersäure, mit Kohlenstoff, der das Phlogiston lieferte, wieder Stickstoff entstand. Auch wurde ab 1776 das Gas Stickoxid (NO) bekannt, das als teilweise phlogenisierte Salpetersäure oder als teilweise dephlogenisierter Stickstoff verstanden wurde.

Aufgrund von Experimenten, die Antoine Laurent Lavoisier (1743–1794) nach 1772 durchführte, machte sich allmählich die Erkenntnis breit, dass Luft außer Stickstoff noch ein weiteres Gas enthielt, nämlich den Sauerstoff (O_2). Diese damals zunächst als lebenserhaltendes Gas oder Lebensgas bezeichnete Komponente der Luft wurde von A. L. Lavoisier „Oxigène“ genannt und bekam später im Deutschen den Namen Sauerstoff, weil bei der Verbrennung von Nichtmetallen wie Stickstoff, Schwefel oder Phosphor Oxide entstehen, die mit Wasser Säuren bilden: Salpetersäure (HNO_3), schwefelige Säure (H_2SO_3), Schwefelsäure (H_2SO_4) und Phosphorsäure (H_3PO_4). Obwohl A. L. Lavoisier ein ganz anderes Konzept (Paradigma) verfolgte (s. unten), war Cavendish so genial, Lavoisiers neue Entdeckung für seine Phlogiston-Theorie nutzbar zu machen. Dabei revidierte er auch seine erste Hypothese, in der die „brennbare Luft", der Wasserstoff, als Phlogiston galt.

Cavendish hatte realisiert, dass Sauerstoff relativ leicht mit dem Stickoxid NO reagierte, dieses also dephlogenisierte, aber mit Wasserstoff unter normalen Bedingungen nicht reagierte. Eigentlich sollte Sauerstoff aber mit dem reinen Phlogiston besonders rasch reagieren. Wenn aber Wasserstoff mit Sauerstoff (oder Luft) bei nur schwacher Beleuchtung und ohne Erhitzen in einen Behälter (Kolben) eingesperrt wurde, dann blieb dieses Gemisch tage- und wochenlang stabil, und erst nach Zündung erfolgte die explosionsartig Verbrennung zu Wasser. Cavendish interpretierte nun die „brennbare Luft" als phlogenisiertes Wasser, und das bei der Verbrennung gebildete normale Wasser verstand er als dephlogenisiertes Wasser.

Mit dieser Hypothese konnte nun auch die Verbrennung von Metallen besser beschrieben werden. Im Unterschied zu anfänglichen Versuchen von G. Stahl und anderen Alchimisten stellte A. Lavoisier nämlich klar, dass bei der Verbrennung von Metallen, wenn sie vorsichtig durchgeführt wurde, immer eine Gewichtszunahme eintrat, was alleine mit dem Entweichen von Phlogiston nicht vereinbar war. Wenn aber die Verbrennung der Metalle als Reaktion mit phlogenisiertem Wasser verstanden wurde, dann entwich zwar auch Phlogiston, aber es bildete sich gleichzeitig auch ein Metallhydrat, das schwerer war als das ursprüngliche Metall (z. B. $Zn + H_2O\text{-}\phi \rightarrow ZnOH_2 + \phi$). H. Cavendishs neue Phlogiston-Theorie war also ein geniales (wenn auch falsches) Konzept, das fast alle Versuchsbefunde der damaligen Zeit widerspruchslos erklären konnte. Allerdings lagen all diesen Versuchen keine exakten quantitativen Gewichtsanalysen zugrunde.

Der erste und entscheidende Todesstoß für die Phlogiston-Theorie kam von A. L. Lavoisier. Zuvor hatte Louis B. G. de Moreau (1737–1814) im Jahr 1772 festgestellt, dass bei einer experimentell sorgfältig durchgeführten Verbrennung immer eine Gewichtszunahme und nicht, wie zu Zeiten von G. Stahl geglaubt, eine Gewichtsabnahme eintritt. Der früher oft beobachtete Gewichtsverlust war wohl dadurch zu erklären, dass das Verbrennen von Metallpulvern beim Verbrennen mit offener Flamme dazu führte, dass der heiße Luftstrom feine Metalloxidpartikel mitriss. A. L. Lavoisier weitete nun die exakte Untersuchung von Verbrennungsversuchen auch auf Nichtmetalle aus und stellt auch dabei eine Gewichtszunahme fest. Ein wesentlicher Fortschritt von Lavoisiers Arbeiten bestand darin, dass er sich bemühte, seine chemischen Reaktionen auch quantitativ zu analysieren. Er stellte fest, dass die Gewichtszunahme beim Verbrennen einer Substanz genau mit dem Verbrauch an Sauerstoff übereinstimmt. Für Phlogiston war da kein Platz mehr.

Lavoisiers neue „Oxidationstheorie" hatte zunächst das Problem zu erklären, wie Wasserstoff aus der Reaktion von Metallen mit wässrigen Säuren entsteht. Lavoisier betrachtete ein Metall als reine Substanz (später als Element definiert), sodass der Wasserstoff entgegen Stahls und Cavendishs Hypothese aus der Säure stammen musste. Ferner gab es in H. Cavendishs letzter Phlogiston-Theorie zwei Arten von Wasser, das phlogenisierte, gasförmige und brennbare Wasser sowie die flüssige dephlogenisierte Variante. Drei Zeitgenossen brachten Lavoisier unbeabsichtigterweise auf die richtige Idee.

Im Jahr 1774 beobachteten William Scheele (1742–1786) und Joseph Priestley (1733–1804) annähernd gleichzeitig, dass beim Erhitzen von Quecksilberoxid auf über 400 °C ein Gas frei wurde, das die Verbrennung förderte. Es war die erste Reindarstellung von Sauerstoff. Ferner hatten H. Cavendish und J. Priestley beobachtet, dass bei der Verbrennung von Wasserstoff mit Luft oder Sauerstoff Wasser in Erscheinung trat. A. L. Lavoisier interpretierte nun Wasser als Oxid des Wasserstoffs (die Formel H_2O wie auch andere präzise Formeln waren damals noch nicht bekannt). Um diese Hypothese zu beweisen, versuchte er, Wasserstoff durch Entzug von Sauerstoff aus Wasser freizusetzten. Dies gelang ihm durch Überleiten von Wasserdampf über glühende Kohle, wobei neben Wasserstoff kohlensaures Gas (CO_2), aber auch das damals noch nicht identifizierbare Kohlenmonoxid (CO) entstanden. Beim Überleiten von Wasserdampf über glühendes Eisenpulver entstand analog Wasserstoff und Eisenoxid (z. B. $Fe + H_2O \rightarrow FeO + H_2$).

Mit dieser Erkenntnis war nun auch zu verstehen, dass der Wasserstoff, der bei der Reaktion von Metallen mit wässrigen Säuren gebildet wurde, durch Zersetzung des Wassers und nicht durch Entweichen aus dem Metall entstand. Lavoisier untermauerte seine Hypothese durch eine möglichst genaue quantitative Bilanzierung seiner Experimente, und damit ebnete er auch den Weg für das von Joseph Louis Proust (1754–1816) im Jahre 1797 formulierte Gesetz von den konstanten Proportionen. Dieses Gesetz besagt, dass reine Substanzen (z. B. Elemente) immer nur in bestimmten Mengenverhältnissen vollständig mit einander reagieren können. A. L. Lavoisier und J. L. Proust waren wiederum Wegbereiter von John Daltons im Jahre 1805 publiziertem „Daltonschen Gesetz". Es besagt, dass der Gesamtdruck eines Gasgemisches sich aus den Partialdrücken seiner Bestandteile ergibt. Damit hatte sich die Oxidationstheorie endgültig als das überlegene Konzept erwiesen, und A. L. Lavoisier bewirkte einen revolutionären Paradigmenwechsel der ca. 100 Jahre alten Phlogiston-Theorie.

Dennoch muss man sagen, dass die Phlogiston-Theorie einen wesentlichen Fortschritt beim Übergang von der Alchimie zur modernen Chemie darstellte. Sie brachte Ordnung in zuvor zusammenhanglos dastehende Reaktionen, indem sie zum Beispiel Verbrennungs- bzw. Oxidationsreaktionen und Reduktionsprozesse in einen logischen Zusammenhang brachte. Auch zeigte sie, dass bei der Verbrennung von Nichtmetallen Säuren entstehen, bei der Verbrennung von Metallen aber Basen.

Betrachtet man die Zeitspanne zwischen J. J. Bechers Buch und der Publikation von Daltons Gesetz, so zeigt sich beispielhaft, wie eine Hypothese durch immer neue Experimente und verbesserte Messmethoden mehrfach nachgebessert wurde und schließlich doch durch eine ganz neue Hypothese ersetzt werden musste, bis schließlich eine verlässliche Theorie entstanden war.

Im Übrigen leistete A. Lavoisiers Analyse der Luft und des Wassers einen wesentlichen Beitrag zum Paradigmenwechsel des Elementbegriffes, denn Luft und Wasser waren seit den Tagen von Thales und Anaximenes (Abschn. 8.1) als Urelemente des Kosmos fest in den Köpfen der Menschen der Antike und des Mittelalters verankert.

Antoine Laurent Lavoisier

A. L. Lavoisier wurde am 26. April 1743 in Paris geboren Er war der älteste Sohn von Jean Antoine Lavoisier (1715–1775), der sowohl als Arzt wie auch als Rechtsanwalt ausgebildet war, aber seinen Lebensunterhalt als Anwalt am obersten Gericht von Paris verdiente. Nach dem frühen Tod der Mutter zog die Familie in das Haus der Großmutter mütterlicherseits, wo A. L. Lavoisier bis zu seiner Heirat 1771 lebte. Dort richtete er sich auch sein erstes kleines Labor ein. Schon als Schüler interessierte er sich für Naturwissenschaften. Er besuchte ab 1754 das Collège Mazarin, wo er Vorlesungen in vier Fachrichtungen hörte. Chemie unterrichtete Guillaume-Francois Rouelle, Experimentalphysik Jean-Antoine Nollet, Botanik Bernard de Jussieu und Mathematik Nicolas Louis de Lacaille. Letzterer entdeckte auch die außerordentliche Begabung seines Schülers und förderte ihn entsprechend. Auf dringenden Wunsch des Vaters begann er allerdings ab 1760 mit dem Jurastudium, das er 1764 mit der Promotion abschloss. Er wurde daraufhin in die Pariser Anwaltsliste aufgenommen, doch ist unklar, wie intensiv er seinen Beruf ausübte.

Parallel zum Jurastudium verfolgte er intensiv sein Hobby, die Chemie, weiter und hörte dazu auch weiterhin Vorlesungen bei G. F. Rouelle. Seine Versuche waren so erfolgreich, dass er schon 1765, im Alter von 22 Jahren, eine erste Publikation *Analyse de gypse* veröffentlichen konnte. Ferner lieferte er einen Beitrag zur Verbesserung der Pariser Stadtbeleuchtung, wofür er

1766 eine Goldmedaille erhielt. Im Jahr 1768 folgte eine Ehrung dadurch, dass er in die Académie des Sciences als Assistent der Chemie aufgenommen wurde.

Dasselbe Jahr brachte auch eine entscheidende Wendung in seinem Berufsleben; er wurde Gehilfe des „Fermier“ Francois Baudin. Ein Fermier war ein Hauptzollpächter, und mit diesem Beruf hatte es folgende Bewandtnis: Der französische Staat verpachtete das Zolleintreiben und die Zolleinnahmen (vorwiegend aus dem Salz- und Tabakhandel stammend) an 40 (nach 1775 an 60) Hauptzollpächter, die stets die Pacht für ein Jahr vorstrecken mussten. Danach konnten sie die Zölle weitgehend nach eigenem Gutdünken erheben und den Überschuss in die eigene Tasche stecken. Da der Hauptzollpächter sein gesamtes Einzugsgebiet meist nicht selbst überwachen konnte, ernannte er Gehilfen, die sowohl an der Vorfinanzierung der Pacht als auch an den Einnahmen beteiligt wurden. Dieser neue Beruf hatte für A. L. Lavoisier entscheidende Auswirkungen für alle Bereiche seines Lebens. So musste er Rechenschaftsberichte an seinen Vorgesetzten Jean Paulze schreiben, der auch als Generalunternehmer und Direktor der Ostindienkompanie über ein erhebliches Vermögen verfügte. Er lernte dessen Familie kennen und heiratete 1771 die Tochter Anne-Pierrette.

Das junge Ehepaar zog in ein neues Haus mit Garten, das ein Geschenk des Schwiegervaters war und genug Raum bot, um ein großes Labor einzurichten. Dazu kam, dass seine Frau ebenfalls Interesse an chemischen Experimenten hatte, sein Laborjournal führte und fremdsprachliche wissenschaftliche Literatur übersetzte. Sein hohes Einkommen als Steuereintreiber ermöglichte es ihm, stets die besten Waagen und die neuesten Laborgeräte zu kaufen. Auch ließ er spezielle Instrumente anfertigen, zum Beispiel eine Waage für große Gasvolumina, mit der er Gasgewichte auf 50 mg genau messen konnte. Zu seinen besonderen Verdiensten gehörte auch die methodische Dreiteilung der Beschreibung von Versuchen, die sich bis heute erhalten hat:

- Versuchsbeschreibung
- Versuchsergebnisse
- Betrachtungen und Schlussfolgerungen

Er legte großen Wert darauf, bei der Interpretation von Versuchen beweisbare Argumente von Spekulationen (Hypothesen) zu trennen.

Zusammen mit vier weiteren Personen wurde er 1775 zum Inspekteur der staatlichen Pulverfabriken ernannt. Er erreichte wesentliche Produktionssteigerungen bei gleichzeitiger Reduktion der Kosten. In dieser Funktion lernte er den Assistenten Eleutherie Irénée du Pont kennen, der später in die USA auswanderte und dort durch den Bau von Pulvermühlen den Grundstein für die Firma E. I. DuPont legte, eine der größten Chemiefirmen der Welt.

Nach Beginn der französischen Revolution beteiligte sich A. Lavoisier an Reformen. Er führte standardisierte Maße und Gewichte ein und wurde Abgeordneter der Stände. Aber die französische Revolution überschlug sich und begann, ihre Kinder zu fressen. 1793 wurde er inhaftiert und zusammen mit 28 anderen Fermiers als Steuereintreiber und Erpresser angeklagt. Am 8. Mai 1794 endete er unter der Guillotine. Ein Freund, der italienische Astronom und Mathematiker Joseph-Louis Lagrange (1736–1813) schrieb: „Es dauert nur Sekunden einen Kopf abzuhacken, aber 100 Jahre dürften keinen ähnlichen hervorbringen wie diesen Lavoisier.“

Dieser Satz macht deutlich, dass A. L. Lavoisier schon zu Lebzeiten nicht nur in Frankreich hohes Ansehen genoss. Nachdem er schon 1786 zum Mitglied der Académie des Sciences berufen worden war, wurde er 1782 zum Mitglied der Société Royale de Médicine ernannt, 1783 wurde er Mitglied der Société Royal d'Agriculture, und 1785 wurde er in das Comité d'Agriculture berufen (er führte auch Experimente auf seinem Landgut durch und konnte den Ertrag der Getreideernte verdoppeln und den der Viehhaltung verfünffachen. Im Jahr 1784 wurde er zum Leiter der Académie des Sciences berufen. A. L. Lavoisier wurde später namentlich auf dem Eifelturm verewigt. Er ist der einzige nichtdeutsche Wissenschaftler, von dem im Deutschen Museum eine Büste aufgestellt wurde, auch wurde dort sein Labortisch rekonstruiert. Ferner erhielt der Asteroid C 826 seinen Namen.

Literatur

Brock WH (2000) Viewegs Geschichte der Chemie. Vieweg, Berlin, S. 50 ff

Carrier M (1992) Cavendishs Version der Phlogistonchemie. In: Mittelstraß J, Stock G (Hrsg.) Chemie und Geisteswissenschaften. Akademie Verlag, Berlin

Laupheimer P (1992) Phlogiston oder Sauerstoff. Die Pharmazeutische Chemie in Deutschland zur Zeit des Übergangs von der Phlogiston zur Oxidationstheorie. Wiss. Verlagsgesellschaft, Stuttgart

Speter M (1974) Lavoisier. In: Bugge G (Hrsg.) Das Buch der großen Chemiker, Bd. 1. Verlag Chemie, Weinheim

Szabadvary F (1973) Antoine Laurent Lavoisier – Der Forscher und seine Zeit 1743–1794. Gemeinschaftsausgabe der Akademie Kiado, Budapest, und der Wiss. Verlagsgesellschaft, Stuttgart

8.3 Vitalismus in der Chemie

Irrtümer haben ein zähes Leben, aber die Wahrheit frisst immer an ihnen.
(Rudolf G. Binding)

Die Vorstellung von Entwicklung und Verhaltensweise aller Lebewesen war etwa 2.000 Jahre lang durch das von Aristoteles (384–322 v. Chr.) propagierte Konzept der Entelechie geprägt. Entelechie bedeutet ein Ziel in sich tragend. Entelechie bedeutet also, dass ein Lebewesen von Geburt an ein Konzept und gleichzeitig eine Kraftquelle in sich trägt, nach dem es sich hinsichtlich seiner äußeren Erscheinung, aber auch hinsichtlich seines biologischen Verhaltens verwirklicht.

Aus dieser Entelechielehre heraus entwickelte sich nach der Renaissance die Lehre des Vitalismus, deren verschiedene Aspekte eine gemeinsame Grundlage haben, nämlich die Annahme einer „vis vitalis" (Lebenskraft), die allen Lebewesen, ob pflanzlich oder tierisch, innewohnt. Zu den bedeutendsten Vertretern des Vitalismus der frühen Zeit gehören Jan Baptist van Helmont (1577–1644), Georg Ernst Stahl (1659–1734), Albrecht von Haller (1708–1777), Theophil de Bordeu (1722–1776) und Johann Friedrich Blumenbach (1752–1844). Der Deutsche Biologe Hans Driesch (1867–1941) hielt jedoch die Vision des Vitalismus und der Entelechie in der Biologie noch in der ersten Hälfte des 20. Jahrhunderts am Leben.

Der Vitalismus war in erster Linie in der Naturphilosophie und in der Biologie beheimatet, und der Grundgedanke der „vis vitalis" hinterließ im Schrifttum zahlreicher Philosophen und Biologen Spuren. So kann zum Beispiel auch das neuere Werk von Rupert Sheldrake (geb. 1942) – *Morphologische Felder, Das Gedächtnis der Natur* – in den Dunstkreis des Vitalismus gerechnet werden.

Der Vitalismus spielte aber auch in der Entwicklung der Chemie von der Alchemie zur modernen Wissenschaft eine wesentliche Rolle, und zwar mit einem positiven und einem negativen Beitrag. Der positive Beitrag resultiert daraus, dass der Vitalismus eine klare Trennung zwischen organischen Substanzen (bzw. organischer Chemie) einerseits und anorganischen Substanzen (anorganischer Chemie) andererseits erzwang. Anorganische Substanzen, das waren Metalle und ihre Salze, Mineralien und Gesteine, anorganische Säuren (z. B. Salzsäure, Schwefelsäure) sowie anorganische Basen (z. B. Natron- oder Kalilauge). Anorganische Substanzen waren gleichbedeutend mit toter Materie.

Organische Verbindungen waren Substanzen, die von Pflanzen oder Tieren produziert wurden und zum Aufbau sowie zum Stoffwechsel dieser Lebewesen gehörten. Es wurde nun angenommen, dass auch alle diese von Lebewesen erzeugten Substanzen über eine „vis vitalis" verfügten und daher nicht im Labor aus anorganischen Chemikalien hergestellt werden könnten. Der negative Beitrag des Vitalismus bestand daher darin, dass er den Alchimisten und Chemikern Glauben machte, organische Substanzen könnten im Labor nicht aus anorganischen Vorstufen synthetisiert werden.

Aus heutiger Sicht sind organische Substanzen Verbindungen des Elements Kohlenstoff, die in fast allen Fällen auch noch das Element Wasserstoff enthalten. Es zeigte sich in der Zeit von 1850 bis 1950, dass Kohlenstoff unter allen chemischen Elementen über die einmalige Eigenschaft verfügt, mit sich selbst verschiedene Typen stabiler chemischer Bindungen einzugehen (Einfach-, Doppel-, Dreifachbindung) mit dem Ergebnis, dass Millionen von Verbindungen, die zum Teil Tausende Kohlenstoffatome enthalten, hergestellt und charakterisiert werden können. Der Vielzahl an chemischen Strukturen entspricht auch eine Vielzahl an chemischen und physikalischen Eigenschaften. Es sind diese Vielzahl und Flexibilität an Eigenschaften und Reaktionen, aber nicht eine „vis vitalis", welche Kohlenstoffverbindungen dazu befähigen, Aufbau und Funktion aller Lebewesen zu ermöglichen.

Die Entdeckung, dass sich organische Verbindungen doch aus anorganischen Vorstufen herstellen lassen, war einer von mehreren Paradigmenwechseln, die im 19. Jahrhundert ermöglichten, dass sich die Chemie von der jahrtausendealten Alchemie emanzipieren und zu einer exakten Naturwissenschaft entwickeln konnte. Der Mann, der den Ruhm hat, als erster organische Verbindungen aus anorganischen Chemikalien im Labor synthetisiert zu haben, ist Friedrich Wöhler. Im Jahr 1824 gewann er Oxalsäure (eine leicht giftige Substanz, die in vielen Pflanzen, v. a. im Rhabarber, vorkommt) durch Hydrolyse von Dicyan. Dabei entstand auch eine geringe Menge einer anderen kristallinen Substanz, die er zunächst nicht beachtete. Als er 1828 Harnstoff (NH_2-CO-NH_2) aus Ammoniak (NH_3) und Cyansäure (HOCN) gewinnen konnte, stellte er fest, dass das Beiprodukt der früheren Oxalsäuresynthese ebenfalls Harnstoff gewesen war.

Erst viele Jahre später, aber dann bis zum heutigen Tag, wurde F. Wöhlers Harnstoffsynthese als entscheidende wissenschaftliche Großtat gerühmt, mit welcher der Vitalismus zumindest in der Chemie zu Grabe getragen wurde. Im Jahr 1982, zu F. Wöhlers 100. Todestag, widmete die Deutsche Bundespost ihm eine Briefmarke, welche die Formel des Harnstoffs zeigt.

Wie Douglas McKnie und in neuerer Zeit Johann Uray klar herausgearbeitet haben, sahen Wöhler und seine Zeitgenossen die Situation wesentlich weniger dramatisch. Wöhlers Versuche blieben auch bei Chemikern zunächst weitgehend unbeachtet, und er selbst äußerte sich in einem Brief an den schwedischen Chemiker Jöns J. Berzelius (1779–1848) sehr vorsichtig: „Ein Naturphilosoph würde sagen, dass sowohl aus der tierischen Kohle als auch aus der daraus gewonnenen Cyanverbindung das Organische noch nicht verschwunden und daher ein organischer Körper daraus wieder hervorzubringen ist." Etwa zehn Jahre später war Wöhler schon wesentlich entschiedener in seiner Aussage. In der Einleitung zu einer Abhandlung *Über die Natur des Harnstoffs* schrieben F. Wöhler und J. von Liebig (1803–1873):

> Die Philosophie wird aus dieser Arbeit den Schluss ziehen, dass die Erzeugung aller organischen Materien, insoweit sie nicht mehr dem Organismus angehören, in unseren Laboratorien nicht allein wahrscheinlich, sondern als gewiss betrachtete werden muss. Zucker, Salicen, Morphin werden künstlich hervorgebracht werden. Wir kennen freilich die Wege nicht, aus denen dieses Endresultat zu erreichen ist, weil uns die Vorderglieder unbekannt sind, aus denen diese Materien sich entwickeln, allein wir werden sie kennenlernen.

In der Zwischenzeit hatten schon andere Chemiker begonnen, den Fußstapfen von F. Wöhler zu folgen:

- 1831 synthetisierte Th. C. Pelouze Aminosäuren aus Blausäure.
- 1845 synthetisierte L. H. F. Melzer Essigsäure aus Trichloressigsäure und H. Kolbe gewann Trichloressigsäure aus Tetrachlorethylen.
- 1846 erhielten H. Kolbe und E. Frankland Essigsäure und Propionsäure aus Methyl- bzw. Ethylcyanid.

Von den zahlreichen Synthesen organischer Verbindungen, die nach 1850 bekannt wurden, sollen nur zwei besonders wichtige Beispiele hervorgehoben werden.

- 1856 erfolgte die Herstellung des ersten Textilfarbstoffs „Mauvein" durch W. H. Perkin aus Bestandteilen des Steinkohlenteers.

1859 gelang es H. Kolbe, aus CO_2 und Natriumphenolat die Salicylsäure zu gewinnen. Salicylsäure war das Basismolekül für die spätere Produktion von Aspirin (ASS = Acetylsalicylsäure).

Durch die Synthesen vieler Farbstoffe und Medikamente wuchs in Europa, aber vor allem in Deutschland, eine bedeutende chemische Industrie heran. Deutschland hielt vor dem ersten Weltkrieg mehr als 50 % aller chemischen Patente weltweit und erhielt den Spitznamen „Apotheke der Welt". Diese Entwicklung zeigt die ungeheure Wirkung, die von Wöhlers ersten Synthesen schließlich ausging. In der Biologie und Philosophie blieb der Vitalismus noch Jahrzehnte erhalten, da Wöhlers Versuche bei Biologen und Philosophen entweder unbekannt blieben oder als unbedeutend eingestuft wurden.

Die Synthesen von Oxalsäure und Harnstoff waren nicht Wöhlers einzige Erfolge, er war vielmehr ein chemisches Universalgenie. Zu seinen besonderen Verdiensten zählt die erste Reindarstellung von Aluminium durch Reaktion von Aluminiumchlorid mit Kalium im Jahr 1827. Mit derselben Reduktionsmethode konnte er auch 1928 die Metalle Beryllium und Yttrium herstellen, und 1856 gelang ihm auch die Gewinnung von reinem, kristallinem Silizium.

Friedrich Wöhler

F. Wöhler wurde 1800 als Sohn des Tierarztes A. A. Wöhler in einem Vorort Frankfurts am Main geboren. Er studierte ab 1820 in Marburg Medizin und ab 1821 in Heidelberg Medizin und Chemie. Da sein Interesse an Chemie aber zugenommen hatte, ging er für ein Jahr zu J. J. Berzelius nach Stockholm, wo er sich in analytischer Chemie ausbilden ließ. Er übersetzte anschließend dessen Lehrbuch der „Thier-Chemie" ins Deutsche (erschienen 1831 in Leipzig). In der Zeit von 1825 bis 1831 war er Chemielehrer an der Gewerbeschule in Berlin und erhielt 1828 den Professorentitel. Bis 1836 wirkte er dann als Professor an der höheren Gewerbeschule in Kassel. 1836 wurde er zum ordentlichen Professor der Chemie, Medizin und Pharmazie an der Universität Göttingen berufen. Er wurde dort im Juli 1857 zum Ehrenbürger ernannt und starb in dieser Stadt am 31. Juli 1882. Dort wurde posthum ein Platz nach ihm benannt und 1890 ein lebensgroßes Bronzedenkmal errichtet.

Zu Wöhlers herausragenden Leistungen gehören, wie schon erwähnt, die erstmalige Herstellung von reinem Aluminium, Beryllium und Yttrium sowie die Reindarstellung von kristallinem Silizium. Darüber hinaus entdeckte er eine Synthese von Calciumcarbid (1862) und dessen Hydrolyseprodukt Acetylen, eine Methode der Acetylengewinnung, die noch über 100 Jahre auch in der Industrie angewandt wurde. Ferner synthetisierte er Benzoesäure aus Benzaldehyd und Hydrochinon aus p-Benzochinon.

F. Wöhler war mit Justus von Liebig eng befreundet. Zusammen entwickelten sie die sog. Radikaltheorie, mit der sich die schon damals erhebliche Vielzahl bekannter organischer Verbindungen systematisch erklären ließ. Ab 1838 half er von Liebig auch bei der Herausgabe von dessen berühmter Zeitschrift *Annalen der Chemie und Pharmazie*, welche die erste wissenschaftliche Zeitschrift Deutschlands auf dem Gebiet der Chemie war. Zu den Ehrungen, die ihm schon zu Lebzeiten widerfuhren, gehörte vor allem die Verleihung des Ordens „Pour le Mérite" für Wissenschaft und Kunst im Januar 1864. In Wien-Favoriten wurde 1929 die Wöhlergasse nach ihm benannt, und auf dem Campus der TU Dortmund gibt es den Wöhlerweg. Im Jahr 1972 wurde in Singen (Baden) ein Friedrich-Wöhler-Gymnasium gegründet. Schließlich wurde auch einer der zahlreichen Mondkrater nach ihm benannt.

Literatur

Bütschli O (1901) Mechanismus und Vitalismus. Engelmann, Leipzig

Kirchner M, Gerhart J, Mitchison T (2000) Molecular Vitalism. Cell 100: 79

McKee D (1944) Wöhlers synthetic urea and the rejection of vitalism, a chemical legend. Nature 152: 208

Urey J (2009) Mythos Harnstoffsynthese. Nachrichten aus der Chemie 57: 1439

Valentin J (1949) Friedrich Wöhler. In: Große Naturforscher, Bd. 1. Wiss. Verlagsgesellschaft, Stuttgart

Internetlinks universal_lexikon.deacademic.com/133038/Vitalismus

8.4 Gibt es Riesenmoleküle?

Das sind die Weisen, die durch den Irrtum zur Wahrheit reisen. Das sind die Narren, die im Irrtum verharren. (Friedrich Rückert)

Wie schon in Abschn. 8.1 erwähnt, wurde der Begriff „Molekül" von Amadeo Avogadro (1776–1856) im Jahr 1810 geprägt, als Bezeichnung für eine Substanz, die aus mehreren Atomen aufgebaut ist. Riesenmoleküle, von H. Staudinger ab 1922 Makromoleküle genannt, entstehen dementsprechend aus einer Verknüpfung von Hunderten oder gar Tausenden kleiner Moleküle. Als äquivalenter Begriff wurde seit über 100 Jahren auch die aus dem Griechischen abgeleiteten Worte Polymere (d. h. Vielteilige) und Monomere (d. h. Einteilige) verwendet. Zum besseren Verständnis der fundamentalen Rolle, die Polymere heute im Alltag der Menschheit spielen, ist es sinnvoll, zwischen zwei großen Gruppen zu unterscheiden, den Biopolymeren und den synthetischen Polymeren.

Biopolymere werden von allen Lebewesen hergestellt, gleichgültig, ob Mikrobe, Pflanze, Tier oder Mensch. Sie machen meist über 90 % der Gesamtmasse der Lebewesen aus, wenn man Wasser und Knochen sowie Zähne vom Lebendgewicht abzieht. Bei Menschen und Wirbeltieren gehört fast die gesamte Masse der Biopolymere zur Klasse der Proteine, eiweißartige Biopolymere, die aus Aminosäuren aufgebaut sind. Die gesamte Oberfläche eines nackten Menschen, von den Haarspitzen über die Augen bis zu den Zehennägeln besteht aus Proteinen, ebenso die Muskeln, Sehnen und Bänder. Bei Pflanzen gehört die Hauptmasse der Biopolymere zur Klasse der Polysaccharide; das sind Polymere, die aus Zuckermolekülen, den Monosacchariden, aufgebaut sind (auch Kohlenhydrate genannt). Das in größter Menge von der Natur produzierte Biopolymere ist die Zellulose, die in allen Pflanzen als Gerüstsubstanz dient und deren aufrechten Wuchs ermöglicht. Ebenfalls aus Traubenzuckermolekülen aufgebaut, aber andersartig verknüpft, ist die Stärke, das Hauptnahrungsmittel der Menschheit. Während synthetische Polymere erst seit etwa 100 Jahren industriell hergestellt werden (das erste Produkt war Bakelit), hat die Menschheit schon vor vielen Jahrtausenden begonnen, Biopolymere für sich nutzbar zu machen.

Zu den frühesten Aktivitäten dieser Art gehören Enthaaren und Gerben von Tierfellen zur Herstellung von Lederkleidung, Lederriemen und Pergament. Die Chinesen entwickelten das Spinnen von Seidenfäden und die Produktion von Seidengeweben, die schon im antiken Rom für Furore sorgten. Das Scheren von Schafen und Verspinnen der Wolle lieferte dazu warme Bekleidung. Zu den Anfängen dieser Entwicklung gehörte auch die Herstellung einer Art Papier aus Papyrusfasern sowie die Herstellung von richtigem Papier, zuerst aus Seidenfasern und später aus den Zellulosefasern von Hanf und Leinen. Die Bedeutung von Papier für die Entwicklung von Kultur und Zivilisation kann gar nicht hoch genug eingeschätzt werden, auch wenn es einige Negativerscheinungen gibt, wie postalische Reklamesendungen und die vielen schwerverständlichen Formulare unserer Bürokratie.

Ferner lieferten Zellulosefasern in Form von Hanf und Leinen über Jahrtausende einen entscheidenden Beitrag zur menschlichen Kleidung und zur Seefahrt. Darüber hinaus hat Zellulose in Form von Baumwolle in den letzten Jahrhunderten die Bekleidung qualitativ und quantitativ verbessert. Nicht vergessen werden soll, dass auch die Entwicklung von Dynamit und verwandter Sprengstoffe auf der Verwendung von Zellulose beruht. Mithilfe von Sprengstoffen wurden und werden Kanäle, Tunnels und Brücken gebaut, Steine aus Steinbrüchen gewonnen sowie Kohle und Erze aus Bergwerken. Ohne modifizierte Zellulose in Form von Zelluloid hätte auch die Entwicklung von Foto- und Kinofilmen noch lange auf sich warten lassen.

Neueren Datums ist die Verarbeitung von Naturkautschuk (Polyisopren). Dieses aus „tränenden Bäumen" gewonnene Polymer wurde zwar in kleinen Mengen schon von den Mayas verwendet, Untersuchungen über eine industrielle Nutzung in der westlichen Zivilisation begannen jedoch erst zu Anfang des 19. Jahrhunderts. Ein entscheidender Schritt war die Erfindung der Vulkanisation durch Charles Goodyear um 1848, bei der Naturkautschuk durch Vernetzung mit Schwefel in gebrauchsfähigen Gummi übergeführt wird. Hosengummis, Fahrzeugreifen, Flugzeugreifen, Dichtungen und die tägliche Nutzung der Elektrizität mithilfe elastischer Kabel verdanken wir dieser Erfindung.

Diese wenigen Beispiele zeigen, dass die Verknüpfung kleiner Moleküle (Monomere) zu langen Ketten besondere Eigenschaften mit sich bringt, deren Nutzung – auch durch Produktion neuer Polymere – unsere Zivilisation in den letzten Jahrzehnten entscheidend beeinflusst hat. Umso erstaunlicher ist es aus heutiger Sicht, dass fast die gesamte Fachwelt, vom Chemiker bis hin zum Verarbeitungstechniker, bis in die Zeit um 1930 der Ansicht war, dass Polymere nur Assoziate kleiner Moleküle sind. Assoziat heißt hier, dass die stabilen Moleküle (Monomere, Dimere, Trimere) nur durch relativ schwache elektrische Kräfte aneinander hängen (sog. „ältere Micellar-Lehre"). Die durch den von Hermann Staudinger bewirkten Paradigmenwechsel heute geltende Vorstellung besagt dagegen, dass die Bausteine der Polymere durch die 10- bis 50-mal stärkeren Kovalenzen (Atombindungen) verknüpft sind, wie sich das auch in der enormen Reißfestigkeit von Angelschnüren und Schiffstauen augenfällig dokumentiert.

Nun kann man nicht davon ausgehen, dass alle Wissenschaftler, die vor 1925 (± 5 Jahre) mit Polymeren zu tun hatten, wesentlich dümmer waren als die Wissenschaftler nach dieser Zeit. Was also hatte die Fachwelt bewogen, die „ältere Micellar-Lehre" zu favorisieren und H. Staudingers neue These abzulehnen oder gar intensiv zu bekämpfen? Es waren zahlreiche experimentelle Befunde, die auf den ersten Blick das alte Paradigma zu unterstützen schienen. Ferner war man über die Stärkeverhältnisse von Nebenvalenzen und Kovalenzen noch nicht hinreichend informiert.

Die experimentelle (und psychologische) Basis der „älteren Micellar-Lehre" bildete das Werk von Emil Fischer (1852–1919), der als Professor für organische Chemie lange Zeit in Berlin tätig war. E. Fischer hatte durch erfolgreiche Arbeiten auf verschiedenen Gebieten ein außerordentliches Ansehen in ganz Europa gewonnen, und wurde 1902 mit dem zweiten Nobelpreis in der Geschichte der Chemie geehrt. Seine Mitarbeiter hatten schrittweise Peptidketten (die kleineren Analoga der Proteine) bis zu einer Kettenlänge von 18 Aminosäuren synthetisiert (Molekulargewichte bis 2.100 Da) sowie ein Polysaccharid mit etwas größerer Kettenlänge und einem Molekulargewicht von 4.021 Da. In einem Vortrag auf der Naturforscherversammlung in Wien 1913 erklärte er, dass seine Polysaccharide ein größeres Molekulargewicht besäßen als alle natürlichen Proteine. Und er war der Ansicht, dass die Natur keine anderen höheren Polymere herstellen würde.

Danach folgten verschiedene Resultate anderer Arbeitsgruppen, die H. Staudingers These zu widersprechen schienen. So berichteten M. Bermann und E. Knehe, dass eine modifizierte Stärke (Amylose-Triacetat) in Phenol gelöst nur das Molekulargewicht des Monomers (288 Da) zeige. Ferner berichteten mehrere Forscher von ersten Röntgenuntersuchungen an Zellulose, dass diese kristallin sei und die Elementarzelle (die kleinste Zahl an Atomgruppen, welche das Röntgendiagramm erklären können) nur zwei oder drei Zuckermoleküle umfasse. Analoge Ergebnisse wurden für den durch Dehnung kristallisierten Naturkautschuk publiziert. Ferner wurde von C. Harries und R. Pummerer aufgrund verschiedener Messungen die Auffassung vertreten, dass es sich auch bei Naturkautschuk um Assoziate kleinerer Moleküle (Oligoisoprene) handele.

Aufschlussreich für die Mentalität der damaligen Fachwelt ist ein Ratschlag, den der spätere Nobelpreisträger Heinrich Wieland (1877–1957, Nobelpreis 1927) seinem jüngeren Kollegen H. Staudinger, der sein Nachfolger in Freiburg war, noch 1926 mit auf den Weg gab (aus den *Arbeitserinnerungen* Staudingers): „Lieber Herr Kollege, lassen Sie doch die Vorstellungen von den großen Molekülen. Organische Moleküle mit einem Molekulargewicht über 5.000 Da gibt es nicht. Reinigen Sie Ihre Produkte, wie z. B. den Kautschuk, dann werden sie kristallisieren und sich als niedermolekulare Stoffe erweisen."

Schließlich soll erwähnt werden, dass sich einige der wenigen vor 1920 bekannten synthetischen Polymere durch Erhitzen im Vakuum teilweise oder ganz zu den entsprechenden Monomeren abbauen lassen. Das gilt insbesondere für Polystyrol und Polyformaldehyd sowie für das etwas später bekannt gewordene Polymethylmethacrylat, das „Plexiglas". Alle diese keineswegs vollständig aufgezählten Ergebnisse machen einigermaßen verständlich, warum die Fachwelt bis zum Ende der 1920-Jahre der „älteren Micellar-Lehre" anhingen.

H. Staudinger war in den Jahren 1912 bis 1926 Professor für organische Chemie an der Eidgenössischen Technischen Hochschule in Zürich. Der arbeitete dort auf verschiedenen Gebieten der organischen Chemie, interessierte sich aber zunehmend für die Synthese und Charakterisierung von Polymeren, insbesondere für Biopolymere wie Zellulose und Naturkautschuk. Dazu hatten erste Arbeiten schon um 1910 in Karlsruhe begonnen. Seine bis 1919 erarbeiteten Ergebnisse fasste er in einer 1920 erschienenen Publikation zusammen. Darin schrieb er:

> Und doch glaube ich, dass nach dem vorliegenden Beobachtungsmaterial solche Annahmen [Assoziate sind kleinere Moleküle] zur Erklärung des Entstehens der Polymerisationsprodukte nicht gemacht zu werden brauchen; vielmehr können die verschiedenartigen Polymerisationsprodukte, wie ich im Folgenden zeigen möchte, durch normale Valenzformeln eine genügende Erklärung finden; und gerade in der organischen Chemie wird man so lange wie möglich sich bemühen, die Eigenschaften der Verbindungen durch Formeln mit Normalvalenzen wiederzugeben.

Seine Beweisführung für die Existenz von kovalenten Makromolekülen basierte vor allem auf dem Verfahren der „polymeranalogen Umsetzung". Bei diesem Verfahren werden reaktionsfähige (funktionelle) Gruppen, die seitlich an jeder Monomereinheit sitzen, möglichst quantitativ chemisch modifiziert, wobei sich die Eigenschaften des Polymers meist drastisch ändern. So sind zum Beispiel Zellulose, Stärke und Polyvinylalkohol aufgrund der seitlichen OH-Gruppen in Wasser löslich oder quellbar, aber unlöslich in organischen

Lösungsmitteln wie Aceton, Essigester, Chloroform oder Benzin. Werden nun die vielen OH-Gruppen in Acetatgruppen übergeführt (z. B. mittels Essigsäureanhydrid), dann geht die Löslichkeit in Wasser verloren, aber die polymeren Acetate lösen sich in organischen Lösungsmitteln (UHU ist eine Lösung von Polyvinylacetat in Essigester).

Würde nun die Assoziation von Zellulose, Stärke oder Polyvinylalkohol auf Wechselwirkungen der OH-Gruppen beruhen, so sollten nach der Umwandlung in Acetatgruppen nur noch kleine Moleküle vorliegen. H. Staudinger konnte an vielen Beispielen zeigen – auch durch Anlagerung von Wasserstoff an Naturkautschuk – dass die polymeranalogen Umsetzungen an der Molekülgröße (Kettenlänge) nichts ändern. Diese Ergebnisse waren nur durch die Existenz langer aus Kovalenzen aufgebauter Makromoleküle zu erklären. Dazu kam, dass nach und nach die oben genannten Gegenargumente entkräftet werden konnten. Hermann Mark (1895–1992) bewies, dass Proteine und Zellulose viel höhere Molekulargewichte haben als von den Nobelpreisträgern E. Fischer und H. Wieland vorhergesagt, auch erwiesen sich Molekulargewichtsmessungen von Polysacchariden in Phenolen als unzuverlässig, weil Phenol diese Polymere abbauen kann.

Nach 1926 konnte H. Staudinger mehr und mehr Kollegen von seinem Konzept überzeugen. Zuvor war es auch schon passiert, dass er auf wissenschaftlichen Tagungen Redeverbot erhalten hatte, weil die Organisatoren sein Konzept für Unsinn hielten. Aber der endgültige Durchbruch seiner Theorie wurde ab 1928 durch das Aufkommen der „neuen Micellar-Lehre" nochmals um Jahre verzögert. Kurt H. Meyer (1882–1956) und H. Mark akzeptierten, dass Polymerketten mit bis zu 50 Monomereinheiten existierten, die typisch kolloidalen, viskosen Lösungen großer Makromoleküle interpretierten sie aber als Assoziate mehrerer Ketten. H. Staudinger konnte nach 1930 auch diese Lehre nach und nach widerlegen, sodass sich auch K. H. Meyer und H. Mark nach 1940 seiner Theorie anschlossen.

Nach dem ersten Weltkrieg gingen mehr und mehr von H. Staudinger ausgebildete Studenten in die deutsche chemische Industrie und verbreiteten dort seine Ideen. Der Forschungsleiter der BASF, K. H. Meyer, heuerte 1926 H. Mark an, um die Charakterisierung und Entwicklung von Polymeren zu fördern. So begann die BASF um 1926 mit den Vorarbeiten zur Produktion von Polystyrol, das nach 1928 auf den Markt kam. Konsequenzen dieser langjährigen Erfahrung mit Polystyrol waren die Erfindung des Styropor Anfang der 1950er-Jahre und die Tatsache, dass die BASF auch zu Beginn des 21. Jahrhunderts zu den weltweit führenden Produzenten von Styrol enthaltenden Polymeren gehört.

Die Bayerwerke hatten schon kurz vor dem ersten Weltkrieg mit der Produktion von Synthesekautschuk begonnen, und nach dem Krieg lieferten auch andere Werke der I. G. Farben wichtige Beiträge zur Produktion verschiedener Elastomere (Gummimaterialien). Ferner wurden noch vor dem zweiten Weltkrieg in Deutschland und anderen Ländern mehrere neue Polymere erfunden und auf den Markt gebracht.

Nach dem zweiten Weltkrieg vermehrten sich Zahl und Menge der Polymere explosionsartig, und synthetische Polymere begannen alle Lebensbereich zu durchdringen. Dabei handelte es sich keineswegs nur um Kunststoffe (präziser: Werkstoffe). Die wichtigsten Anwendungsbereiche synthetischer Polymere sind in Tab. 8.3 zusammengefasst.

Die folgende Übersicht gibt einen unvollständigen Blick über die Verwendung von Polymeren in der Medizin. Wohl kein anderer Paradigmenwechsel hat den Alltag der Menschheit so unmittelbar und umfassend beeinflusst wie H. Staudingers Konzept von den kovalent aufgebauten Riesenmolekülen.

Anwendungen von Polymeren in Medizin und Gesundheitswesen

- Einwegspritzen
- Infusionsbeutel
- Wundpflaster
- Elastische Binden
- Schläuche an künstlichen Nieren und auf Intensivstationen
- Stents
- Künstliche Herzklappen
- Herzschrittmacher
- Resorbierbare Nähfäden
- Gelenkersatz (Reibungsflächen)
- Knochenzement
- Brillengestelle
- Bruchsichere Brillengläser
- Bauteile von Hörgeräten
- Handschuhe für Chirurgen und Klinikpersonal
- Verpackungen für Medikamente
- Orthopädische Einlagen
- Stützstrümpfe
- Bauteile von Prothesen
- Abdruckmassen in der Zahnmedizin
- Kunststofffüllungen

Tab. 8.3 Produktgruppen und Verwendung synthetischer Polymere

Produktgruppe	Anwendungen
Kunststoffe (Werkstoffe)	Verwendung für die Herstellung von Formteilen, wie z. B. Kugelschreiber, Staubsauger, Kotflügel, Bootsrümpfe
Schaumstoffe	Verwendung als Wärmedämmung, Verpackungsmaterialien, Sitz- und Liegepolster
Fasern und Garne	Verwendung für Industriegewebe, Textilien, Taue, Angelschnüre, Fallschirme, Sporttaschen, Segel
Filme und Folien	Verwendung als Einkaufstüten, Verpackungsfolien, Abdeckplanen, Magnetbänder, Kino- und Fotofilme sowie als Membranen
Elastomere	Verwendung als Reifengummi, Radiergummi, Gummibänder für Textilien, Dichtungen für Leitungen und Ventile
Farben und Lacke	Polymere bilden die Schutzschicht auf allen bemalten und lackierten Materialien und fixieren Farbstoffe sowie Pigmente
Klebstoffe	Sie dienen der Verbindung von Papier/Papier, Holz/Holz, Holz/Kunststoff, Kunststoff/Kunststoff, Holz/Metall, Kunststoff/Metall, Metall/Metall, Metall/Keramik, Holz/Keramik, Keramik/Keramik
Trägermaterialien	Verwendung als stationäre Phasen in der Gewinnung von destilliertem Wasser und in allen Arten von Chromatographie

Hermann Staudinger

H. Staudinger wurde als Sohn des Gymnasialprofessors Franz Staudinger und dessen Frau Auguste (geb. Wenck) am 23. März 1881 in Worms geboren. Er hatte eine Schwester und zwei Brüder. Der Vater war in der Genossenschaftsbewegung politisch aktiv und verlangte von seinem Sohn Hermann, eine Schreinerlehre zu absolvieren, um das Leben aus der Arbeiterperspektive kennenzulernen. Danach besuchte er das altsprachliche Gymnasium in Worms und begann nach dem Abitur 1899 mit dem Chemiestudium in Halle. Nach Zwischenstationen in Darmstadt und München promovierte er 1903 in Halle. Anschließend war er als Assistent bei Johannes Thiel in Straßburg tätig, wo er sich vor allem mit Ketenen beschäftigte. Nach seiner Habilitation 1907 erhielt er eine außerordentliche Professur für organische Chemie an der Universität Karlsruhe. Im Jahr 1912 folgte ein Ruf auf eine ordentliche Professur an der Eidgenössischen Hochschule in Zürich. Dort begann er in zunehmendem Maße, über Struktur und Charakterisierung von Polymeren zu arbeiten, aber in Fortsetzung seiner Arbeiten in Karlsruhe bearbeitete er auch folgende Themen:

- Ketene, Synthesen und Reaktionen
- Methylen und Diazomethan

- Oxalylchlorid
- Insekten tötende Stoffe
- Synthetischer Pfeffer
- Aroma von geröstetem Kaffee
- Herstellung einiger Arzneimittel
- Isopren, Herstellung und Polymerisation

Über die Bildung ringförmiger und polymerer Produkte aus Ketenen schrieb H. Staudinger:

> Will man sich eine Vorstellung über Bildung und Konstitution solcher hochmolekularer Stoffe machen, so kann man annehmen, dass primär eine Vereinigung von ungesättigten Molekülen eingetreten ist, ähnlich einer Bildung von Vier- und Sechsringen, dass aber aus irgendeinem, eventuell sterischen Grunde [räumliche Anordnung der Atome] der Vier- und Sechsringschluss nicht stattfand, und nun zahlreiche, evtl. hunderte von Molekülen sich zusammenlagern, so lange bis sich ein Gleichgewichtszustand zwischen den einzelnen großen Molekülen, der von der Temperatur, Konzentration und dem Lösungsmittel abhängen mag, eingestellt hat.

Im Jahr 1926 folgte er dem Ruf der Universität Freiburg im Breisgau auf den Posten des Direktors des organisch-chemischen Labors, und in dieser Position führte er bis zu seiner Emeritierung 1951 viele bahnbrechende Untersuchungen zur Struktur und zu den Eigenschaften von Polymeren durch. In Anbetracht der bewegten Zeiten zwischen 1910 und 1950 ist es auch von großem historischem Interesse, H. Staudingers politische Einstellung zu erwähnen. Im Unterschied zu vielen anderen Professoren weigerte er sich vor und nach dem ersten Weltkrieg, nationalistische Aufrufe zu unterschreiben. Zusammen mit Max Born und Albert Einstein weigerte er sich auch, an der Entwicklung chemischer Waffen (z. B. Giftgase) mitzuarbeiten. Dementsprechend kam es 1919 auch zu einem heftigen Disput mit Professor Fritz Haber über dessen führende Rolle im Gaskrieg.

Auch in der Nazizeit behielt H. Staudinger seine pazifistische Einstellung bei und weigerte sich, in die Partei einzutreten. Nach Hitlers Machtergreifung bekannten sich die meisten Professoren zum Nationalsozialismus. Die Universität Freiburg stand dabei im Mittelpunkt des öffentlichen Interesses, weil sich hier der weitbekannte Philosoph Martin Heidegger im Mai 1933 zum Rektor wählen ließ. Heidegger war zwar kein Rassist, aber er bewunderte Hitler und huldigte dem Führerprinzip und versuchte, alle demokratischen Strukturen der Universität zu beseitigen. Ferner trug er wesentlich dazu bei, dass nicht parteikonforme Akademiker denunziert und aus ihren Ämtern entfernt wurden. Insbesondere H. Staudinger war ihm ein Dorn im Auge, aber in diesem Fall hatte er keinen Erfolg.

Da M. Heidegger auch nach dem Krieg seine politische Verirrung und sein charakterliches Versagen nicht einsehen wollte, wurde er 1951 zwangsemeritiert. Dagegen erhielt Staudinger 1952 das neu geschaffene „Große Bundesverdienstkreuz". Unter den vielen Ehrungen, die ihm widerfuhren, sind der Nobelpreis 1953 und die Ehrenbürgerschaft der Stadt Freiburg hervorzuheben. Der Neubau des Freiburger Institutes für Makromolekulare Chemie wurde später „Hermann-Staudinger-Haus" genannt, und es wurde von der Gesellschaft Deutscher Chemiker sowie von der American Chemical Society eine Bronzeplatte angebracht, die den Titel trägt „Ursprung der Polymerwissenschaften".

H. Staudinger wurde in seinem jahrelangen Kampf gegen die Vorurteile der Fachwelt nicht nur psychologisch, sondern auch fachlich von seiner Frau Magda unterstützt. Sie war promovierte Biologin und über Biopolymere gut informiert. Frau Staudinger betreute auch noch viel Jahre nach dem Tod ihres Mannes die 1949 von ihm gegründete Fachzeitschrift *Die Makromolekulare Chemie*. H. Staudinger starb am 6. September 1965 in Freiburg und liegt dort auf dem Hauptfriedhof begraben.

Hermann Mark

H. Mark wurde als ältestes von drei Kindern des Arztes H. C. Mark und seiner Frau Lili am 3. Mai 1895 in Wien geboren. Dort ging er auch zur Schule und begann schon in der Schulzeit mit chemischen Experimenten. Er diente im ersten Weltkrieg als Offizier der k. u. k Kaiserschützen, wurde hoch dekoriert, aber auch verletzt. Während seines längeren Genesungsurlaubs in Wien begann er mit dem Chemiestudium, das er 1921 mit der Promotion „summa cum laude" abschloss. Er begleitete als Assistent seinen Doktorvater Wilhelm Schlenk an die Universität von Berlin. Aber schon ein Jahr später folgte er dem Angebot von Fritz Haber, an dem neugegründeten Institut für Faserchemie des Kaiser-Wilhelm-Institutes (später Max-Planck-Institut) mitzuarbeiten. Bei dieser Arbeit spezialisierte er sich auf die neuen analytischen Methoden der Röntgenstreuung und Ultramikroskopie. Er widmete sich vor allem der Untersuchung von Biopolymeren wie Zellulose, Seide und Wolle und wurde ein Kristallographieexperte.

Im Jahr 1926 folgte er dem Angebot des Forschungsleiters der BASF (damals Teil der I. G. Farben) und arbeitete dort als Vizedirektor auch über die praktischen Anwendungen synthetischer Polymere. Da sein Vater Jude war, wechselte er auf Anraten seines Chefs auf eine Professur für Physikalische Chemie in Wien. Der Anschluss Österreichs an Nazideutschland veranlasste ihn 1938, über die Schweiz in die USA zu fliehen. Dort konnte er 1940 als außerordentlicher Professor dem Polytechnic Institute of New York in Brooklyn beitreten. Zwei Jahre später wurde er zum ordentlichen Professor befördert, und im Jahr 1944 gründete er das Institute of Polymer Research am Polytechnic Institute. Es war die erste nicht industrielle Forschungseinrichtung der USA, die sich ausschließlich mit Polymerforschung befasste. Seine Hauptarbeitsgebiete waren auch dort Strukturaufklärung und Molekulargewichtsmessungen von Polymeren. Ferner wurde er als Herausgeber der *Encyclopedia of Polymer Science and Technology* bekannt.

Im Jahr 1965 übernahm H. Mark das Patronat über das Österreichische Kunststoffinstitut, Teil des Österreichischen Forschungsinstituts für Chemie und Technik, das danach zu H. Marks 80. Geburtstag die H. Mark Medaille stiftete, die jedes Jahrvergeben wird. H. Mark erhielt zahlreiche Ehrungen und genießt ein besonders hohes Ansehen in den USA. Er gilt nach H. Staudinger und W. Carothers als einer der Väter der Polymerwissenschaften. Er starb am 6. April 1992 in Texas, doch wurde seine Urne in Wien beigesetzt. Im 10. Bezirk seiner Heimatstadt wurde posthum eine Gasse nach ihm benannt.

Literatur

Bergmann M, Knehe E (1927) Über die Individualgruppe der Amylose aus Kartoffelstärke. Liebigs Ann Chem 452: 141

Fischer E (1913) Synthese von Depsipeptiden, Flechtenstoffen und Gerbstoffen. Ber Dtsch Chem Ges 46: 3253

Harries C (1905) Zur Kenntnis der Kautschukarten. Über die Beziehung zwischen Kohlenwasserstoffen aus Kautschuk und Guttapercha. Ber Dtsch Chem Ges 38: 3985

John E, Martin B, Mück M, Oh H (1991) Die Freiburger Universität in der Zeit des Nationalsozialismus. Ploetz, Freiburg

Priesner (1987) Hermann Staudinger und die Makromolekulare Chemie in Freiburg. Chemie in unserer Zeit 21: 151

Pummerer R, Nielsen H, Gündel W (1927) Kryoskopische Molekulargewichtsbestimmungen des Kautschuks. Ber Dtsch Chem Ges 60: 2167

Staudinger H (1920) Über Polymerisation. Ber Dtsch Chem Ges 53: 1073

Staudinger H (1924) Über die Konstitution des Kautschuks. Ber Dtsch Chem Ges 57: 1203

Staudinger H (1926) Die Chemie der hochmolekularen organischen Stoffe im Sinne der Kekuleschen Strukturlehre. Ber Dtsch Chem Ges 59: 3014

Staudinger H (1932) Die hochmolekularen organischen Verbindungen Kautschuk und Cellulose. Springer, Heidelberg

Staudinger H (1961) Arbeitserinnerungen. Hüthig & Wepf, Basel
Staudinger H, Fritschi J (1922) Über die Hydrierung des Kautschuks und über seine Konstitution. Helv Chim Acta 5: 785
Staudinger M (1969) Das wissenschaftliche Werk Hermann Staudingers. Gesammelte Arbeiten nach Sachgebieten geordnet. Hüthig & Wepf, Basel

8.5 Die Erfindung der Nylons

Ach dass der Mensch so häufig irrt und nicht recht weiß, was kommen wird.
(Wilhelm Busch)

Alle die zahlreichen Methoden zur Herstellung von Polymeren aus Monomeren lassen sich in zwei Gruppen einteilen: Kettenpolymerisationen und Stufenpolymerisationen. Kettenpolymerisationen sind dadurch charakterisiert, dass es nur eine Art von Kettenwachstum gibt, nämlich die Reaktion der Monomere mit einer reaktiven Endgruppe der wachsenden Polymerkette. Dagegen können Monomere nicht mit Monomeren und Polymere nicht mit Polymeren reagieren (von Abbruchreaktionen in der radikalischen Polymerisation abgesehen). Die von H. Staudinger und Mitarbeitern der I. G. Farben vor 1930 durchgeführten Polymerisationen von Styrol, Isopren und Vinylchlorid gehören alle zu diesem Polymerisationstyp.

Bei Stufenpolymerisationen besitzen die Monomere zwei reaktionsfähige Gruppen und können miteinander reagieren, wobei Dimere entstehen. Die Dimere können nun mit weiteren Monomeren zu Trimeren oder mit der eigenen Spezies zu Tetrameren weiterreagieren. Die ihrerseits wieder mit Monomeren, Dimeren, Trimeren und Tetrameren reagieren. Dieser Prozess setzt sich fort bis zur Bildung langer Ketten, wobei zu jedem Zeitpunkt alle im Reaktionsgemisch vorhandenen Moleküle beliebig miteinander reagieren können. Der Erfolg einer Stufenpolymerisation hängt nun davon ab, dass die Reaktionsfähigkeit der Endgruppen aller langen und kurzen Ketten unabhängig von der Kettenlänge ist.

Gerade in diesem Punkt herrschte vor 1930 wohl bei fast allen Chemikern die gegenteilige Sichtweise vor. H. Staudinger war der Ansicht, dass die Reaktivität von Endgruppen deutlich von der Molekülgröße abnimmt. Die Richtigkeit dieser Hypothese vorausgesetzt, sollte es nicht möglich sein, durch Stufenpolymerisationen lange Ketten (z. B. mehr als 20 Monomereinheiten) zu erzeugen. Dementsprechend hatten sich H. Staudinger und seine Anhänger auch nie mit Stufenpolymerisationen beschäftigt. Der junge amerikanische Chemiker Wallace Hume Carothers (1896–1937), der zusammen mit seinem Mitarbeiter John Paul Flory (1910–1985) dieses Paradigma ab 1930 zu Fall brachte, war zu Beginn seiner Karriere bei der Firma E. I. DuPont zunächst dergleichen Ansicht wie H. Staudinger. In seinen eigenen Worten:„[…] there can be no question that the reactivity of functional groups diminuishes with the size of the molecules."

Die Firma E. I. Dupont de Nemours war von dem im Kap. 8 erwähnten Assistenten A. Lavoisiers im Jahr 1801 gegründet worden. Eleutherie Irenée du Pont hatte die Produktion erstklassigen Schwarzpulvers an den staatlichen französischen Pulverfabriken kennengelernt und war, um der französischen Revolution zu entkommen, 1799 mit seinem Vater in die USA ausgewandert. Er startete eine Schwarzpulverproduktion, die eine wesentlich bessere Qualität lieferte als die amerikanischen Pulvermühlen, und so wurde er zum bevorzugten Lieferanten der amerikanischen Armee. Am Ende des ersten Weltkrieges war DuPont zum größten Lieferanten von Schieß- und Sprengstoffen des amerikanischen Militärs geworden.

Der geringe Bedarf nach Kriegsende veranlasste DuPont, nach neuen Geschäftsfeldern Ausschau zu halten. Eine der daraus resultierenden Konsequenzen war die Einstellung des jungen, aber viel versprechenden Chemikers W. Carothers, der zuvor als Assistenzprofessor an der Harvard University tätig war. Da DuPont wenig Auswahl an erstklassigen Alternativen hatte, konnte W. Carothers einen Vertrag aushandeln, der ihm neben mehr Geld viel Freiheit für seine Forschungsinteressen ließ.

W. Carothers war an Polykondensationen interessiert, dem wichtigsten Teilgebiet der Stufenpolymerisationen. Er hatte zunächst den Ehrgeiz, Polymere mit Molekulargewichten über 5.000 Da herzustellen, um die von den Nobelpreisträgern Emil Fischer (1852–1919) und Heinrich Wieland (1877–1957) für Biopolymere vorhergesagte Obergrenze zu überbieten (Abschn. 6.1). Zusammen mit zwei, später drei Mitarbeitern, deren Forschungsleiter er war, beschäftigte er sich nach 1927 auch mit der Synthese von Polyestern. Dabei gelang es ihm zunächst nicht, die magische Grenze von 5.000 Da zu überschreiten. W. Carothers interpretierte seinen Misserfolg zunächst auf Basis zweier Dogmen: zum einen mit der abnehmenden Reaktivität der Endgruppen mit wachsender Kettenlänge, zum anderen hatte er Zweifel an der thermischen Stabilität seiner Polymere. Die bekannten Kettenpolymerisationen wurden alle unterhalb von 150 °C durchgeführt, W. Carothers benötigte für seine Polyestersynthesen aber Temperaturen bis 240 °C.

Nun hatte H. Staudinger aufgrund von Messungen an Paraffinen (Kohlenwasserstoffen vom Typ Dieselöl, Schweröl, Kerzenwachs) vorhergesagt, dass lange Paraffinketten oberhalb von 200 °C nicht stabil sein könnten, obwohl kurze Ketten für einige Minuten bis 400 °C stabil waren. Unabhängig von dieser nicht vorgesehenen Problematik hatte W. Carothers Paraffine mit Molekulargewichten im Bereich 1.000–2.000 Da hergestellt und konnte nun demonstrieren, dass H. Staudingers Schlussfolgerung falsch war. Auch die längeren Paraffine waren bis 400 °C stabil. W. Carothers ging nun daran, die Apparatur für die Synthese der Polyester zu verbessern, und sein Mitarbeiter J. Hill hatte gleich bei den ersten Versuchen den gewünschten Erfolg. Es wurden Molekulargewichte über 10.000 Da erreicht. Diese sog. Superpolyester hatten zudem die überraschende Eigenschaft, dass man aus ihrer Schmelze lange Fäden ziehen konnte. Carothers, seine Arbeitsgruppe und die ganze Firma DuPont sahen nun enthusiastisch in eine Zukunft, in der preiswerte synthetische Textilfasern produzierbar sein sollten. Dieser bedeutende Erfolg hatte zwei Konsequenzen.

Eine Folge dieser Entwicklung war, dass DuPont den frisch promovierten Chemiker John P. Flory als Mitarbeiter für die Carothers-Gruppe einstellte. J. P. Flory war eher Theoretiker und hatte die Aufgabe, die Polyestersynthesen auf gesetzmäßige Abläufe hin zu untersuchen. Dabei konnte er den unwiderlegbaren Beweis erbringen, dass sich die Reaktivität von Endgruppen nicht mit der Kettenlänge ändert. Der Paradigmenwechsel, der mit der Synthese der Superpolyester begonnen hatte, war damit vollendet. J. P. Flory machte nach dem frühen Tod von W. Carothers eine steile Karriere als Universitätsprofessor und Theoretiker der Polymerchemie, eine Laufbahn, die 1974 mit dem Nobelpreis gekrönt wurde. Aber wie am Ende dieses Kapitels kurz gezeigt werden soll, unterlief auch diesem Nobelpreisträger ein fundamentaler Irrtum.

Die Superpolyester erfüllten nicht die in sie gesetzte Hoffnung, brauchbare Textilfasern zu liefern. Die Schmelzpunkte waren so niedrig, dass sie im Kontakt mit siedendem Wasser schmolzen. Ferner wurden sie durch warme Waschlauge rasch abgebaut, auch waren sie in vielen organischen Lösungsmittel löslich oder quellbar (z. B. in Chlorofrom, Essigester, Aceton). Dieser Misserfolg führte nun als zweite Konsequenz dazu, dass Carothers das Projekt „Textilfaser" mit einer anderen, chemisch stabileren und höher schmelzenden Polymerklasse zu realisieren versuchte, nämlich mit aliphatischen Polyamiden, den Nylons. Zahlreiche Nylons wurden im Labormaßstab hergestellt und auf ihre Eigenschaften hin untersucht. Schließlich entschied sich das Management mit Nylon-6,6, das aus Hexamethylendiamin und Adipinsäure preiswert herzustellen war, die Markteinführung zu wagen. Die Produktion lief 1938 an und 1940 kamen die ersten reißfesten, laufmaschenresistenten Damenstrümpfe auf den Markt. Strümpfe und Wäsche aus der ersten „man made fiber" waren sofort ein weltweiter Erfolg. Der Kriegseintritt Japans 1941 führte jedoch dazu, dass das amerikanische Militär die gesamte Nylonproduktion beschlagnahmte, um daraus reißfeste Seile und Fallschirme für Piloten und Fallschirmjäger herzustellen.

Nach dem zweiten Weltkrieg begann der Triumphzug des Nylons-6,6 und des 1939 in Deutschland erfundenen Nylons-6 (Perlon). Es stellte sich aber bald heraus, dass Nylongewebe als Alltagsbekleidung verwendet nicht „atmet" und den Träger im Schweiß erstickt. Daher wurde Nylonbekleidung in den 1960er-Jahren aus dem Handel genommen, doch behielten die Nylons wegen ihrer Abrieb- und Reißfestigkeit eine dominierende Rolle im Sportbereich. Windundurchlässige Jacken, Schlafsäcke, Sporttaschen, Surfsegel, Angelschnüre sind nur einige Beispiele, auch wurden kleine leichte Zahnräder für verschiedene Geräte aus Nylons gemacht. Die größte Menge an Nylon-6,6 wurde und wird jedoch zur Fertigung abriebfester, leicht zu reinigender Teppiche verwendet, die als Auslegware für Wohnungen, Büros und Geschäftshäuser weit verbreitet sind.

Nach 1955 begannen DuPont und zahlreiche Chemiefirmen in mehreren Ländern, neue Polykondensate mit unterschiedlichen Eigenschaften zu entwickeln. Als Beispiele für nützliche Anwendungen seien hier genannt: unzerbrechliche Brillengläser, erstklassige leichte Sturzhelme, Compact Disks, schusssichere Westen und unbrennbare Kleidung für Feuerwehr, Rennfahrer und Piloten von Kampfflugzeugen. Der größte Verkaufserfolg wurde jedoch ein Polyester, das PET, das alle die Nachteile vermeidet, welche die ersten Superpolyester der Carothers-Gruppe noch aufwiesen. Dieses um 1939 von dem englischen Chemiker Rex Winfield (1901–1966) entwickelte Polymer wurde zunächst für reißfeste Magnetbänder und Kinofilme verwendet, entwickelte sich dann zu einer führenden Textilfaser und avancierte schließlich zum Standardmaterial für alle Getränkeflaschen, gleichgültig ob für Mineralwasser, Cola oder Bier. So zeigen diese wenigen Beispiele, dass der von W. Carothers und J. P. Flory vollzogene Paradigmenwechsel viele neue nützliche Materialien hervorbrachte (und noch hervorbringt), die heute aus dem Arbeits- und Freizeitleben nicht mehr wegzudenken sind.

Abschließend bleibt zu erwähnen, dass auch J. P. Flory nicht gegen Irrtümer gefeit war. Es zeigte sich schon bei Experimenten von W. Carothers und bei fast allen in späteren Jahrzehnten durchgeführten Polykondensationen, dass mit Stufenpolymeriationen Molekulargewichte über 50.000 Da, wie sie mit Kettenpolymeriationen leicht zu erzielen sind, kaum erreicht werden können. Schon W. Carothers und J. P. Flory erwogen, ob Ringschlussreaktionen, die das Kettenwachstum stoppen, in Kettenpolymerisationen eine wesentliche Rolle spielen, doch J. P. Flory verneinte dies aus experimentellen und aus theoretischen Gründen ausdrücklich. Erst Jahrzehnte später konnten Rechnungen und neue Analysenmethoden beweisen, dass Florys Dogma nicht zutrifft Auch bei normalen Polykondensationen können wie in lebenden Zellen ringförmige Makromoleküle entstehen. So zeigt sich, dass in der Polymerchemie allein vier Nobelpreisträger neben vielen anderen exzellenten

Forschern gravierenden Irrtümern anheimfielen. Es gilt hier, wie in allen Naturwissenschaften, dass keine menschlichen Autoritäten, sondern nur korrekt und reproduzierbar durchgeführte Experimente das letzte Wort haben.

Wallace Hume Carothers

W. Carothers wurde am 27. April 1896 in Burlington, Iowa, geboren. Er war das erste Kind von Ira Hume und Marie Evelyn Carothers (geb. McMullin) und hatte später noch einen Bruder sowie zwei Schwestern. Als er fünf Jahre alt war, zog die Familie nach Des Moins, Iowa, wo W. Carothers die North High School besuchte. Nach dem Abschluss 1914 veranlasste ihn sein Vater, der Lehrer und Vizepräsident am Commercial College von Des Moins war, noch eine Ausbildung in Rechnungswesen und Schriftführung anzuhängen.

Ende 1915 begann er ein sprachliches und naturwissenschaftliches Studium am Tarkio College in Missouri. Hier begeisterte er sich für Chemie und fiel durch überdurchschnittliche Leistungen auf. Daher wurde er vorübergehend als Ersatzlehrkraft für Chemie eingestellt, als sein Lehrer Dr. A. Pardee überraschend an die Universität von South Dakota wechselte. W. Carothers beendete die Ausbildung in Tarkio 1920 mit dem Bachelor-Grad und setzte sein Studium an der Universität von Illinois fort, wo er 1921 unter der Leitung von Professor C. Marvel den Master-Grad erwarb. Nach einer einjährigen Tätigkeit als Chemielehrer an der Universität von South Dakota ging er nach Illinois zurück und promovierte unter der Leitung von Professor R. Adams im Jahr 1924. Er blieb danach noch zwei Jahre als „Chemistry Instructor" und wechselte dann in der gleichen Funktion an die Harvard University. Von dort versuchte ihn die Firma E. I. DuPont abzuwerben.

Nach dem ersten Weltkrieg war DuPont, die größte Sprengstoff- und Chemiefabrik der USA, auf der Suche nach neuen Geschäftsfeldern und Produktlinien. Versuche, zwei bekannte Professoren für organische Chemie anzuheuern, schlugen fehl. Die Auswahl an Chemieprofessoren war in den USA zu dieser Zeit noch gering, und so konzentrierte sich das Interesse der Firma auf W. Carothers, der von seinem Doktorvater empfohlen worden war. Carothers war allerdings nur an Grundlagenforschung interessiert und ließ sich erst anwerben, als ihm in einem zweiten Vertragsentwurf ein hohes Maß an wissenschaftlicher Freiheit zugesichert worden war. Er beabsichtigte von Anfang, an sich mit Polykondensationen zu beschäftigen, hatte aber auch andere Interessen. In der Folgezeit umfasste sein Arbeitsgebiet folgende Themen:

- Herstellung von Synthesekautschuk (mit der Erfindung von Neopren)
- Synthese von Polyalkanen (langkettige Paraffine)
- Synthese von Polyestern

- Synthese von Polyanhydriden
- Synthese zyklischer Ester und Carbonate
- Synthese von Polyamiden (Nylons)

Anfang 1930 wurde E. K. Bolton zum Vizedirektor des Chemistry Departments ernannt und wurde damit der direkte Vorgesetzte Carothers'. Aus dieser Situation ergaben sich Spannungen, weil E. K. Bolton vor allem das Ziel verfolgte, für DuPont marktfähige Produkte zu entwickeln. Nun neigte W. Carothers seit seiner Jugend zu depressiven Anfällen, die sich unter Stress verschlimmerten. Vor öffentlichen Auftritten auf Tagungen und auch bei Vorträgen in kleinerem Kreis litt er unter starker Nervosität, die er mit Alkohol bekämpfte. Die psychischen Probleme verstärkten sich 1934 und in der Folgezeit, teils aus den genannten, beruflichen Gründen, teils aufgrund privater Anlässe. So hatte er 1934 mit einer frisch geschiedenen Frau ein Verhältnis begonnen, das seine Eltern, die er von Des Moins nach Wilmington geholt hatte, aufs Schärfste missbilligten. Er brachte schließlich seine Eltern nach Des Moins zurück und heiratete im Februar 1936 Helen Sweetman, die bei DuPont Patentanträge bearbeitete.

Als sich im Jahr 1935 abzeichnete, dass die Entwicklung von Textilfasern aus Nylons erfolgreich sein könnte, betraute Bolton einen anderen Chemiker mit diesem Projekt und W. Carothers konnte sich weiter auf die Grundlagenforschung konzentrieren. Seine Depressionsanfälle nahmen jedoch an Häufigkeit eher zu, sodass er bis Anfang 1937 mehrfach einen Psychotherapeuten oder eine Klinik aufsuchen musste. Im Januar 1937 starb seine Schwester Isabel, und Carothers, der zusammen mit seiner Frau dem Begräbnis in Des Moins beiwohnte, erfuhr durch dieses Ereignis eine weitere psychische Belastung. Am 28. April 1937 begab sich W. Carothers in scheinbar normaler Verfassung wieder an seinen Arbeitsplatz in Wilmington. Er fuhr aber noch am Abend nach Philadelphia, eventuell um seinen Psychiater Dr. Appel aufzusuchen. Anderntags wurde er tot in seinem Hotelzimmer aufgefunden. Er hatte mit einer Lösung von Zyankali in Zitronensaft Selbstmord begangen. Zu diesem Zeitpunkt war seine Frau schon schwanger, und im November 1937 wurde die Tochter Jane geboren, die ihren Vater nicht mehr kennenlernen konnte.

W. Carothers wurden noch gegen Ende seines kurzen Lebens mehrere Ehrungen zuteil. So wurden ihm von mehreren Universitäten Professorenstellen angeboten, die er alle ablehnte. Er wurde auch 1936 als erster Industriechemiker in die National Academy of Sciences aufgenommen. Seine weltweite Anerkennung als einer der Väter der Polymerchemie entwickelte sich aber erst im Lauf vieler Jahre nach seinem Tod.

John Paul Flory

J. P. Flory wurde am 18. Juni 1910 in Sterling, Illinois, geboren. Sein Vater Ezra Flory war Geistlicher und seine Mutter Marta (geb. Brumbaugh) war Lehrerein. Er besuchte die Schule in Elgin, Illinois, bis 1927 und begann dann sein Studium am Manchester College, Indiana, wo Professor C. W. Holl sein Interesse an Chemie förderte. Im Jahr 1931 wechselte er an die Graduate School der Ohio State University, wo sich sein Interesse mehr der physikalischen Chemie zuwandte. Unmittelbar nach der Promotion im Jahr 1934 wurde er vom Central Research Department der Firma DuPont angeheuert und der Arbeitsgruppe von W. Carothers zugeteilt. Dieser begeisterte ihn für fundamentale Studien von Polymerisationsprozessen, insbesondere für den Ablauf von Polykondensationen.

1938, ein Jahr nach Carothers' frühem Tod, verließ er DuPont und begann seine lange Hochschulkarriere am Science Research Laboratory der Universität von Cincinnati. Nach den Ausbruch des zweiten Weltkrieges, in dem Japan die USA weitgehend vom Nachschub an Naturkautschuk abschnitt, musste J. P. Flory in die Industrie zurückkehren, um die Forschung über Eigenschaften und Produktion von synthetischem Kautschuk zu unterstützen. Zunächst (bis 1943) war er in den Esso-Labors der Standard Oil Company (heute Exxon) tätig und danach bis 1948 bei der Goodyear Tire and Rubber Company. Seine Industrietätigkeit ließ ihm aber genug Freiheit, seine theoretischen Arbeiten weiterzuführen und nach dem Krieg auch zu publizieren.

Anfang 1948 folgte er einer Einladung der Cornell University als Lecturer, Vorlesungen über Polymerchemie zu halten. Da dieser Neustart zur beiderseitigen Zufriedenheit verlief, akzeptierte J. P. Flory Ende 1948 das Angebot einer Professorenstelle am Department of Chemistry. 1957 wechselte er an die Carnegie Mellon University in Pittsburgh, wo ihm großzügige finanzielle Unterstützung für seine Grundlagenforschung zugesagt worden war. Diese Zusage wurde schließlich nicht eingehalten, sodass er 1961 eine Professorenstelle an der Stanford University annahm. Im Jahr 1975 folgte die Pensionierung, nach der er jedoch weitere Arbeiten veröffentlichte und als Berater für IBM tätig war.

Zu seinen herausragenden Leistungen zählt die Beschreibung von Polymerlösungen am sog. Thetapunkt sowie Berechnungen des Einflusses des „ausgeschlossenen Volumens" auf Polymereigenschaften. Er erarbeitete die mathematischen Grundlagen der Stufenpolymerisationen. Diese Arbeit, die vor allem in seinem 1953 erschienen Buch *Principles of polymer chemistry* dargestellt wurde, ist auch heute noch die Grundlage aller Lehrbuchkapitel über Stufenpolymerisationen. Dieses Buch zählt auch zu den zwei oder drei einflussreichsten Büchern der Polymerchemie. Später arbeitete er vor allem über

Konformationen von Polymerketten mithilfe statistischer mathematischer Methoden.

Er unterhielt intensive Kooperationen mit russischen Kollegen und versuchte, seine Reputation als Nobelpreisträger zu nutzen, um deren Arbeitsbedingungen zu verbessern. J. P. Flory erhielt zahlreiche Ehrungen, wie zum Beispiel die Elliot Cresson Medal (1971), die Priestley Medal (1974), die Perkin Medal (1977) und den Nobelpreis (1974). Bei seinem Tod im Jahr 1985 hinterließ er seine Frau, zwei Töchter, einen Sohn und mehrere Enkelkinder.

Literatur

Adams R (1939) Wallace Hume Carothers 1896–1937. Biographical Memoirs of the National Academy of Sciences of the USA. St. Barbara, USA

Carothers WH (1930) Studies on polymerization and ring formation of ethylene succinate. J Am Chem Soc 52: 711

Flory JP (1946) Fundamental principles of condensation polymerization. Chem Rev 39: 137

Kricheldorf HR, Schwarz G (2003) Cyclic polymers by kinetically controlled step-growth polymerization. Macromol Rapid Commun 24: 359

Matthew H (1996) Enough for a lifetime. Wallace Carothers – the inventor of nylons. Chemical Heritage Foundation

Roberts RM (1989) Serendipity. Accidental discoveries in science. Wiley & Sons, Hoboken

Smith JK, Hounshell DA (1985) Wallace Carothers and the fundamental research at DuPont. Science 229: 436

Staudinger H (1926) Die Chemie der hochmolekularen organischen Stoffe im Sinne der Kekuleschen Strukturlehre. Ber Dtsch Chem Ges 59: 3014

Staudinger H (1932) Die hochmolekularen organischen Verbindungen Kautschuk und Cellulose. Springer, Heidelberg

9 Physik und Geologie

„Der Blick des Forschers findet nicht selten mehr, als er zu finden wünscht."

(Gotthold E. Lessing)

9.1 Atom – Was heißt unteilbar?

Das Wort Atom leitet sich vom altgriechischen Verb „temnein" (τεμνειν = schneiden, teilen) her und bedeutet „unteilbar". Die ersten Spekulationen über kleinste unteilbare Partikel der Materie sind in Indien schon für das 6. Jahrhundert v. Chr. überliefert. Auch die Vereinigung zweier Atome zu Paaren oder zu komplexeren Gebilden aus drei Paaren wurde schon diskutiert. In Europa formulierten mehrere vorsokratische Naturphilosophen Hypothesen, die kleinste unteilbare Einheiten als Grundkomponenten von Elementen oder aller Materie annahmen. So war Empedokles (um 495 v. Chr. in Agrigent geboren) der Ansicht, dass die von ihm postulierten vier Grundelemente des Kosmos, Feuer, Luft, Wasser und Erde, aus kleinsten Partikeln bestehen, deren unterschiedliche Mischung für alle natürlichen Erscheinungen – ob tot oder lebendig – verantwortlich seien (Abschn. 8.1). Auch Anaxagoras, der um 462 v. Chr. in Klazomenai, im ionisch besiedelten Kleinasien geboren wurde, erklärte, dass alle Erscheinungen der Natur durch Mischungen von Urstoffen zustande kommen. Im Unterschied zu Empedokles postulierte er eine große, nicht präzisierte Anzahl von Urstoffen, über deren Größe und Eigenschaften er sich, soweit überliefert, allerdings nicht äußerte.

Als Vater der Atomtheorie gilt daher Demokrit, der um 460 v. Chr. in Abdera geboren wurde, eine ionische Kolonie in Thrakien. Sein Todesjahr ist unbekannt, auch sind von seinen Werken nur Fragmente, wenngleich umfangreiche, erhalten geblieben. Die meisten Informationen über sein Weltbild sind – wie bei den meisten Vorsokratikern – der Nachwelt durch Aristoteles (384–322 v. Chr.) und späteren Schriftstellern, insbesondere Simplikius, überliefert worden. Zum Verständnis dieser indirekten Überlieferungen ist es notwendig zu wissen, dass vor allem Aristoteles seine Vordenker keinesfalls nur wohlwollend erwähnte, vielmehr analysierte, kommentierte und kritisierte er ihre Thesen. So bemängelte er auch bei Demokrit und dessen Lehrmeister Leukipp, dass diese sich keine Gedanken über die Ursache der Bewegung der Atome gemacht hätten.

Als Vordenker von Demokrit gilt Leukipp, von dem leider weder die Lebensdaten bekannt noch irgendwelche Schriften erhalten geblieben sind. Annähernd alle Kenntnisse über Leukipp stammen von Aristoteles und Simplikius, doch auch schon zu deren Zeit scheinen keine schriftlichen Dokumente aus der Feder von Leukipp mehr greifbar gewesen zu sein. Zur römischen Zeit (Epikur) wurde sogar die Existenz von Leukipp angezweifelt. In seiner zweiten Lebenshälfte soll Leukipp in Abdera gelebt und dort Demokrit unterrichtete haben. Die vorhandenen Quellen erlauben keine Differenzierung zwischen der Atomlehre von Leukipp und Demokrit, und es ist daher ungeklärt, ob Demokrit die Theorie seines Lehrers unverändert übernahm bzw. inwieweit er sie ergänzte und erweiterte.

Von Demokrit sind erfreulicherweise präzise und umfangreiche Aussagen über Atome und Materie überliefert worden. Er postulierte, dass die gesamte Natur, die tote wie die lebendige, aus kleinsten Einheiten, den Atomen, zusammengesetzt sei. Er verwendete hier erstmals das Wort Atom (ατομοσ), während Anaxagoras seine Urstoffe Homeomere nannte. Demokrits Atome waren fest, massiv und unteilbar, aber es gab viele verschiedene Sorten, die sich hinsichtlich ihrer Form und Farbe unterschieden. Eine genaue Zahl, aus wie vielen verschiedenen Atomsorten der Kosmos bestehen sollte, ist nicht überliefert. Demokrit erklärte alle Erscheinungen der Natur, auch den menschlichen Körper, durch unterschiedliche Mischungen verschiedener Atome. Er war in seinem physikalisch-atomistischen Weltbild so konsequent, dass er selbst die menschliche Seele als Gemisch spezieller Atome interpretierte.

Ein aus dem Schrifttum des Arztes Galen überliefertes Zitat Demokrits lautet (nach W. Capelle): „Nur scheinbar hat ein Ding eine Farbe, nur scheinbar ist es süß oder bitter, in Wirklichkeit gibt es nur Atome im (leeren) Raum."

Demokrit verneinte die Existenz von „Wirkungsprinzipien", welche die Atome in Bewegung versetzen und eventuell zielgerichtet zu bestimmten Erscheinungen zusammenfügten. Er widersprach damit Empedokles, der Streit und Liebe als Triebkräfte des Weltgeschehens (auch materiell) postulierte, er widersprach Anaxagoras, der eine zielgerichtete ordnende Kraft („nous") postulierte und er widersprach dem später geborenen Aristoteles, der in allen Lebewesen eine gestaltende Kraft, die Entelechie, am Werke sah. Bei Demokrit besaßen die Atome einen inneren Bewegungsdrang, der wie die Atome selbst ewig war. Allerdings postulierte er Atome mit unterschiedlichem Gewicht und unterschiedlichen Bewegungsgeschwindigkeiten. Daher tendieren schwere Atome dazu, sich mit anderen schweren Atomen zu vergesellschaften und nach unten abzusetzen, ein Prozess, der zur Absonderung der Erde geführt haben soll. In den Denk- und Begriffskategorien der modernen Philosophie, welche die Welt gerne in „ismen" klassifiziert, wird Demokrits Weltbild als „atomistischer Materialismus" bezeichnet. Allerdings formulierte Demokrit hohe ethische Anforderungen an das Verhalten der Menschen, sodass das Etikett „Materialist" seiner gesamten Persönlichkeit nicht gerecht würde.

Demokrits Atomlehre fand auch bei römischen Dichtern und Denkern Widerhall, insbesondere bei Lukrez (99–55 v. Chr.). In seinem sechsbändigen Lehrgedicht (in Hexametern formuliert, nicht gereimt) *Über die Natur der Dinge* kommt er mehrfach auf die kleinsten Körper des Urstoffs zu sprechen, die wie bei Demokrit über einen inneren Bewegungsdrang verfügen, aber auch andere Körper durch Stoß in Bewegung versetzen. Ihre Form verleiht allen Substanzen die von den Menschen makroskopisch wahrgenommenen Eigenschaften. Ein Zitat aus Buch 2 des Lehrgedichtes lautet: „Leicht erkennt man daran, was lieblich die Sinne berührt, muss aus glatten bestehen und rundlichen Körpern des Urstoffs. Dahingegen was bitter und streng, den Sinnen zuwider, mehr sich verbindet in sich durch hakenförmige Körper. Dieses pflegt daher die feineren Gänge der Sinne aufzureizen und durchreißen die Teile des Körpers."

Eine Weiterentwicklung des Atombegriffs setzte erst mehr als 2000 Jahre nach Demokrit wieder ein, als Robert Boyle (1627–1691) einen Paradigmenwechsel des Elementbegriffs einleitete (Abschn. 8.1). John Dalton (1766–1846) formulierte 1803 einige Charakteristika von Atomen, die mit den Vorstellungen Demokrits nur darin übereinstimmten, dass es sich hierbei um die kleinsten, und unteilbaren Bausteine der Materie handeln sollte. Im Übrigen waren J. Dalton und fast alle anderen Wissenschaftler des 19. Jahrhunderts der Ansicht, dass alle Atome kugelförmig seien, von Farbe war nicht die Rede, und Atome wurden nun als Ausgangspunkte aller chemischen Reaktionen angesehen. Chemische Reaktionen (Definition Abschn. 8.1) wären für Demokrit ein unverständlicher Vorgang gewesen. Er stellte sich den Aufbau verschiedener Materialien durch ein physikalisches Mischen und Verzahnen der unterschiedlich geformten Atomsorten vor. Eine erste präzise Aussage über die Struktur und Größe von Molekülen kam im Hinblick auf Gase erstmals von Amadeo Avogadro (1776–1856).

Der weitere Fortschritt kam aus einer unerwarteten Ecke. Der deutsch-österreichische Professor Justus Plücker (1801–1861) entdeckte 1858 den Kathodenstrahl. Ein Draht, der in einem mit Luft oder anderen Gasen gefüllten Glaskolben endete (ähnlich wie die Drähte in einer Glühbirne) wurde erhitzt und eine Spannung zwischen Draht und dem gegenüberliegenden Ende der Glasröhre angelegt. Die aus dem Drahtende austretenden Elektronen (erst später identifiziert, s. unten) flogen nun als Strahl zum gegenüberliegenden positiven Pol. Joachim Hittorf (1824–1914) promovierte bei J. Plücker und absolvierte eine Universitätskarriere, die auch ihm eine ordentliche Professur einbrachte. Er setzte die Experimente mit dem Kathodenstrahl fort und bestätigte seine geradlinige Ausbreitung. Ein festes Objekt in den Strahlengang gebracht erzeugte einen Schatten auf der gegenüberliegenden fluoreszierenden Glaswand. Er beobachtete auch eine Ablenkung des Strahls, wenn ein Magnetfeld in die Nähe gebracht wurde. Ferner beobachtete er bei einigen Gasen in der Röhre Lichterscheinungen und entwickelte die „Hittorf-Röhre“, eine Art Vorläufer der Neonröhren. William Crook (1832–1914) wiederholte die meisten Versuche J. Hittorfs, da er dessen auf Deutsch geschriebene Berichte nicht kannte. Weitere systematische Untersuchungen des Kathodenstrahls wurden von Phillip Lenard (1862–1947) sowie von Josef J. Thomson (1856–1940) durchgeführt, Letzterer leistete dabei einen entscheidenden Beitrag zum Verständnis der Atomstruktur.

J.J. Thomson war Professor für Physik an der University of Cambridge und interessierte sich zunächst für den Einfluss des Kathodenstrahls auf die Leitfähigkeit von Gasen. Vermutlich ohne von den Hittorfschen Experimenten gelesen zu haben, untersuchte er dabei auch die Ablenkung des Kathodenstrahls im Magnetfeld. Er führte diese Experimente schließlich als quantitative Messungen durch, um die niedrigste Masse der negativen Elementarladung zu finden, und entdeckte, dass dem Elektron die unvorstellbar geringe Masse von 10^{-27} g zukommt (wie erst Jahrzehnte später gefunden wurde, sind die beiden Komponenten des Atomkerns, Proton und Neutron, etwa 2000-mal schwerer). J.J. Thomsons Vorstellung von der Struktur eines Atoms entsprach der Einbettung der Elektronen in eine formlose positive Masse, die das ganze Atomvolumen ausfüllt.

Entscheidende Schritte vorwärts kamen von Sir Ernest Rutherford (1871–1937), der ab 1895 als Assistent bei J.J. Thomson an den Kathodenstrahlexperimenten mitgearbeitet hatte. 1898 wechselte E. Rutherford an die McGill University in Montreal, wo er sich mit der von den Metallen Radium und Uran ausgehenden radioaktiven Strahlung beschäftigte. Er entdeckte, dass zwei grundverschiedene Typen von Strahlung vorlagen, die er α-Strahlung (Radium) und β-Strahlung (Uran) betitelte. Er gab 1903 einer zweiten von Radium ausgehenden Strahlung den Namen γ-Strahlung, eine Namensgebung, die bis heute zum Standardvokabular der Naturwissenschaften gehört.

E. Rutherford setzte seine erfolgreichen Arbeiten ab 1907 an der Universität von Manchester fort und erhielt 1908 den Nobelpreis für Chemie. Dort konnte er mit seinem Mitarbeiter Thomas Royde die α-Strahlen als ionisierte Heliumatome identifizieren. Schon aus Experimenten, die er zusammen mit dem deutschen Physiker Hans Geiger (1882–1945) ab 1903 durchführt hatte, hatte er geschlossen, dass ein α-Teilchen zwei positive Ladungen besitzen müsse. α-Teilchen erwiesen sich also nun als nackte Atomkerne des Edelgases

Helium. Er benutzte daraufhin die α-Strahlen als kleinste massive Geschosse, um die Massenverteilung in einer Goldfolie zu untersuchen. Gold wurde verwendet, weil es als duktilstes aller Metalle das „Aushämmern" zu einer extrem dünnen Folie ermöglichte. Für das Experiment wurde Radium in einen Bleiblock platziert, der eine gerade, enge Bohrung aufwies, aus der die α-Teilchen wie aus einer Kanone herausschossen. Etwa 99 % aller α-Teilchen flogen ungehindert durch das Gold hindurch. Nur 1 % wurde gestreut in Winkeln, die nur erklärbar waren, wenn die Masse eines Atoms in einem winzigen Kern konzentriert war.

Ein neues Atommodell war nun geboren, bestehend aus einem winzigen positiv geladenen Kern und einem vergleichsweise riesigen Volumen, das nur die minimale Masse der Elektronen beinhaltete. Der Durchmesser des gesamten Atoms war um den Faktor 10^5–10^8 größer als der Durchmesser des Kerns. Damit stand erstens ein einigermaßen realistisches Atommodell zur Verfügung, und zweitens hatten die Versuche von J.J. Thomson gezeigt, dass man aus diesen Atomen Elektronen abspalten konnte. Das nach Abspaltung von ein oder mehr Elektronen verbleibende, positiv geladene Atom erhielt den Namen Ion (von ιονειν = wandern, gehen), weil es im elektrischen Feld an den Minuspol, die Katode, wanderte.

Nun stellte sich den Chemikern und Physikern die Frage, ob zumindest die Atomkerne unbegrenzt stabil oder ebenfalls spaltbar waren. Auch zu dieser Frage lieferten E. Rutherford und seine Mitarbeiter wesentliche Beiträge. Im Jahr 1917 gelang es durch Beschuss von Stickstoffatomen mit α-Strahlen, Protonen als die positiv geladenen Bausteine von Atomkernen zu identifizieren ($^{14}N + \alpha \rightarrow {}^{17}O$ + Proton). Im Jahr 1932 konnte dann auch sein Mitarbeiter James Chadwick (1891–1974) die zweite Komponente der Atomkerne identifizieren, die Neutronen, wofür er 1935 den Nobelpreis für Physik erhielt. Die weitere Forschung ergab, dass Atomkerne mindestens so viele Neutronen enthalten wie Protonen, meist aber einen kleinen Überschuss. Von ein und demselben Element, das durch die Zahl der Protonen definiert ist, kann es mehrere Isotope genannte Varianten geben, die sich durch die Zahl der Neutronen unterscheiden. Der Begriff Isotop war schon 1913 von E. Rutherfords früherem Mitarbeiter Frederic Soddy (1877–1956) geprägt worden (Nobelpreis für Chemie 1921). Das griechische Wort bedeutet, dass alle Isotope denselben Platz im Periodensystem der Elemente einnehmen (Abschn. 8.1), da dieser Platz nur durch die Zahl der Protonen definiert ist.

Die Frage nach der Spaltbarkeit der Atomkerne wurde schon von Marie Curie (1867–1934), der Entdeckerin des Radiums und Poloniums (Nobelpreise 1903 und 1911), angesprochen und durch E. Rutherford aufgegriffen. E. Rutherford und F. Soddy publizierten 1902 eine „theory of atomic disintegration", in der das Auftreten von Radioaktivität als Umwandlung einer

Atomsorte in eine andere postuliert wurde. Die experimentelle Bestätigung der Spaltbarkeit von Atomkernen lieferten Otto Hahn und Fritz Straßmann im Jahr 1938. Ausgangspunkt dieser Experimente war das Paradigma, dass durch Beschuss von Urankernen mit Neutronen größere Atomkerne, die sog. Transurane, aufgebaut werden könnten. Uran wurde als geeignetstes Basismaterial betrachtet, weil es den größten auf Erden gefundenen Atomkern besitzt (92 Protonen). Der italienische Physiker Enrico Fermi (1901–1954) hatte schon 1934 mit derartigen Experimenten begonnen, allerdings erfolglos.

Andererseits hatte zu dieser Zeit die deutsche Chemikerin Ida Noddack (1896–1978) eine prophetische Aussage veröffentlicht: „Es wäre denkbar, dass bei der Beschießung schwerer Kerne mit Neutronen die Kerne in mehrere größere Bruchstücke zerfallen, die zwar Isotope bekannter Elemente, aber nicht Nachbarn der bestrahlten Elemente sind." Ida Noddack war eine der ersten Frauen, die in Deutschland Chemie studierten. Sie entdeckte um 1925 das Element Rhenium und möglicherweise das Element Technetium. Sie wurde mehrfach für den Nobelpreis vorgeschlagen, jedoch ohne Erfolg. Sie erhielt aber 1931 als erste Frau die Liebig-Medaille der Gesellschaft Deutscher Chemiker und 1966 das Große Verdienstkreuz der Bundesrepublik Deutschland.

Ihre Aussage über die Spaltung schwerer Atomkerne galt als so unwahrscheinlich, dass niemand, auch nicht Ida Noddack selbst, sie überprüfte. Daher waren O. Hahn und sein Mitarbeiter höchst überrascht, als sie bei Wiederaufnahme der Fermischen Versuche im Dezember 1938 keine Transurane, sondern Barium (^{145}Ba) als Reaktionsprodukt entdeckten. Daneben entstand das Edelgas Krypton (^{88}Kr), das O. Hahn aber mit den analytischen Techniken der damaligen Zeit nicht nachweisen konnte. Nach weiteren Versuchen schloss O. Hahn, dass der Neutronenbeschuss zu einem Zerplatzen des Urankerns unter Freisetzung mittelschwerer Elemente führe. Dieses Resultat wurde am 6. Januar 1939 in der Zeitschrift *Naturwissenschaften* veröffentlicht, wodurch zwei Paradigmenwechsel vollzogen wurden.

Zum Zeitpunkt dieser Experimente war Lise Meitner, eine langjährige Mitarbeiterin von O. Hahn, wegen ihrer jüdischen Abstammung schon nach Schweden geflohen. Sie wurde aber von O. Hahn über alle in Berlin fortlaufenden Experimente genauestens informiert. Zusammen mit ihrem Neffen, Otto Robert Frisch, publizierte sie am 11. Februar 1939 eine theoretische Analyse der Hahnschen Experimente in der Zeitschrift *Nature*. Darin wurde erstmals das Wort Kernspaltung benutzt und dargelegt, dass bei der Uranspaltung drei Neutronen pro Uranatom und eine ungeheure Energiemenge freigesetzt würden. In einer großen Menge Uran sollten die freigesetzten Neutronen eine Kettenreaktion auslösen können. Damit war das Grundprinzip einer auf Uran basierenden Atombombe skizziert. Als Lise Meitner nach Ende des zweiten Weltkriegs zu einer Vortagsreise durch die USA antrat, wurde sie als Mutter der Atombombe geehrt, was ihr überaus peinlich war, weil sie eine überzeugte und auch politisch aktive Pazifistin war.

Die weitere Forschung über den Beschuss von Atomkernen mit Neutronen oder anderen Atomkernen brachte zweierlei Einsichten. Erstens, die Kernspaltung des Urans war kein Einzelfall. Zweitens, es gelang auch, Transurane aufzubauen, und bis zum Jahr 2012 konnten 16 meist nur kurzlebige Isotope neuer Elemente hergestellt werden. Bei dieser Kern- und Teilchenphysik wurde und wird auch der Frage nachgegangen, inwieweit die Bestandteile der Atomkerne, die Protonen und Neutronen, selbst wieder spaltbar sind. Das derzeitig diskutierte Standardmodell des Atomkerns sieht vor, dass es zwei Gruppen kleinster Materie-/Energiepakete gibt, die Quarks und die Leptonen. Beide Gruppen bestehen je aus sechs Komponenten. Die experimentellen und theoretischen Arbeiten zur Frage der Teilbarkeit der Materie gehen also weiter, und ein Ende ist noch nicht abzusehen.

Sir Ernest Rutherford

Ernest Rutherford wurde am 30. April 1871 in Spring Grove (heute Brightwater) nahe dem Ort Nelson in Neuseeland geboren. Sein Vater war der Farmer James Rutherford, der zusammen mit seiner Frau Martha, geb. Thompson, zuvor von Perth in Schottland ausgewandert war. E. Rutherford wuchs bei Nelson auf und besuchte dort die Havelock Grundschule. Von dort wechselte er auf das Nelson College und erhielt wegen sehr guter Leistungen ein Stipendium für den Besuch des Cambridge College der Universität von Neuseeland. Er erwarb den Bachelor of Arts, den Master of Arts sowie den Bachelor of Science. Bereits im Alter von 22 bis 24 Jahren entwickelte er als Ergebnis eines Forschungsprojektes einen neuen Radioempfänger. Dafür erhielt er ein Stipendium, das ihm unter der Leitung des Professors J.J. Thomson ein Studium am Cavendish Laboratory der Universität Cambridge in England ermöglichte.

Er war einer der ersten Studenten, die in Cambridge studieren durften, ohne einen akademischen Grad in Cambridge oder an einer anderen englischen Universität erworben zu haben. Damit zog er sich den Neid englischer Kommilitonen auf sich.

Er beschäftigte sich in Cambridge weiter mit der Ausbreitung von Radiowellen und hielt kurzzeitig den Rekord für den Empfang von Radiowellen über größere Entfernungen. 1896 erfuhr er allerdings, dass er von dem Italiener Marconi überrundet worden war, und Marconi war es auch, der als Vater des Radios in die Geschichte einging. Im Jahr 1898 wechselte er auf Empfehlung von J.J. Thomson als Gastprofessor an die McGill Universität in

Montreal, wo er Hugh L. Callendar ersetzte, der seinerseits nach Cambridge umsiedelte. Mit einer festen Anstellung im Rücken heiratete er im Jahr 1900 seine in Neuseeland zurückgelassene Verlobte Georgina Newton, die im folgenden Jahr eine Tochter gebar, welches das einzige Kind des Ehepaares Rutherford blieb. Im selben Jahr wurde ihm auch der Titel D. Sc. (Doktor der Wissenschaften) von der Universität Neuseeland verliehen.

Sieben Jahre später folgte er dem Ruf auf eine Professur für Physik an die Universität von Manchester (UK). Während des ersten Weltkrieges musste er einen Teil seiner Forschungsaktivitäten der Entwicklung von Methoden zur Ortung deutscher U-Boote widmen. Aber unmittelbar nach Kriegsende wurde er als Nachfolger von J. J. Thomson zum Direktor des Cavendish Laboratory in Cambridge berufen. Hier arbeitete er bis zu seinem überraschenden Tod 1937. Er hatte sich einen Leistenbruch zugezogen, den er zunächst nicht beachtet hatte, und starb trotz einer Notoperation an Komplikationen dieser Verletzung.

E. Rutherford war neben Michael Faraday (1781–1867) wohl der erfolgreichste Experimentalphysiker der bisherigen Geschichte. Sicher ist, dass kein Wissenschaftler so viele überaus erfolgreiche Studenten und promovierte Mitarbeiter hatte. Dazu gehörten:

- Frederic Soddy (1877–1956), Nobelpreis für Chemie 1921 für seine Beiträge zur Identifizierung von Isotopen.
- James Chadwick (1897–1967), Nobelpreis für Physik 1932 für die Entdeckung des Neutrons.
- Otto Hahn (1879–1968), Nobelpreis für Chemie 1944 für die Spaltung von Uranatomen durch Beschuss mit Neutronen.
- Edward V. Appleton (1892–1965), Nobelpreis für Physik 1947 für die Entdeckung der Ionosphäre und für seine Beiträge zur Radartechnik.
- John Cockcroft (1897–1967) und Ernest Walton (1903–1995), Nobelpreis 1951 für die Atomspaltung mithilfe von Teilchenbeschleunigern (Beschuss mit beschleunigten Protonen).

Mit dem Deutschen Hans Geiger (1882–1945) erarbeitete E. Rutherford eine Nachweismethode für α-Strahlung (Szintillation auf einer mit ZnS dotierten Oberfläche), woraus sich der noch heute gebräuchliche Geiger-Müller-Zähler entwickelte.

E. Rutherford erhielt natürlich zahlreiche Ehrungen, so zum Beispiel von wissenschaftlichen Instituten die Rumford Medal 1905, die Elliot Cresson Medal 1910, die Maltucci Medal 1913, die Copley Medal 1922 und die Franklin Medal 1924. Er erhielt schon 1914 von der englischen Königin den Ritterschlag, wurde 1931 zum Baron Rutherford of Nelson erhoben und wurde schließlich in der Westminster Abbey in der Nähe des Newton-Monuments begraben. In England, Canada, USA und Neuseeland wurden zahlreiche Institute, Straßen und Plätze nach ihm benannt, auch das neu synthetisierte Element mit der Ordnungsnummer 104 erhielt seinen Namen.

Otto Hahn

O. Hahn wurde am 8. Mai 1879 in Frankfurt am Main geboren, als einer von vier Söhnen des Ehepaars Heinrich und Charlotte Hahn (geb. Giese). Mit 15 Jahren erwachte in ihm das Interesse an Chemie, und er begann mit einfachen chemischen Experimenten in der Waschküche seiner Eltern. Nach dem Abitur an der Klinger-Oberschule begann er 1897 entgegen dem Wusch seines Vaters, in Marburg Chemie zu studieren. Als Nebenfächer belegte er Mineralogie, Physik und Philosophie. Im dritten und vierten Semester hörte er Vorlesungen bei Adolph von Bayer (1835–1917, Nobelpreis 1905) in München, kehrte aber nach Marburg zurück. Dort promovierte er bei Theodor Zinke über „Bromderivate des Isoeugenols" und verbrachte anschließend zwei Jahre als Assistent bei seinem Doktorvater.

Zunächst strebte O. Hahn eine Tätigkeit in der Industrie an, und um seine Englischkenntnisse zu verbessern, wechselte er 1904 an das University College in London. Er wurde Mitarbeiter von William Ramsey (1852–1916, Nobelpreis 1904), der durch die Entdeckung von Edelgasen berühmt geworden war. O. Hahn lernte hier die Radiochemie kennen, die sein weiteres Leben bestimmte. Bei der Beschäftigung mit Radiumsalzen entdeckte er ein scheinbar neues Element, das sich später aber als neues Isotop des Metalls Thorium erwies (^{228}Th). Zu dieser Zeit war der Aufbau des Atomkerns aus Protonen und Neutronen noch nicht geklärt, und der Begriff Isotop wurde erst 1913 durch Frederik Soddy geprägt. Um seine Kenntnisse auf dem Gebiet der Radiochemie zu erweitern, wechselte O. Hahn 1905 an die McGill University in Montreal, wo er unter Leitung von Sir Ernst Rutherford arbeitete. Hier entdeckte er das Polonium-Isotop ^{212}Po (damals Thorium C genannt), dann das Blei-Isotop ^{210}Pb (Radium D) und schließlich das Thorium-Isotop ^{227}Th (Radioactinium).

Nach fast zwei Jahren kehrte er nach Deutschland zurück, wo er als Mitarbeiter des organischen Chemikers Emil Fischer (1852–1919, Nobelpreis 1902) ein eigenes, aber primitiv eingerichtetes Labor erhielt. Dort entdeckte er trotz schlechter Arbeitsbedingungen das Radium-Isotop ^{228}Ra, das ähnlich wie das zuvor von Marie Curie entdeckte Isotop ^{226}Ra hervorragend für medizinische Strahlentherapie geeignet ist, bei allerdings deutlich geringeren Herstellungskosten. Für diese Entdeckung wurde O. Hahn 1914 von A.V. Bayer erstmals für den Nobelpreis vorgeschlagen, aber ohne Erfolg.

Das Jahr 1907 brachte zwei wichtiger Ereignisse. Im Juni konnte O. Hahn seine Habilitation beenden, und im September lernte er die aus Wien kommende Physikerin Lise Meitner kennen, eine Begegnung, aus der sich eine 30 Jahre dauernde Freundschaft und Zusammenarbeit entwickelte. In der Zeit 1908 auf 1909 gelang O. Hahn eine weitere wichtige Entdeckung, nämlich der Rückstoß, den radioaktive Atome erfahren, wenn beim Zerfall eines Atoms ein α-Teilchen weggeschleudert wird (ein α-Teilchen ist ein Heliumkern bestehend aus 2 Protonen und 2 Neutronen, was zu diesem Zeitpunkt noch nicht bekannt war). Dieser Effekt war schon 1904 von der Physikerin Harriet Brooks beschrieben, aber falsch interpretiert worden. Zusammen mit L. Meitner entwickelte O. Hahn nun eine sog. Rückstoßmethode, mit der es gelang, weitere radioaktive Isotope zu entdecken: ^{214}Polonium, ^{207}Tallium, ^{208}Tallium ^{210}Tallium.

Im Jahr 1910 wurde O. Hahn zum Professor ernannt und erhielt 1912 die Leitung der radiochemischen Abteilung des neugeschaffenen Kaiser-Wilhelm-Instituts für Chemie in Berlin Dahlem. Während des ersten Weltkriegs musste O. Hahn kurzzeitig an der Entwicklung von Giftgasen arbeiten, konnte aber im Dezember 1916 an das Institut zurückkehren und machte noch vor Kriegsende zusammen mit L. Meitner die Entdeckung eines langlebigen radioaktiven Elements, von dem ein kurzlebiges Isotop schon 1913 von anderen Forschern publiziert worden war. Das neue Element mit der Ordnungsnummer 91 wurde später als Protactinium bezeichnet. O. Hahn wurde daraufhin von Max Planck und anderen Wissenschaftlern wiederum für den Nobelpreis vorgeschlagen, aber wieder vergebens.

1928 wurde O. Hahn zum Direktor des K.-W.-Instituts für Chemie berufen, das er bis 1946 leitete. In dieser Funktion begann er 1934 mit den Experimenten, die wie oben beschrieben zur Kernspaltung von Uran führten. Während der Nazizeit begann die Verfolgung der jüdischen Wissenschaftler, die zunächst aus ihren Dienstverhältnissen entlassen wurden. Dies geschah 1934 auch L. Meitner und anderen jüdischen Mitarbeiter des K.-W.-Instituts, und aus Protest trat O. Hahn aus der Berliner Universität aus. Er verhalf 1938 L. Meitner zur Flucht, die sie über die Niederlande nach Schweden führte. Dort wurde sie von O. Hahn regelmäßig über den Fortgang der experimentellen Arbeiten in Berlin unterrichtet, sodass sie selbst mit der theoretischen Bearbeitung der Kernspaltung einen entscheidenden Anteil an der neuen Entwicklung nehmen konnte.

Bei Kriegsende wurde O. Hahn mit anderen bedeutenden Wissenschaftlern von alliierten Spezialkräften gefangen genommen, die Jagd auf deutsche Forscher aller Richtungen machten. Zusammen mit anderen Atomphysikern wurde er in Farm Hall bei Cambridge interniert. Dort wurden ihre Gespräche heimlich abgehört, weil man den Kenntnisstand der deutschen Experten in Sachen Atombomben kennenlernen wollt. Dort erfuhren die Deutschen ihrerseits vom Abwurf der ersten Atombomben über Japan. O. Hahn war darüber äußerst verzweifelt, weil er sich als Entdecker der Kernspaltung dafür mit verantwortlich fühlte. Dieses Erlebnis motivierte ihn in den Jahren nach seiner Entlassung, sich bei allen Aktivitäten gegen atomare Bewaffnung zu engagieren. Seit 1957 wurde O. Hahn mehrfach für den Friedensnobelpreis vorgeschlagen, doch dieser Preis blieb ihm verwehrt.

O. Hahn agierte von 1948 bis 1960 als erster Präsident der neu gegründeten Max-Plank-Gesellschaft, die in der ebenfalls neu gegründeten Bundesrepublik die Nachfolge der K.-W.-Gesellschaft antrat. O. Hahn starb am 28. Juli 1968 in Göttingen, seinem letzten Wohnsitz. Er hinterließ eine einsame Witwe, denn sein einziger Sohn Hanno war 1960 auf einer Studienreise in Frankreich tödlich verunglückt.

Wenige Naturwissenschaftler erfuhren so viele Ehrungen wie O. Hahn. Er war ab 1960 Ehrenpräsident der Max-Planck-Gesellschaft. Er war Mitglied oder Ehrenmitglied von 45 Akademien und wissenschaftlichen Gesellschaften, und er erhielt 37 höchste Orden und Medaillen, darunter die Friedensklasse des Ordens „Pour le Mérite" und den Order of the British Empire. Von Charles de Gaulle wurde er zum Offizier der Ehrenlegion ernannt. Er erhielt das Große Verdienstkreuz mit Stern und Schulterband, das Großkreuz des Verdienstordens der Bundesrepublik Deutschland, und von Papst Johannes XXIII erhielt er die Goldmedaille der päpstlichen Akademie der Wissenschaften. Von Lyndon B. Johnson erhielt er zusammen mit L. Meitner und F. Straßmann den Enrico-Fermi-Preis. O. Hahn wurde Ehrenbürger von Frankfurt am Main, Göttingen und Berlin. Das erste mit Atomreaktor getriebene Frachtschiff Deutschlands erhielt seinen Namen, ebenso wie zwei ICE-Züge. Zahlreiche Schulen, Straßen und Plätze wurden in Deutschland nach ihm benannt, und ein Dutzend Staaten ehrten ihn auf Briefmarken oder Münzen. Ein Mondkrater, ein Marskrater ein Asteroid und sogar ein Cocktail tragen seinen Namen.

Der Originalarbeitstisch, auf dem die erste Spaltung von Uran nachgewiesen wurde, ist heute unter dem Namen „Hahn-Straßmann-Meitner-Tisch" im Deutschen Museum in München zu besichtigen.

Lise Meitner

L. Meitner wurde am 17. November 1878 in Wien geboren, jedoch gab sie selbst oft den 7. November als Datum an. Sie war die dritte Tochter des Ehepaars Phillip Meitner und Hedwig Meitner-Schwan. Der Vater war Jude, von Beruf Rechtsanwalt und arbeitete als Hof- und Gerichtsadvokat. Möglicherweise wegen der Religionszugehörigkeit der Mutter wurde L. Meitner protestantisch erzogen. Da Mädchen in Gymnasien damals nicht zugelassen waren, besuchte sie eine sog. Bürgerschule und absolvierte nach dem Schulabschluss ein Examen als Französischlehrerin. Ferner bereitete sie sich privat auf die Abiturprüfung vor, die sie 1901 am Akademischen Gymnasium auch erfolgreich ablegte. Dadurch war sie zum Studium berechtigt, das sie noch 1901 in den Fächern Physik, Mathematik und Philosophie aufnahm. Sie begann schon während des Studiums, sich für Radioaktivität zu interessieren, promovierte aber über Phänomene der Wärmeleitung.

Eine Bewerbung um einen Arbeitsplatz bei Marie Curie in Paris blieb erfolglos, und so begab sie sich ein Jahr später nach Berlin, um Vorlesungen bei Max Planck zu hören. Sie arbeitete währenddessen unbezahlt im Labor bei O. Hahn am Chemischen Institut der Universität. Zunächst musste sie das Gebäude stets durch die Hintertür betreten, weil Frauen in Preußen nicht studieren durften, doch wurde dieses Verbot 1909 aufgehoben. Durch die mit O. Hahn entwickelte „Rückstoßmethode" wurden mehrere neue Isotope entdeckt, und L. Meitner wurde allmählich auch bei Fachleuten im Ausland bekannt. So lernte sie schließlich Marie Curie und A. Einstein persönlich kennen, und in der Zeit von 1912 bis 1915 arbeitete sie als Assistentin von Max Planck. 1913 wurde sie zum Mitglied des Kaiser-Wilhelm-Instituts für Chemie ernannt.

Zu Kriegsbeginn ließ sie sich als Röntgenassistentin und Krankenschwester ausbilden und arbeitete bis 1916 in der österreichischen Armee. Danach konnte sie nach Berlin zurückkehren und ihre Arbeit mit O. Hahn fortsetzen. 1918 wurde sie Leiterin einer neu geschaffenen physikalisch-radioaktiven Abteilung des K.-W.-Instituts. Sie habilitierte 1922 in Physik und wurde 1926 zur außerordentlichen Professorin für experimentelle Kernphysik an der Universität von Berlin ernannt. Es war die erste weibliche Professur für Physik in Deutschland.

Im Jahr 1933 begann die Entfernung aller Juden und Bürger jüdischer Abstammung aus allen Ämtern, und L. Meitner verlor ihre Lehrbefugnis, obwohl sie eingetragenes Mitglied der protestantischen Kirche war. Sie konnte allerdings ihre Forschung am nicht staatlichen K.-W.-Institut fortsetzen. Durch den Anschluss Österreichs an das Deutsche Reich 1938 wurde sie deutsche Staatsbürgerin und war nun besonders gefährdet. O. Hahn verhalf ihr und dem niederländischen Chemiker Dirk Coster zur Flucht in die Niederlande, von wo sie nach Schweden weiterreiste. Dort konnte sie bis 1946 am Alfred-Nobel-Institut weiterarbeiten. Angebote aus den USA, am Bau der Atombombe mitzuarbeiten, lehnte sie als überzeugte Pazifistin ab. In den folgenden Jahren absolvierte sie mehrere Aufenthalte als Gastprofessorin den USA, blieb jedoch in Schweden wohnhaft. Ab 1947 wurde sie mit der Leitung der kernphysikalischen Abteilung des physikalischen Instituts der Königlich-Technischen Hochschule in Stockholm betraut. 1960 siedelte sie zu ihrem Neffen über, dem Kernphysiker Otto Frisch, nach Cambridge, wo sie den Rest ihres Lebens verbrachte. Sie starb am 27. November 1968 wenige Wochen nach dem Tod von O. Hahn.

Die Tatsache, dass O. Hahn allein den Nobelpreis erhielt und nicht auch L. Meitner, hat in den Jahrzehnte nach 1946 immer wieder zu Kontroversen geführt. Dirk Coster, schrieb: „Otto Hahn der Nobelpreis! Er hat ihn sicher verdient. Es ist aber schade, dass ich Sie 1938 aus Berlin entführt habe [...] sonst wären Sie wohl auch dabei gewesen; was sicher gerecht gewesen wäre."

Ernst P. Fischer, Professor für Physik und Wissenschaftsgeschichte in Konstanz, bezeichnete die alleinige Ehrung von O. Hahn als „Dummheit der schwedischen Akademie". Von manchen Seiten wurde auch unterstellt, dass O. Hahn ihr 1938 absichtlich zur Flucht verhalf, um den bevorstehenden Erfolg nicht mit ihr teilen zu müssen. Davon abgesehen, erfuhr L. Meitner nach 1946 weltweit zahlreiche Ehrungen. Dazu gehörten Ehrendoktor Verleihungen von fünf Universitäten und Mitgliedschaft in zwölf Akademien. 1947 erhielt sie den Ehrenpreis der Stadt Wien, 1949 die Max-Planck-Medaille (zusammen mit O. Hahn), 1955 den Otto-Hahn-Preis für Chemie und 1966 den Enrico-Fermi-Preis (zusammen mit O. Hahn und F. Straßmann). Der Kleinplanet 6999 sowie Krater auf dem Mond und auf der Venus erhielten ihren Namen, ebenso das neu geschaffene Hahn-Meitner-Institut in Berlin. Auch zeigt eine bundesdeutsche Briefmarke von 1988 ihr Bildnis.

Literatur

Campbell J (1999) Rutherford – Scientist supreme. AAS Publications, Christchurch

Capelle W (1938) Die Vorsokratiker. Kröner, Stuttgart

Derado T (2007) Im Wirbel der Atome. Lise Meitner – Eine Frau geht ihren Weg. Kaufmann, Lahr

Donoghue JF (1994) Dynamics of the standard model. Cambridge University Press

Gangopradhyaya M (1981) Indian atomism: history and sources. Humanities Press, New Jersey

Gerlach W, Hahn D (1984) Otto Hahn – Ein Forscherleben unserer Zeit. Große Natur-Forscher, Bd. 45. Wiss. Verlagsgesellschaft, Stuttgart

Hahn D (Hrsg.) (2005) Erinnerungen an Otto Hahn. Hirtzel, Stuttgart

Hahn O (1966) Vom Radiothor zur Uranspaltung. Vieweg, Braunschweig

Hoyer H (1980) Johannes Wilhelm Hittorf. In: Dollinger H (Hrsg) Die Universität Münster 1780–1980. Aschendorff, Münster

Kirchhoff WH (2001) Vorstellungen vom Atom. Aulis, Deubner

Meitner L, Frisch OR (1939) Disintegration of Uranium by neutrons: A new type of nuclear reactions. Nature 143: 239

Meschede D (2010) Gerthsen Physik, 24. Aufl. Springer, Heidelberg

Noddack I (1934) Das Element 93. Angew Chem 47: 653

Quadberg-Seeger H-J (2007) Die Welt der Elemente. Wiley VCH, Weinheim

Schimank H (1964) Johannes Wilhelm Hittorf. Phys Bl 20: 571

Teresi D (2003) Lost discoveries: the ancient roots of modern science – from the babylonians to the maya. Simon & Schuster, New York, S 213–214

Vetter C (1982) Die Geschichte der Radioaktivität. Wiss. Verlagsgesellschaft, Stuttgart

Westphal WH (1963) Physik, 22.–24. Aufl. Springer, Heidelberg

Internetlinks http://www.nobelprize.org/nobel_prizes/chemistry/laureates/1908/rutherford.html

9.2 Warum sieht man Farben?

Wer einen Fehler macht und ihn nicht korrigiert macht einen zweiten. (Konfuzius)

So gut wie alle fundamentalen Naturerscheinungen, welche für die Menschen der Antike wahrnehmbar waren, wurden von den Naturphilosophen der Griechen interpretiert und diskutiert. Zu den wichtigsten Naturphänomenen, mit denen der Mensch schon bald nach seiner Geburt konfrontiert wird, gehört das Licht und das Sehen von Farben. Daher ist es schon etwas erstaunlich, dass nur von zwei vorsokratischen Philosophen, Empedokles und Demokrit, Äußerungen über das Sehen im Allgemeinen und über das Wesen der Farbigkeit im Besonderen überliefert sind. Allerdings ist nur ein Bruchteil des antiken Wissens erhalten geblieben, und auch dieses stammt meist aus zweiter oder dritter Hand, zum Beispiel aus der Feder von Aristoteles und seiner Interpreten.

Empedokles von Akragas (Girgenti, Sizilien, ca. 495–435 v. Chr.) äußerte sich über das Sehen und über die Sehschärfe – allerdings nicht über Farben. Merkwürdigerweise sind zwei gegensätzliche Prinzipien des Sehens von ihm überliefert. Einmal postulierte er die Existenz von Feuer im Inneren des Auges, dessen Strahlen nach außen dringen und ein Objekt abtasten wie ein Radarstrahl. Andererseits wird von der Annahme berichtet, dass „Ausdünstungen“ eines Objektes in die Poren des Auges eindringen und dort das Bild des Objektes hervorrufen. Es scheint, dass beide Prinzipien des Sehens bis ins 15. oder 16. Jahrhundert nebeneinander akzeptiert wurden, aber es ist im Nachhinein kaum festzustellen, welche Forscher oder Laien dem einen oder anderen Prinzip zugeneigt waren.

Demokrit aus Abdera (ca. 460–370 v. Chr.) äußerte sich über den Ursprung der Farben, aber nicht über den Sehvorgang. So schrieb Aristoteles (nach W. Capelle): „Daher leugnet Demokrit auch die (objektive) Wirklichkeit der Farbe. Denn der Eindruck einer Farbe entsteht (nur) infolge der Lage (der Atome)." Und an anderer Stelle: „Er behauptet, dass die weiße Farbe glatt, die schwarze Farbe rau sei." Diese Aussagen passen zu dem allgemeinen Konzept Demokrits, alle und jede Wahrnehmung nur aus Form und Lage von Atomen zu erklären (Kap. 8).

Bevor die Entwicklung im Verständnis des Farbensehens weiter verfolgt wird, soll hier zunächst der heutige Kenntnisstand kurz dargelegt werden, um die Erklärung des historischen Ablaufs zu erleichtern. Dabei soll nur auf die physikalischen und chemischen Aspekte des Sehvorgangs eingegangen werden.

Licht ist, wie in Abschn. 9.3 dargelegt, eine elektromagnetische Strahlung, die sich wellenförmig im Raum ausbreitet und verschiedene Wellenlängen annehmen kann. Der Zusammenhang zwischen Wellenlänge (λ), Frequenz (ν) und Geschwindigkeit (c) ist durch die einfache Gleichung $c = \lambda \times \nu$ gegeben. Sichtbares Licht ist durch den Wellenlängenbereich 380–780 nm ($1\ \text{nm} = 10^{-9}\ \text{m}$) definiert. Die verschiedenen Wellenlängen in diesem Bereich entsprechen verschiedenen Farben in der Wahrnehmung durch das menschliche Gehirn. Das Gesamtspektrum der Farben macht die Natur auch ohne Laborexperimente im Regenbogen sichtbar. Es reicht von Violett, das die kürzesten Wellenlängen repräsentiert, bis zum langwelligen tiefen Rot.

Eine reine Farbe bedeutet, physikalisch gesehen, monochromatisches Licht, im Idealfall eine einzige Wellenlänge. Experimentell zugänglich ist monochromatisches Licht als ein Bündel eng benachbarter Wellenlängen, die sich durch analytische Standardmethoden wie Prismen oder optische Gitter nicht weiter spektral aufspalten lassen. Mischfarben kommen dadurch zustande, dass Lichtstrahlen, die zwei oder mehr unterschiedliche Wellenlängen beinhalten, gleichzeitig auf die Netzhaut treffen. Moderne Untersuchungen ergaben, dass das menschliche Auge im Bereich zwischen 380 und 780 nm bis zu 200 verschiedene Farbtöne unterscheiden kann. Ein Prismenspektrograph kann bis zu 20.000 Frequenzbündel unterscheiden.

Im 17. Jahrhundert waren sich die Naturforscher weitgehend darüber einig, dass Sehen dadurch zustande kommt, dass Licht von einem betrachteten Objekt in das Auge fällt und dort einen Farbreiz verursacht, der vom Gehirn interpretiert wird. Eine heftige Diskussion entstand nun Ende des 17. Jahrhunderts über die Frage: Was ist weißes Licht? Die bekanntesten

Exponenten dieser Auseinandersetzung waren der britische Naturforscher und Mathematiker Isaac Newton (1642–1727) und Johann W. von Goethe (1749–1832). Die meisten Wissenschaftler und Laien des 17. und 18. Jahrhunderts betrachteten Schwarz und Weiß als die Enden der Farbskala und sahen in den dazwischen liegenden Farben eine Art partiell abgedunkeltes (oder verunreinigtes) Weiß. Weiß musste also eine einheitliche Farbe und ein einheitliches ursprüngliches Licht sein, das zudem mit emotionalen Attributen wie Reinheit und Unschuld belegt war. Weißes Licht als ursprünglichstes einheitliches Licht war eine Vorstellung, die schon der französische Philosoph René Descartes (1596–1650) vertreten hatte und deren Ursprung wohl bei Aristoteles zu suchen ist.

I. Newton, ein vielseitig talentierter und neugieriger Forscher, war noch keine 30 Jahre alt, als er auch mit Licht zu experimentieren begann. Er schickte einen scharf begrenzten Strahl weißen Lichtes durch ein Prisma (keilförmiger Glaskörper) und erblickte zu seiner Überraschung an der gegenüberliegenden Wand das Farbspektrum des Regenbogens. Wenn das spektral aufgefächerte Licht hinter dem ersten Prisma durch ein komplementär angeordnetes zweites Prisma geleitet wurde, wurde es wieder zu einem weißen Lichtstrahl gebündelt. I. Newton schloss daraus, dass weißes Licht keine physikalische Einheit darstellt, sondern eine Wahrnehmung des Menschen, wenn mehrfarbiges Licht gebündelt ins Auge fällt. I. Newton publizierte seine Beobachtungen erstmals 1672 in einer Zeitschrift der Royal Society, und veröffentlichte 1704 eine verbesserte und vervollständigte Version seiner optischen Forschungsergebnisse unter dem Titel *Opticks: Or, A treatise of the reflection, refraction, inflection and colours of light.*

Wie für eine revolutionäre Idee nicht anders zu erwarten, erntete er in den folgenden Jahrzehnten zahlreiche kritische Kommentare. Die bis zum Ende des 19. Jahrhunderts anhaltende Kritik an Newtons Verständnis von der Natur des Lichtes hatte allerdings noch andere Gründe (Abschn. 9.3): I. Newton verstand Licht als eine korpuskulare Strahlung und glaubte, dass Farben durch Korpuskel unterschiedlicher Größe verursacht würden. Seine wissenschaftlichen Gegner – beginnend mit Christian Huygens (1629–1695) – legten im Lauf von zwei Jahrhunderten immer mehr Beweise für die Wellennatur des Lichtes vor. Ironischerweise war es gerade die Wellennatur des Lichtes, welche die spektrale Auffächerung des weißen Lichtes richtig erklären konnte, und nicht die Korpuskulartheorie.

Nichtsdestotrotz blieb I. Newtons Befund, dass weißes Licht für das Auge aus einer Überlagerung mehrerer farbiger Lichtbündel resultiert, ein zeitlos richtiger Befund. Nun ergab die spätere Forschung, dass der Mensch auch dann weißes Licht wahrnimmt, wenn nur ähnlich intensive Lichtbündel der sog. Komplementärfarben ins Auge fallen. Diese Komplementärfarben sind

Rot und Grün sowie Gelb und Blau. Das annähernd weiße Licht von Neonröhren ist ein Beispiel für eine Rot-Grün-Kombination. Das Menschliche Auge ist also nicht in der Lage festzustellen, wie weißes Licht zusammengesetzt ist. Das Ohr bringt insofern eine bessere Leistung zustande, da ein geübter Musiker aus einem Akkord die einzelnen Töne heraushören kann.

Nun erkennt schon jedes Kind, das mit einem Farbkasten mahlen lernt, dass die Mischung von blauen und gelben Farbstoffen bzw. Pigmenten einen grünen Farbton ergibt. Dieser Befund scheint auf den ersten Blick der vorhergehenden Aussage über die Wahrnehmung von weißem Licht nach Mischen von gelbem und blauem Licht zu widersprechen. Die Erklärung liegt darin, dass die Mischung farbigen Lichtes nicht dieselben optischen Konsequenzen hat wie die Mischung von Farbstoffen. Blaue Farbstoffe absorbieren die gelben Wellenlängen aus dem weißen Licht, aber meist nicht den grünen Anteil, der im Spektrum zwischen Blau und Gelb angesiedelt ist. Gelbe Farbstoffe absorbieren die blauen Wellenlängen, aber ebenfalls nicht alles Grün. Daher dominieren grüne Wellenlängen, wenn Licht von einer Mischung gelber und blauer Farbstoffe reflektiert wird.

J.W. von Goethe war nicht nur als Dichter und Beamter tätig, sondern er war auch ein ambitionierter Naturforscher, dessen Interesse vor allem der Morphologie (Gestaltlehre) von Pflanzen und Tieren sowie der Farbenlehre galt. Obwohl nach Newtons Tod geboren, entwickelte er sich zum dedizierten Gegner von Newtons Spektraltheorie. In diesem Buch fehlt der Platz, auf Goethes Farbenlehre ausführlich einzugehen, doch gibt es zu diesem Thema mehr als genug Darstellungen und Kommentare. Hier soll lediglich hervorgehoben werden, dass J. W. von Goethe noch über 100 Jahre nach Newtons erster Publikation weißem Licht eine fast mystische Verehrung entgegenbrachte. Einige seiner Aussagen sollen hier im Wortlaut folgen.

So schreibt er in seinem Werk *Zur Farbenlehre*: „Das Licht ist das einfache, unzerlegteste, homogene Wesen, das wir kennen. Es ist nicht zusammengesetzt, am allerwenigsten aus farbigen Lichtern. Jedes Licht, das eine Farbe angenommen hat, ist dunkler als farbloses Licht. Das helle kann nicht aus Dunkelheit zusammengesetzt sein. Es gibt nur zwei reine Farben, Blau und Gelb. Eine Farbeigenschaft die beiden zukommt, ist Rot, und zwei Mischungen, Grün und Purpur; die Übrigen sind Stufen dieser Farben oder unrein. Weder aus apparativen Farben kann farbloses Licht, noch aus farbigen Pigmenten weißes zusammengesetzt werden. Alle aufgestellten Experimente sind falsch oder falsch aufgestellt."

Aus Gesprächen mit seinem Sekretär Eckermann ist bekannt: „Auf alles, was ich als Poet geleistet habe, bilde ich mir gar nichts ein. Es haben treffliche Dichter mit mir gelebt, es lebten treffliche vor mir und es werden ihrer nach mir sein. Dass ich aber in meinem Jahrhundert in der schwierigen Wissenschaft der Farbenlehre der einzige bin, der das Rechte weiß, darauf tue ich mir etwas zugute, und ich habe daher ein Bewusstsein der Superiorität über viele." Es gehört zu den Merkwürdigkeiten der Auseinandersetzung J. W von Goethes mit den Theorien I. Newtons, dass beide nicht nur von unterschiedlichen Standpunkten und Methoden ausgingen, sondern auch beide unterschiedlich falsche Vorstellungen von der Natur des Lichtes hatten.

Zur Frage, wie denn das Auge auf den Einfall farbigen Lichtes reagiert, äußerte sich der Augenarzt und Physiker Thomas Young (1773–1829) wohl als erster. Er nahm an, dass sich alle Farbeindrücke auf drei Grundfarben zurückführen lasse, für die es drei Rezeptoren im menschlichen Auge gebe. Der Naturforscher Hermann von Helmholtz (1821–1894) entwickelte diese Dreifarbenlehre weiter. Die Forschung im 20. Jahrhundert lieferte dann eine präzise Bestätigung dieser zunächst spekulativen These. Das Auge besitzt zwei Typen von Rezeptoren, die Stäbchen und die Zapfen. Die Stäbchen sind besonders lichtempfindlich, nehmen nur Hell und Dunkel war und sind außerhalb des Sehzentrums (Fovea centralis) konzentriert. Von den für das Farbensehen verantwortlichen Zapfen, die in der Fovea centralis konzentriert sind, gibt es drei Varianten, die sich hinsichtlich des Absorptionsmaximums (AM) unterscheiden:

- L-Zapfen: AM = 560 nm (grünliches Gelb)
- M-Zapfen: AM = 530 nm (gelbliches Grün)
- S-Zapfen: AM = 420 nm (Blau)

Richtiges Farbsehen erfordert eine Reizung aller drei Zapfentypen. Das unterschiedliche Ausmaß der Reizung bei jedem Zapfentyp ist entscheidend für den Farbton, den das Gehirn dann interpretiert. Das Molekül, welches mit dem Licht reagiert, ist in allen Zapfen dasselbe, nämlich das 11-cis-Retinal (Abb. 9.1). Es ist je nach Rezeptor an verschiedene Proteine, die Opsine, gebunden, und diese Opsine sind für das Absorptionsmaximum des Rezeptors verantwortlich. Das Retinal reagiert bei der Absorption eines Photons mit einer Umlagerung von der cis- in die trans-Form (Abb. 9.1). Das heißt, die chemische Zusammensetzung bleibt konstant, aber die räumliche Ausdehnung des Moleküls ändert sich. Dabei ändert sich auch die Raumstruktur der benachbarten Opsine, wodurch ein Impuls im Sehnerv ausgelöst wird. Damit der menschliche Organismus Retinal herstellen kann, müssen ihm Vitamine vom A-Typ zugeführt werden.

Isaac Newton

I. Newton wurde am 4. Januar 1643 in Woolthorpe, Lincolnshire, als Sohn eines wohlhabenden Schafzüchters geboren, der den Titel „Lord of the Ma-

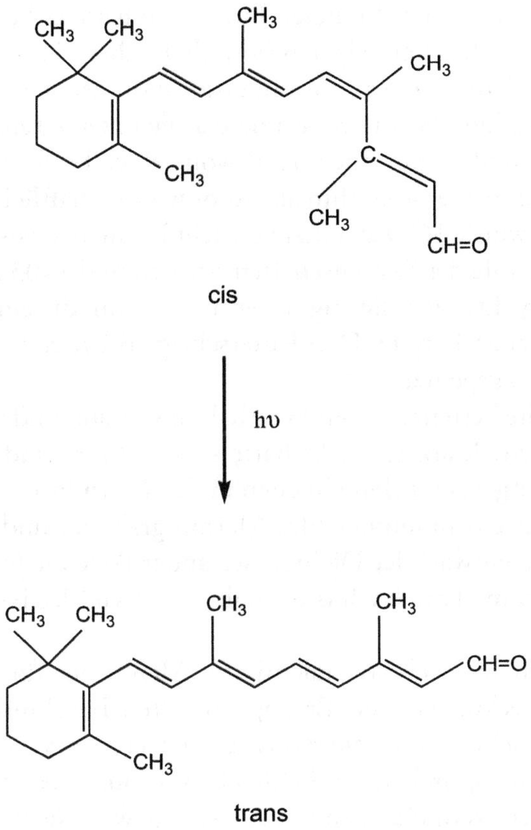

Abb. 9.1 Cis-trans-Umlagerung von Retinal unter Einwirkung von Licht

nor“ trug. Er verbrachte ab 1646 neun Jahre unter der Obhut seiner Großmutter, weil seine Mutter nach dem vorzeitigen Tod des Vaters ein zweites Mal geheiratet hatte und weggezogen war. Er besuchte zuerst die King's School in Grantham und danach, mit 18 Jahren, das Trinity College in Cambridge. Dieses wurde kurz nach Ende seines Studiums für zwei Jahre wegen einer Pestepidemie geschlossen. Nach seiner Rückkehr 1667 wurde er zum Fellow des Trinity College erkoren. Diese Ehrung beinhaltete aber auch Aktivitäten im Rahmen der anglikanischen Kirche, einschließlich einer geistlichen Weihe innerhalb von zehn Jahren und mit Ablegung des Zölibatgelübdes. Im Jahr1969 wurde er auf Empfehlung des Vorgängers zum Lehrstuhlinhaber für Mathematik ernannt.

1687 spielte I. Newton eine wichtige Rolle in einer Protestbewegung gegen König Jakob II., um die Umwandlung der Universität in eine katholische Institution zu verhindern. Daraus erwuchs ihm aber kein politischer Nachteil, und auf Vermittlung eines einflussreichen Freundes, des Earl of Halifax, wurde er 1996 zum Aufseher der Royal Mint (königliche Münze) ernannt sowie 1699 zu deren Leiter. In diesen Positionen hatte er hohe Einkünfte. Er zog daher schon 1696 in ein eigenes herrschaftliches Haus nach London, in dem er auch ein kleines Observatorium und Labor installieren konnte. Dieser Wechsel von Beruf und Wohnort beendete de facto seine Karriere als kreativer Wissenschaftler, und er trat auch 1701 von seiner Professur in Cambridge zurück. Allerdings war er weiterhin als Autor wissenschaftlicher Schriften und Bücher aktiv. Er wurde 1699 als einer von acht Nicht-Franzosen zum Mitglied der Pariser Akademie der Wissenschaften berufen und 1703 zum Präsidenten der Royal Society. Das war die angesehenste Position, die ein Wissenschaftler in England erreichen konnte. Den Ritterschlag erhielt er 1703 allerdings für sein politisches Engagement.

Eine Verwandte betreute seinen Haushalt in London und pflegte ihn bis zu seinem Tod am 31. März 1727. Er hatte so viel Ruhm und Ansehen erworben, dass er unter großen Feierlichkeiten in der Westminster Abbey beigesetzt wurde. Er erhielt ein monumentales Marmorgrabmal, und drei Jahre nach seiner Bestattung entwarf der Dichter Alexander Pope die folgende Inschrift: „Nature and nature's laws lay hid in night./God said let Newton be, and it was light."

I. Newton war ein vielseitig talentierter Mann, der für vier sehr unterschiedliche Entdeckungen und Errungenschaften Berühmtheit erlangte. In technischer Hinsicht ist hier die Konstruktion eines ersten Spiegelteleskops zu nennen, das die optischen Nachteile der auf Linsen basierenden Fernrohre (Refraktometer) vermeiden sollte. Allerdings war Newtons Spiegel noch nicht paraboloid gekrümmt, sodass die Leistung seines Spiegelteleskops die der damaligen Fernrohre nicht übertraf. Das zweite Gebiet, auf dem er Ruhm erlangte, war die Entwicklung der Infinitesimalrechnung (parallel zu Gottfried Wilhelm Leibnitz), die er aber erst 1704 als Anhang in seinem Hauptwerk über Optik publizierte. Allerdings hatte er schon 1669 unter englischen Fachkollegen ein Manuskript mit dem Titel *De analysi aequationes numeri infinites* in Umlauf gebracht, das sein nationales Ansehen als Mathematiker begründete. Das dritte Arbeitsgebiet betraf die Optik. Hierzu erschien, wie zuvor erwähnt, seine erste Veröffentlichung 1672 in den *Philosophical Transactions* der Royal Society. Die im nächsten Kapitel diskutierte Äthertheorie der Lichtausbreitung präsentierte er 1675 unter dem Titel *Hypotheses of light*. Sein Hauptwerk erschien 1704 unter dem Titel *Opticks*.

Das vierte Gebiet, durch das Newton vor allem Unsterblichkeit erlangte, betraf die Mechanik. Das wichtigste Resultat seiner Versuche und Überlegungen war die Formulierung der Gravitationstheorie, ein auch von ihm geprägter Begriff. Dabei korrelierte er die Anziehungskraft (K) zweier Massen (m_1 und m_2) mit deren Abstand (d): $K = m_1 \times m_2/d^2$.

Dieses Gesetz repräsentierte zur damaligen Zeit einen revolutionären Paradigmenwechsel, weil es eine Gesetzmäßigkeit, die jeder aus dem Alltag kannte, mit dem Verhalten von Himmelskörpern in Bezug setzte. Newton konnte mit seinem Gravitationsgesetz die von Johann Keppler (1571–1630) formulierten Gesetze der Planetenbewegungen begründen. Schon seit den vorsokratischen Naturphilosophen und erst recht seit Aristoteles war es aber das allgemein anerkannte Paradigma gewesen, dass die „Himmelsgesetze" und die irdischen Gesetze zu zwei streng getrennten Sphären gehören. Das Gravitationsgesetz avancierte nun zum Naturgesetz schlechthin und zu einer der entscheidenden Stützen der klassischen Physik des 19. Jahrhunderts. Dazu muss aber auch erwähnt werden, dass Newton lebenslänglich der tiefgläubige Christ blieb, als der er erzogen worden war. So sah er in der Gravitation das Wirken eines allgegenwärtigen Gottes (dessen Dreifaltigkeit er leugnete). Die Gravitation als eine durch den Raum hindurch wirkende Kraft zu verstehen war ihm völlig fremd.

In seinem Hauptwerk *Philosophiae naturales principia mathematica* präsentierte Newton über die Gravitationstheorie hinaus weitere interessante Erkenntnisse, zum Beispiel eine Begründung der Schallgeschwindigkeit, eine Definition der Viskosität idealer (Newtonscher) Flüssigkeiten und eine einfache Formel für die Durchschlagskraft von Geschossen. Schließlich bleibt festzustellen, dass sich Newton auch intensiv mit Alchemie beschäftigte, ohne hier wesentliche Entdeckungen publiziert zu haben.

Zu dem Gesamtbild Newtons gehört auch, dass er privat wohl umgänglich und bescheiden war, in wissenschaftlichen Disputen und Prioritätsstreitigkeiten aber ein aggressiver und unnachgiebiger Streiter. Wohl kein anderer Wissenschaftler lag mit so vielen Kollegen in Streit wie Newton. Sein erster Gegner war der niederländische Mikroskopieexperte Christian Huygens (1629–1695), der vehement die Wellennatur des Lichtes vertrat. Zum gleichen Thema zerstritt er sich mit dem britischen Naturforscher Robert Hooke (1635–1703). Als dieser später versuchte, im Rahmen einer Diskussion über Mechanik und Schwerkraft mit Newton wieder ins Gespräch zu kommen, brach ein neuer Streit aus. Es war R. Hooke, der Newton darüber belehrte, dass die Schwerkraft mit der Entfernung abnimmt (präziser: mit dem Quadrat der Entfernung). Als Newton sein Gravitationsgesetz publizierte, ohne R. Hooke zu erwähnen, warf dieser ihm zu Recht Plagiat vor.

Ferner lag Newton im Streit mit Gottfried W. Leibnitz (1646–1716) über die Priorität in Sachen Infinitesimal- bzw. Differentialrechnung. Leibnitz hatte sie als erster international publiziert, aber ein Freund Newtons warf Leibnitz später vor, dieser habe bei seinem Besuch in Cambridge das Konzept von Newton gestohlen (heute ist geklärt, dass beide unabhängig voneinander gearbeitete hatten).

Im Jahr 1678 geriet Newton in Streit mit Jesuiten in Lüttich, und als im selben Jahr seine Mutter starb, erlitt er einen Nervenzusammenbruch. Schließlich provozierte er einen Urheberrechtsstreit mit dem britischen Astronomen John Flamsteed (1646–1719), weil er als Präsident der Royal Society einen auf Flamsteeds Arbeiten basierenden Sternenatlas herausbringen wollte, ohne dessen Einverständnis zu haben. Ein Gericht entschied zugunsten Flamsteeds. Kurzum, Newton war für die zeitgenössischen Wissenschaftler ein sehr unangenehmer und undankbarer Kollege.

Literatur

Berg JM, Tymoczko JL, Stryer L (2010) Biochemie, 6. Aufl. Springer Spektrum, Heidelberg

Berlinski D (2012) Apfel der Erkenntnis: Sir Isaac Newton und die Entschlüsselung des Universums. Europäische Verlagsanstalt, Hamburg

Heuser H (2005) Der Physiker Gottes – Isaac Newton oder die Revolution des Denkens. Herder, Freiburg

Kerr P (2003) Newtons Schatten. Rowohlt, Berlin

Küppers H (2004) Farbe verstehen und beherrschen. DuMont, Berlin

Pawlik J (1990) Theorie der Farbe. DuMont, Köln

Schneider I (1988) Isaac Newton. C.H. Beck, München

Westphal WH (1963) Physik, 22.–24. Aufl. Springer, Heidelberg

von Mackensen L (2004) Goethes Farbenlehre. In: Seisinger R et al (Hrsg.) Form, Zahl, Ordnung. Steiner, Stuttgart

Internetlinks Farbsysteme: http://www.coloursystem.com

9.3 Was ist Licht?

Will der Irrtum Orgien feiern, so begibt er sich unter die Gelehrten. (Salomon Baer-Oberdorf)

Obwohl jeder, der nicht blind ist, von Kind an mit Licht vertraut ist, hat gerade die Frage „Was ist Licht?“ einige Jahrhunderte lang vielfältige Forschungsaktivitäten und eine wechselvolle Diskussion hervorgerufen. Fehleinschätzungen und ihre Korrekturen ergaben sich auf zwei verschiedenen Ebenen, die hier auch separat abgehandelt werden sollen. Da gab es zum einen die Experimente und Diskussionen zur Frage, ob Lichtstrahlen aus festen Partikeln bestehen (Korpuskulartheorie) oder ob es sich um eine Art von Wellen handelt (Wellentheorie). Zum anderen wurde über mehr als 2000 Jahre bis in die Mitte des 20. Jahrhunderts darüber diskutiert (und schließlich auch experimentiert), ob die Ausbreitung des Lichts ein raumerfüllendes Medium benötigt und wie dieses zu definieren sei.

Der Beginn der Diskussion darüber, was man sich unter der Natur des Lichtes vorzustellen habe, kann auf René Descartes (1596–1650) zurückgeführt werden. Für diesen Philosophen war der Raum grundsätzlich mit Materie gefüllt. Er interpretierte Licht als Druck, der zwischen kugelförmigen Lichtteilchen entsteht und sich zum Auge des Beobachters hin fortpflanzt. Diese Vorstellung entsprach weder der in den folgenden Jahrzehnten entwickelten Wellentheorie noch der Newtonschen Korpuskulartheorie, welche postulierte, dass die Lichtpartikel wie winzige Geschosse ins Auge des Betrachters fliegen. I. Newton machte in seiner 1704 veröffentlichten Lichttheorie (Abschn. 9.2) keine weiteren Aussagen über die Natur der Lichtkorpuskel, außer dass ihre unterschiedliche Größe für die verschiedenen Farben verantwortlich seien.

Eine relativ moderne Vorstellung von der Ausbreitung des Lichtes wurde schon 1665 von Robert Hooke (1635–1703) veröffentlicht. Er postulierte, dass sich Licht in Form von Pulsen oder Vibrationen in einem homogenen Medium ausbreite, und zwar geradlinig, mit konstanter Geschwindigkeit und nach allen Seiten. Er postulierte ebenfalls richtig, dass die Lichtbrechung an der Grenze zweier verschiedener transparenter Medien (z. B. Luft/Wasser) durch unterschiedliche Ausbreitungsgeschwindigkeiten in beiden Medien verursacht würde.

R. Hooke verfügte allerdings noch nicht über Experimente und Begriffe, um dem Licht eine Wellennatur zu attestieren. Dieser Fortschritt kam vonseiten des Physikers und Astronomen Christian Huygens (1629–1695), der seine Wellentheorie in der Zeit von 1678 bis 1690 ausarbeitete und publizierte. Sein Konzept von der Wellennatur des Lichtes basierte vor allem auf der Lichtbeugung. Trifft Licht aus einer punkförmigen Quelle auf einen Schirm, der mehrere winzige Löcher besitzt, deren Durchmesser der Wellenlänge des Lichtes ähneln, so bewirkt die Beugung, dass sich das Licht hinter jedem Loch wieder halbkugelförmig ausbreitet, als ob es von einer Originalquelle stamme. Jedes winzige Loch im Schirm wirkt also wie eine (weniger intensive) Lichtquelle (Huygenssches Prinzip). Lichtpartikel der Newtonschen Art würden dagegen nur in gerader Linie durch die Löcher fliegen. Die Huygenssche Wellenlehre lieferte auch eine überzeugende Erklärung für die Lichtbrechung. Trotz dieser Befunde neigte die Mehrheit der Wissenschaftler des 18. Jahrhunderts der Korpuskulartheorie zu, und Leonard Euler (1707–1783) scheint in Europa der einzige namhafte Forscher gewesen zu sein, der die Wellentheorie verteidigte.

Die Entscheidung zugunsten der Wellentheorie ergab sich aus Versuchen des Physikers und Augenarztes Thomas Young (1773–1829), der das Phänomen der Lichtinterferenz untersuchte und auch erstmals die Wellenlänge von Licht berechnete. Interferenzen kennt jeder, der schon einmal den Verlauf von Oberflächenwellen gesehen hat, die entstehen, wenn zwei Steine annähernd gleichzeitig in Wasser mit glatter Oberfläche geworfen werden. Zwei zusammentreffende Wellenberge bilden einen doppelt so großen Berg, zwei Täler bilden ein tieferes Tal, und Berg plus Tal egalisieren sich, wenn sie gleich groß waren. Analoge Interferenzmuster gibt es bei Licht, wenn das von einer Lichtquelle ausgehende, kohärente Licht beim Durchgang durch zwei enge Spalten in einem Schirm oder durch zwei Spiegel in zwei Strahlengänge geteilt und diese dann wieder schräg zusammengeführt werden. T. Young postulierte um 1817 auch als erster, dass es sich bei Licht um eine Art Transversalwelle handeln müsse und nicht um eine Longitudinalwelle, wie es das Paradigma jener Zeit erforderte.

Die Vorstellung von der Wellennatur des Lichtes wurde im Rahmen der klassischen Physik von drei Männern vervollständigt: Michael Faraday (1791–1867), James C. Maxwell (1831–1879) und Heinrich Hertz (1857–1894). M. Faraday, ein auf dem Gebiet der Elektrochemie erfahrener Forscher, äußerte um 1850 als erster die Vermutung, dass es sich bei Licht um eine elektromagnetische Schwingung handeln müsse, doch hatte er keine konkreten Beweise. J. C. Maxwell wurde durch seine Studien elektrischer und magnetischer Erscheinungen berühmt, die er in den nach ihm benannten Differentialgleichungen zusammenfasste. Basierend auf diesen Erkenntnissen formulierte er 1871 eine elektromagnetische Wellentheorie, die durch H. Hertz um 1886 bestätigt wurde. Licht war also eine elektromagnetische Strahlung, die durch ihre Frequenz (ν) und Wellenlänge (λ) charakterisiert war, welche über die Lichtgeschwindigkeit (c) miteinander verknüpft waren: $c = \nu \times \lambda$.

Mit diesen Kenntnissen ließ sich allerdings noch nicht erklären, wie eine Lichtwelle überhaupt zustande kam. Max Planck (1858–1947) und Albert Einstein (s. Biographie) kamen ab 1900 zu einem neuen Verständnis von Licht, aber ohne dass dadurch die vorausgegangenen Experimente und die Wellentheorie im Allgemeinen widerlegt wurden. Sie bewirkten aber einen Paradigmenwechsel beim Verständnis von Energie und Masse. Max Planck beschäftigte sich um 1900 rein theoretisch mit der Frage, wie ein elementarer Oszillator beschaffen sein müsste, um Licht ausstrahlen zu können. Er kam zu der Erkenntnis, dass Lichtenergie nur in diskreten Mengen (Quanten) ausgestrahlt oder absorbiert werden kann. Diese Energiequanten waren durch das Produkt von Frequenz (ν) und dem nach Planck benannten Wirkungsquantum (h) definiert gemäß: $E = h \times \nu$.

M. Plancks Rechnungen wurden schon 1902 durch Versuche von Phillip Lenard (1862–1947) experimentell bestätigt. Bis zu diesem Zeitpunkt galt in der Physik das Dogma (Paradigma), dass Energie beliebig und unendlich teilbar war und dass ein Energieübergang, egal bei welchem Experiment, als stetiger, kontinuierlicher Prozess verläuft. Die Erkenntnis, dass Energie nur als Vielfaches der Elementarmenge $h \times 1/s$ auftreten und übertragen werden konnte, war daher eine Revolution, die auch die Vorstellungen von der Elektronenhülle der Atome betraf.

Durch Einsteins allgemeine Relativitätstheorie kam dann die Erkenntnis der Äquivalenz von Energie und Masse (m) hinzu gemäß: $E = m \times c^2$ (mit c = Lichtgeschwindigkeit im Vakuum). Mit anderen Worten, Einstein entwickelte eine dualistische Betrachtungsweise des Lichtes. Die Grundeinheit eines Lichtstrahles, nun Photon genannt, verfügt über ein elektrisches und ein magnetisches Feld, deren Vektoren senkrecht aufeinander stehen und gemäß der Frequenz ν rhythmisch ihre Intensität ändern. Diese Fluktuation des elektrischen und magnetischen Feldes transversal zur Ausbreitungsrichtung des Photons beinhaltet den Wellencharakter des Lichtes. Die Masse des fliegenden Photons (eine Ruhemasse gibt es nicht) repräsentiert seinen korpuskularen Charakter, worin eine teilweise Rehabilitation der Korpuskulartheorie Newtons gesehen werden kann. Der erste experimentelle Beweis für Einsteins Lichttheorie wurde 1919 erbracht, als der Astronom Arthur S. Edington (1882–1944) eine totale Sonnenfinsternis untersuchte. Es konnte nachgewiesen werden, dass das Licht eines Fixsterns, der hinter dem Rand der Sonne stand, beim Vorbeiflug an der Sonne von deren Masse angezogen und dadurch geringfügig aus seiner ursprünglichen Bahn abgelenkt wurde.

Die „Quantelung des Lichts" erforderte nun auch eine Revision des Rutherfordschen Atommodells (Abschn. 9.1). Bei diesem Modell bildeten die Elektronen, von denen die Lichtemission ausgehen musste, eine kontinuierliche unstrukturierte Wolke um den Atomkern. Die Planckschen Rechnungen erforderten nun, dass sich die Elektronen nur auf diskreten Energieniveaus aufhalten können. Der Sprung von einem energiereichen auf ein energieärmeres Niveau (näher am Atomkern) setzt ein Photon frei, während die Absorption einen Sprung von einem energieärmeren auf ein energiereicheres Niveau bewirkt.

Das erste neue Atommodell kam von Niels Bohr (1885–1962). Bei diesem Modell schwirrten die Elektronen als Korpuskel auf verschiedenen Bahnen um den Atomkern wie die Planeten um die Sonne. Aber auch dieses Modell war aus verschiedenen Gründen nicht befriedigend, zum Beispiel weil elektrische Ladungen, die sich schnell auf einer Kreisbahn bewegen, tangential elektromagnetische Wellen abstrahlen müssen (die Synchrotronstrahlung). Daher wurde das Bohrsche Atommodell im Lauf von zwei Jahrzehnten durch das „Orbitalmodell" der Quantenmechanik ersetzt.

Diese neue Entwicklung basierte auf Arbeiten von Louis de Broglie (1892–1987), Erwin Schrödinger (1887–1960), Pascual Jordan (1902–1980), Enri-

Abb. 9.2 Einfache Beispiele für Atomorbitale (der schwarze Punkt repräsentiert den Atomkern)

co Fermi (1904–1955), Werner Heisenberg (1901–1976) und Max Born (1892–1970). Die quantenmechanischen Rechnungen lieferten nun Aufenthaltsräume für „Elektronenwolken", welche als Orbitale (lat. „orbis" = Kreis) bezeichnet wurden. Anders ausgedrückt handelt es sich um Räume, in denen eine berechenbare Wahrscheinlichkeit besteht, das Elektron anzutreffen. Aber auch für diese Orbitale gilt, dass das Energieniveau mit zunehmender Entfernung vom positiven Atomkern zunimmt. Die einfachsten Orbitale lassen sich mit kugelförmigen oder hantelförmigen Raumstrukturen noch anschaulich darstellen (Abb. 9.2).

Nun war zu Beginn dieses Kapitels von zwei Ebenen die Rede, auf denen sich das Verständnis von der Natur des Lichtes entwickelte. Die zweite Ebene, die hier vorgestellt werden soll, betrifft das Medium, das die Ausbreitung der Lichtwellen vermittelt. Diese Frage stellte sich ab dem Zeitpunkt, an dem die Wellentheorie des Lichtes ernsthaft zur Debatte stand. Die Newtonsche Korpuskulartheorie erforderte kein Transportmedium. Auch eine andere Theorie des Lichtes, die noch im 19. Jahrhundert von einigen Physiker, vor allem von Wilhelm Weber (1804–1894), vertreten wurde, war durch den Beweis der Wellentheorie hinfällig. Diese Physiker hatten Licht als Fernwirkung durch den leeren, eigenschaftslosen Raum interpretiert. Die Fortpflanzung einer Welle erfordert jedoch von einem Punkt ausgehend die wellenförmige Erregung der engsten Nachbarschaft, die an die fernere Nachbarschaft weitergegeben wird usw. Die Ausbreitung einer Welle erfordert im Gegensatz zu einer Fernwirkung immer eine endliche Zeit, und am Anfang des 20. Jahrhunderts war durch mehrere Experimente hinreichend bewiesen, dass sich Licht zwar mit sehr hoher, aber messbarer Geschwindigkeit fortpflanzt ($c = 300.000$ km/s). Die Frage, welcher Charakter dem Licht leitenden Medium zuzubilligen ist, wurde bis zur Mitte des 20. Jahrhunderts intensiv diskutiert. Als Kennzeichnung des Mediums wurde meist der Begriff „Äther" verwendet, und die Mehrdeutigkeit dieses Begriffs trug zu Missverständnissen bei.

Das Wort Äther stammt aus dem Altgriechischen und bedeutet zunächst nur den (klaren) Himmel. Aristoteles (384–322 v. Chr.) gab diesem Begriff eine neue, naturphilosophische Deutung. Er hielt an den vier von Empedokles definierten Elementen fest (Abschn. 8.1), postulierte aber darüber hinaus noch Äther als eine fünfte Grundkomponente des Kosmos. In der für viele griechischen Naturphilosophen typischen dualistischen Denkweise verstand er Äther als ein Wirkprinzip, als Triebkraft hinter allen Vorgängen, gleichzeitig hatte Äther aber auch eine Art materielle Eigenschaft. Er bewegte sich oberhalb der Mondsphäre kreisförmig im Weltall, war aber im Unterschied zu den vier Standardelementen nicht sichtbar.

Im 18. Jahrhundert kam der Begriff Äther in der Chemie in Gebrauch, als Bezeichnung für eine Gruppe organischer Substanzen, die zunächst auch die Gruppe der Ester umfasste. Seit Ende des 19. Jahrhunderts wird unter Äther eine Substanzklasse verstanden, die über eine C–O–C–Atomgruppe verfügt, bei der die C-Atome nur an andere Kohlenstoff- oder an Wasserstoffatome gebunden sein dürfen. Für den Nicht-Chemiker ist die Vorstellung von Äther durch die Eigenschaften des Diethyläthers geprägt, der eine farblose, leicht flüchtige, schon bei 36 °C siedende Flüssigkeit ist, die vor über 60 Jahren noch für kurze Narkosen verwendet wurde.

Den Begriff (Licht-)Äther als Medium, in dem sich das Licht wellenförmig fortpflanzt, kam durch Ch. Huygens ins Spiel. Der von ihm postulierte Lichtäther hatte die schon modern anmutende Eigenschaft, nicht nur im leeren Raum, sondern auch im materiegefüllten Raum existent zu sein. R. Hooke sprach von einem „homogenen Medium", in dem sich das Licht ausbreite. I. Newton benötigte zwar keinen Äther für seine Korpuskulartheorie, lehnte ihn aber auch nicht völlig ab und bekannte 1704 in seinem Hauptwerk *Opticks*: „Denn was der Äther ist, weiß ich nicht."

Augustin J. Fresnel (1788–1827), der zahlreiche wichtige Beiträge zum Verständnis angewandter Optik lieferte, schlug vor, dass der Äther hinsichtlich der Transversalwellen des Lichtes die Eigenschaften eines elastischen Festkörpers haben müsse. Diese Hypothese wurde von mehreren, insbesondere französischen Physikern aufgenommen und weiterentwickelt. Eine neue Sichtweise kam durch J.C. Maxwell ins Spiel, der Elektrodynamik und Optik zu einer einheitlichen elektromagnetischen Theorie zusammenfasst. Der Äther musste also in der Lage sein, elektromagnetische Wellen zu transportieren. Er schrieb in der *Encyclopedia Britannica* den folgenden Satz: „Welche Schwierigkeiten wir auch haben, eine konsistente Vorstellung von der Beschaffenheit des Äthers zu entwickeln: Es kann keine Zweifel geben, dass der interplanetarische und interstellare Raum nicht leer ist, sondern dass beide von einer materiellen Substanz erfüllt sind, die gewiss die umfangreichste und einheitlichste Materie ist, von der wir wissen."

Der Materiebegriff in Maxwells Theorie hat den Nachteil, dass große Ähnlichkeit mit der Materie, unter der heute jede Ansammlung von Atomen und Molekülen verstanden wird, suggeriert wird. J.C. Maxwell entwickelte für sein Ätherkonzept auch eine Theorie der „Molekularwirbel", welche für den Transport der elektromagnetischen Felder sorgen sollten, doch hatten diese und ähnliche Theorien verschiedene Schwächen, die eine allgemeine Akzeptanz verhinderten.

Für die Zeit von etwa 1850 bis in die Mitte des 20. Jahrhunderts kann man sagen, dass es etwa ebenso viele Äthertheorien gab wie Physiker, die sich mit Licht beschäftigten. Eine Darstellung aller dieser Theorien ist daher hier nicht möglich. Die drei wichtigsten Fragen, die diskutiert wurden, lauten:

- Bewegt und dreht sich die Erde gegen einen im Raum fixierten Äther, sodass ein Widerstand und Ätherwind entsteht?
- Führt die Erde einen durch Gravitation an sie gebundenen Äther mit sich?
- Muss der Äther als ein von allen Eigenschaften der normalen Materie freies, neuartiges Medium verstanden werden?

Es wurden zahlreiche Experimente und Berechnungen durchgeführt, welche die ersten beiden Fragen negativ beantworteten. Der Physiker Hendrik A. Lorentz (1853–1928) entwickelte daher in der Zeit von 1892 bis 1906 eine neue Theorie, in der er eine klare Unterscheidung zwischen kosmischer Materie (Elektronen, Protonen) und Lichtäther formulierte. Im Gefolge der spezifischen Relativitätstheorie ging Albert Einstein noch einen Schritt weiter und verneinte jede Art von Äther: „Die Einführung eines Lichtäthers wird sich insofern als überflüssig erweisen, als nach der zu entwickelnden Auffassung weder ein mit besonderen Eigenschaften ausgestatteter absoluter Raum eingeführt, noch einen Punkt des leeren Raumes, in welchem elektromagnetische Prozesse stattfinden, ein Geschwindigkeitsvektor zugeordnet wird."

Nachdem A. Einstein in seiner allgemeinen Relativitätstheorie Gravitationswellen vorhergesagt hatte, warf ihm Lorentz vor, nun einen „Gravitationsäther" einzuführen, obwohl er einen Lichtäther abgelehnt hatte. Einstein musste nun seine obige Schussfolgerungen aus der speziellen Relativitätstheorie teilweise revidieren: „Auch nach der speziellen Relativitätstheorie war der Äther absolut, denn sein Einfluss auf Trägheit und Lichtausbreitung war als unabhängig gedacht von physikalischen Einflüssen jeder Art. […] Der Äther der allgemeinen Relativitätstheorie unterscheidet sich als von der klassischen Mechanik bzw. der speziellen Relativitätstheorie dadurch, dass er nicht absolut, sondern in seinen örtlichen variablen Eigenschaften durch die ponderable Materie bestimmt ist." Im selben Text an andere Stelle sagte er: „Aber selbst, wenn die Möglichkeiten zu wirklichen Theorien heranreifen, werden wir des Äthers, das heißt des mit physikalischen Eigenschaften ausgestatteten Kontinuums, in der theoretischen Physik nicht entbehren können, denn die allgemeine Relativitätstheorie, an deren grundsätzlichen Gesichtspunkten die Physiker wohl stets festhalten werden, schließt eine unvermittelte Fernwirkung aus; jede Nahwirkungstheorie aber setzt kontinuierliche Felder voraus, also auch die Existenz eines ‚Äthers'." Einsteins letzte Einsicht bejaht also die oben als dritter Punkt formulierte Fragestellung.

Albert Einstein

A. Einstein wurde am 14. März 1879 in Ulm geboren als erstes von zwei Kindern des Ehepaares Hermann und Pauline Einstein (geb. Koch). Der Vater stammte aus Buchau in Oberschwaben und die Mutter aus Cannstatt. Sie waren beide Nachfahren alt eingesessener jüdischer Familien. Schon kurz nach A. Einsteins Geburt zog die Familie mit dem Onkel nach München, wo 1880 ein kleiner Betrieb für Gas- und Wasserinstallationen gegründet wurde. Der Erfolg führte 1885 zur Gründung einer kleinen Fabrik für Elektrogeräte, die zunächst ebenfalls florierte. In München besuchte A. Einstein die Volksschule und ab 1888 das Luitpold-Gymnasium (das 1965 in Albert-Einstein-Gymnasium umbenannt wurde). 1894 siedelte die Familie nach Mailand um, aber A. Einstein sollte zunächst in München bleiben, um das Abitur zu machen. Wegen seines aufrührerischen Benehmens kam er jedoch mit der Schulleitung in Konflikt, verließ das Gymnasium ohne Abitur und folgte der Familie nach Mailand. Um dem Armeedienst zu entgehen, gab er 1897 die deutsche Staatsbürgerschaft ab und trat auch aus der jüdischen Religionsgemeinschaft aus.

Auf Vermittlung eines Bekannten, der Einsteins naturwissenschaftliche Begabung erkannt hatte, wurde er 1895 von der Kantonsschule in Aarau (Schweiz) aufgenommen und machte Ende 1896 das Abitur. Das Gerücht, A. Einstein sei ein schlechter Schüler gewesen, insbesondere in Mathematik, geht auf seinen ersten Biographen zurück, der das Schweizer Benotungssystem nicht verstanden hatte. Entgegen dem Wunsch des Vaters, Elektrotechnik zu studieren, bewarb sich A. Einstein noch 1895 ohne Abitur um eine Aufnahme in die ETH Zürich, scheiterte aber an unzureichenden Französischkenntnissen. Mit dem Abiturzeugnis in der Tasche konnte er dann Ende 1896 das Studium beginnen.

Der abstrakte Mathematikunterricht missfiel ihm, er war mehr an praxisorientierten Problemlösungen interessiert. Er war in Vorlesungen oft abwesend und verließ sich bei der Vorbereitung von Prüfungen auf Mitschriften von Kommilitonen. Dieses Verhalten verhinderte eine Universitätskarriere, und bei der Entwicklung der Relativitätstheorie musste ihm sein Studienkollege Marcel Grossmann mathematische Schützenhilfe leisten.

Im Jahr 1900 verließ A. Einstein die ETH Zürich mit einem Diplom als Fachlehrer für Mathematik und Physik. Da alle seine Bewerbungen um eine Assistentenstelle bei verschiedenen Universitäten erfolglos verliefen, arbeitete er als Hauslehrer in Schaffhausen, Bern und Winterthur. Nachdem er 1901 die Schweizer Staatsangehörigkeit erhalten hatte, bekam er 1902 auf Empfehlung seines Freundes M. Grossmann eine Anstellung beim Schweizer Patentamt als technischer Experte dritter Klasse. Diese Tätigkeit ließ ihm genügend Zeit, mehrere herausragende wissenschaftliche Thesen zu formulieren, darunter die *Spezielle Relativitätstheorie.* Das Jahr 1905 war besonders fruchtbar. Er produzierte vier Publikationen – davon drei in den *Annalen der Physik* – mit folgenden Titeln:

- Über einen die Erzeugung und Verwandlung von Licht betreffenden heuristischen Gesichtspunkt
- Über die in der molekularkinetischen Theorie der Wärme geforderte Bewegung in ruhenden Flüssigkeiten suspendierter Teilchen
- Ist die Trägheit eines Körpers von seinem Energieinhalt abhängig?

Am 30. Mai 1905 reichte er bei der ETH Zürich seine Dissertation ein mit dem Titel *Eine neue Bestimmung der Moleküldimensionen.* Dafür erhielt er am 15. Januar 1906 den Doktortitel.

Ein erster Versuch (1907), an der Universität zu habilitieren, wurde abgelehnt, der zweite Versuch 1908 aber angenommen. Im gleichen Jahr wurde er zum Dozenten an der Universität Zürich ernannt. Im April 1911 folgte er einem Ruf an die Universität Prag (verbunden mit der österreichischen Staatsbürgerschaft), kehrte aber schon im Oktober in die Schweiz zurück, weil ihm die Universität Zürich einen Lehrstuhl angeboten hatte.

1913 gelang es Max Planck und Walter Nernst (ein bedeutender Physikochemiker), A. Einstein nach Berlin zu holen, wo er ab dem 1. April 1914 zum Direktor des neuen Kaiser-Wilhelm-Instituts für Physik ernannt wurde. In der Folgezeit vollendete er sein größtes Werk, die *Allgemeine Relativitätstheorie,* die er 1916 zusammen mit einer Abhandlung über den „Einstein-de-Haas-Effekt" veröffentlichte. Das Jahr 1919 brachte am 29. Mai die experimentelle Bestätigung, dass Licht beim Vorbeiflug an einer schweren Masse (hier die Sonne) in einer Weise von der ursprünglichen Flugbahn abgelenkt wird, wie es die allgemeine Relativitätstheorie vorsah. Dieses Ergebnis machte ihn schlagartig berühmt und brachte ihm zahlreiche Einladungen zu Vorträgen sowie den Nobelpreis für Physik des Jahres 1921 ein.

Ebenso abwechslungsreich, um nicht zu sagen turbulent, wie das Berufsleben verlief auch das Privatleben A. Einsteins. Während des Studiums an der ETH Zürich hatte er sich mit der Kommilitonin Mileva Maric befreundet, die aus Novi Sad (Vojvodina) stammte. Gegen den Willen beider Familien heirateten beide im Januar 1903, kurz nach dem Tod von A. Einsteins Vater. Aus dieser Ehe gingen zwei Söhne hervor, Hans Albert und Eduard. Die Familie lebte die ersten Jahre in der Altstadt von Bern in einem Haus, das heute ein Museum, das „Einstein-Haus", beherbergt. Erst aus dem 1987 bekannt gewordenen Briefwechsel der Jahre 1897 bis 1903 wurde bekannt, dass Mileva Maric 1902 eine gemeinsame Tochter in Novi Sad geboren hatte, deren Existenz verschwiegen wurde, und über deren weiteres Schicksal nichts bekannt wurde.

Nach dem Umzug nach Berlin steigerten sich die Meinungsverschiedenheiten zwischen A. Einstein und seiner Frau so sehr, dass Frau und Söhne schon 1918 wieder nach Zürich zurückkehrten. In den Jahren 1917 bis 1920 wurde der kränkelnde A. Einstein von seiner Cousine Elsa Löwenthal (geb. Einstein) gepflegt, woraus sich eine intime Beziehung entwickelte. Er ließ sich daher Anfang 1919 von Mileva Maric scheiden und heiratete seine Cousine. Im gleichen Jahr erkrankte auch seine Mutter und verstarb 1920. Die politische Situation nach dem ersten Weltkrieg verhinderte einen engeren Kontakt zu seinen Söhnen in der Schweiz. Den erheblichen Geldbetrag, der mit der Verleihung des Nobelpreises verbunden war, widmete er aber gänzlich seiner Exfrau und seinen Söhnen.

Sein hoher internationaler Bekanntheitsgrad führte nach 1921 zu zahlreichen Reisen, unter anderem in die USA. Der unaufhaltsame Aufstieg der Nazis brachte A. Einstein zunehmend in Konfrontation zur vorherrschenden Meinung in Deutschland, denn er entwickelte sich zu einem aktiven Pazifisten. Zudem hatte ihn ein jüdischer Bekannter, Kurt Blumenfeld, für den Zionismus begeistert. A. Einstein ging Anfang 1930 dazu über, die Hälfte des Jahres in den USA an der Universität von Princeton zu verbringen. Nachdem er im Dezember 1932 wieder einmal nach Princeton abgereist war, kehrte er wegen Hitlers Machtergreifung im Januar 1933 nicht mehr zurück. Anfang 1934 brach er alle Verpflichtungen in Deutschland ab, und im März 1934 wurde ihm die deutsche Staatsangehörigkeit entzogen. Goebbels ließ später bei der Verbrennung „undeutschen Schrifttums" auch Einsteins Publikationen verbrennen.

A. Einstein wurde 1933 Mitglied eines privat gegründeten Forschungsinstituts, des „Institute for Advanced Study" in Princeton. Er blieb auch für den Rest seines Lebens in Princeton wohnen und erhielt 1940 die amerikanische Staatsbürgerschaft. Die Zeit in Princeton nutzte A. Einstein, um eine sog. Weltformel auszuarbeiten, das heißt eine Feldtheorie, welche die Gesetze der Gravitation und des Elektromagnetismus in sich vereinigt. Allerdings blieben diese Versuche erfolglos, und bis zum Jahr 2014 ist dies auch noch keinem anderen Wissenschaftler gelungen. Zu seinen zuvor nicht erwähnten Leistungen gehört, dass er schon 1916 die Existenz von Laserlicht vorhersagte und begründete. Ferner sagte er 1924 zusammen mit Satyendranath Bose für sehr tiefe Temperaturen einen speziellen Zustand der Materie voraus. Dieses „Bose-Einstein-Kondensat" konnte 1955 erstmals im Labor nachgewiesen werden.

Darüber hinaus intensivierte er seine politischen Aktivitäten für den Pazifismus. So unterzeichnete er zusammen mit zehn anderen Wissenschaftlern am 11. April 1955 das sog. Russell-Einstein-Manifest, das die Menschheit gegen militärische Aufrüstung sensibilisieren sollte. Allerdings war er zuvor am frühen Zustandekommen der Atombombe beteiligt gewesen: Er hatte einen von dem Physiker Leo Szillard an den amerikanischen Präsidenten Franklin D. Roosevelt gerichteten Brief unterschrieben, in dem vor der Entwicklung der Atombombe durch die Deutschen gewarnt wurde. Später bereute er diese Unterschrift.

Einsteins Ehefrau Elsa starb im Jahr 1936. Drei Jahre später zog seine Schwester Maja zu ihm nach Princeton und betreute ihn bis zu ihrem Tod 1951. A. Einstein selbst starb am 18. April 1955 an inneren Blutungen. Der Pathologe Thomas Harvey stahl bei der Obduktion sein Gehirn, um es für Untersuchungen seiner möglicherweise einzigartigen Struktur der Nachwelt zu erhalten.

Von den zahlreichen Ehrungen, die A. Einstein erhielt, soll hier nur eine Auswahl erwähnt werden. Die erste und einzige Ehrendoktorwürde erhielt er 1919 von der Universität Rostock. Im Jahr 1952 wurde ihm das Amt des Staatspräsidenten von Israel angetragen. Die DDR gab zu seinem 100. Geburtstag eine Gedenkmünze heraus, und die Deutsche Post 2005 eine Briefmarke. 100 führende Wissenschaftler wählten ihn 1999 zum größten Physiker aller Zeiten. Im selben Jahr ernannte ihn das *Time Magazin* zum Mann des Jahrhunderts. Das synthetische Element mit der Ordnungszahl 99 wurde Einsteinium genannt. Er erhielt nicht nur Medaillen, sondern es wurden auch mehrere neu geschaffene Preise und Medaillen nach ihm benannt. In mindestens sieben deutschen Städten tragen Schulen seinen Namen. Seine Büste wurde in der bayrischen Walhalla aufgestellt, und natürlich wurden auch ein Asteroid und ein Mondkrater nach ihm benannt.

Literatur

Andriessen CD (2005) Huygens. The man behind the principle. Cambridge University Press

Bell AE (1947) Christian Huygens and the development of science in the 17. century. Edward Arnold & Co, London

Bührke T (2004) Albert Einstein. dtv, München

Einstein A (1905) Zur Elektrodynamik bewegter Körper. Annalen der Physik, S 891–921

Einstein A (1909) Über die Entwicklung unserer Anschauung über das Wesen und die Konstruktion der Strahlung. Physikalische Zeitschrift 22: 817

Einstein A (1924) Über den Äther. Verhandlungen der Schweizerischen Naturforschenden Gesellschaft 2: 85

Fischer EP (2005) Einstein für die Westentasche. Piper, München

Hecht E (2005) Optik. Oldenbourg, München

Mahon B (2003) The man who changed everything. The life of James Clerk Maxwell. Wiley & Sons, Hoboken

Meschede D (2006) Gerthsen Physik, 24. Aufl. Springer, Heidelberg

Neffe J (2005) Einstein – eine Biographie. Rowohlt, Rheinbeck

Renn J (2006) Auf den Schultern von Riesen und Zwergen: Einsteins unvollendete Revolution. Wiley VCH, Weinheim

Ruffing R (2011) Kleines Lexikon der wissenschaftlichen Irrtümer. Gütersloher Verlagshaus, Gütersloh

Westphal WH (1963) Physik, 22.–24. Aufl. Springer, Heidelberg

Wiederkehr KH (1936) Große Naturwissenschaftler. In: Krafft F (Hrsg.) Biographisches Lexikon, 2. Aufl. VDI, Düsseldorf

9.4 Das expandierende Universum

Das Unverständliche ist das Reich des Irrtums. (Luc de Clapier, Marquies de Vauvenargues)

Das christliche und jüdische Weltbild sah jahrhundertelang vor, dass die Schöpfung in einem göttlichen Akt von sechs Tagen Dauer zustande gekommen war und seither weitgehend unverändert blieb. Das Dogma von der Konstanz der Schöpfung wurde durch die nach und nach entstehenden „exakten" Naturwissenschaften in einem dreistufigen Prozess zu Fall gebracht. Zunächst waren es die Geologen, die schon im 18. Jahrhundert zur Ansicht kamen, dass die Erdoberfläche und Erdkruste über Millionen Jahre hinweg ständigen Veränderungen ausgesetzt waren (Abschn. 9.5). Dann folgten im 19. Jahrhundert die Biologen, welche eine sich über viele Millionen Jahre erstreckende Evolution aller Lebewesen postulierten und diese Hypothese mit immer mehr experimentellen Befunden untermauern konnten (Abschn. 7.3). Der dritte und letzte Schlag gegen das religiöse Dogma erfolgte im 20. Jahrhundert vonseiten der Astronomen. Im Laufe des 20. Jahrhunderts wurden immer mehr Beweise dafür erbracht, dass auch das gesamte Weltall einer dynamischen Evolution unterworfen ist.

Es waren allerdings nicht nur Menschen mit viel Glauben und wenig Wissen, die von einem statischen Universum überzeugt waren, es waren auch die Astronomen und Physiker, die bis in die 1930er-Jahre hinein von einem hinsichtlich Größe und Struktur konstanten Universum ausgingen. Das vorherrschende Paradigma (Kap. 5) bestand in der Annahme, dass die Größe des Weltraums durch die Ausdehnung der Milchstraße definiert war. Andere Galaxien von der Größe der Milchstraße, wie etwa der Andromedanebel, wurden zwar gesehen, erschienen aber in den damals noch relativ schlecht auflösenden Teleskopen als neblige Gebilde. Man nahm an, dass es sich um Ansammlungen von Gasen und Staub handele, die zum System der Milchstraße gehörten. Die ersten Zweifel an diesem Dogma kamen aus zwei verschiedenen Richtungen, nämlich aus der theoretischen Physik und aus der experimentellen Astronomie.

Da war zunächst die von Albert Einstein (1879–1955) im Jahr 1915 publizierte allgemeine Relativitätstheorie, deren Gleichungen nahelegten, dass das Universum expandieren oder kontrahieren müsste, aber keine konstante Ausdehnung behalten konnte. A. Einstein glaubte zunächst den Konsequenzen seiner eigenen Theorie nicht und modifizierte seine Berechnungen durch Einführung einer kosmischen Konstante so, dass sich doch ein statisches Universum ergab. Diese Theorie publizierte er dann im Jahr 1917. Nachdem er von Edwin Hubble (s. Biographie) im Jahr 1929 lernte, dass die astronomischen Beobachtungen eine Expansion des Universums nahelegten, bezeichnete er seine nachträgliche Modifizierung der Relativitätstheorie als die „größte Eselei“ seines Lebens.

Ausgehend von A. Einsteins ursprünglicher Relativitätstheorie entwickelte der niederländische Astronom Willem de Sitter (1872–1934) in der Zeit um 1917 (also parallel zu A. Einstein) ein mathematisches Modell eines massefreien Kosmos, das mehrere Lösungen zuließ, sowohl einen dynamischen als auch einen statischen Kosmos. Vor 1930 wurde das „De-Sitter-Modell“ zusammen mit Einsteins modifizierter Relativitätstheorie als Bestätigung einer statischen Welt interpretiert.

Ebenfalls von der allgemeinen Relativitätstheorie ausgehend publizierte der russische Physiker und Mathematiker Alexander A. Friedmann (1888–1925) 1922 eine Studie über die Krümmung des Raumes. Er kam zu dem Ergebnis, dass das Weltall entweder einer permanenten Expansion unterliegen oder einen Zyklus von Expansion und Kontraktion durchlaufen müsse. A.A. Friedmann veröffentlichte 1924 eine Ergänzung seiner vorherigen Berechnungen, aber alle seine Publikationen blieben weitgehend unbeachtet.

Im Jahr 1927 erschien eine auf Französisch verfasste Arbeit über die Expansion des Weltalls in den *Annales de la Société scientifique de Bruxelles*, einem wenig beachteten Wissenschaftsmagazin. Sein Verfasser, der belgische Astrophysiker und Theologe George E. Lemaître (1894–1966), war unter anderem von Berichten aus dem Mount-Wilson-Observatorium über Rotverschiebung des Lichtes ferner Galaxien(s. unten) zu dieser Arbeit stimuliert worden. Er hatte auch schon einen Ausdehnungskoeffizienten, den Vorläufer der sog. Hubble-Konstanten, berechnet. In der 1931 verfassten englischen Version seiner Arbeit ließ er die Berechnung dieser Konstanten aber weg, sodass E. Hubble schließlich die Ehre zuteilwurde, Vater der Expansions- und Urknalltheorie zu sein alleine. E. Hubble, der die französische Publikation Lemaître wohl nicht kannte, hatte allerdings den entscheidenden Verdienst, in seiner 1929 publizierten Arbeit über die permanente Expansion des Weltalls auch umfangreiche experimentelle Ergebnisse vorweisen zu können.

Die experimentellen Beweise ergaben sich aus Messungen kosmischer Distanzen mit dem für damalige Verhältnisse besten Teleskop. Auch dieser Teil der Hubbleschen Arbeiten hatte eine Vorgeschichte, die hier kurz skizziert werden soll. Die Messung kosmischer Distanzen basierte in der Zeit vor dem zweiten Weltkrieg ausschließlich auf Helligkeitsmessungen spezieller Sterntypen. Die für solche Messungen geeigneten Sterntypen mussten folgende Anforderungen erfüllen:

- Sie mussten wesentlich heller sein als die Sonne, um auf möglichst große Entfernungen sicht- und messbar zu sein.
- Sie sollten in verschiedenen Bereichen der Milchstraße und der dazugehörigen „lokalen Gruppe“ relativ häufig vorkommen.
- Sie sollten leicht identifizierbar sein, eine Eigenschaft, die vor allem dann gegeben war, wenn die Sterne charakteristische Helligkeitsschwankungen aufwiesen.

Zwei Klassen von Pulsationssternen erfüllten diese Bedingungen, die Cepheiden und die R, R-Lyrae-Sterne. Die Cepheiden wurden nach dem Stern δ-Cephei benannt (vierthellster Stern im Sternbild Cepheus), dessen periodische Helligkeitsschwankungen schon 1784 entdeckt wurden Die Cepheiden sind Riesensterne mit dem Vier- bis Zehnfachen der Sonnenmasse. Sie sind, obwohl nicht älter, in ihrem Entwicklungsprozess schon viel weiter fortgeschritten als die Sonne, das heißt, es finden Kernfusionsprozesse mit Helium als „Kernbrennstoff“ statt. Die höheren Temperaturen zusammen mit der erheblich größeren Ausdehnung haben eine Leuchtkraft zur Folge, welche diejenige der Sonne um das Tausend- bis Zehntausendfache übertrifft. Das Ausmaß der Helligkeitsschwankungen kann bis zu zwei Zehnerpotenzen betragen. Die Periodizität der Schwankungen liegt gemeinsam für die vier verschiedenen Typen von Cepheiden betrachtet in den Grenzen von 1–130 Tagen. δ-Cephei, ein Standardbeispiel der häufigen Typ-I-Cepheiden, hat eine Periodizität von 5,37 Tagen, die mit hoher Präzision eingehalten wird.

Wegen ihrer enormen Leuchtkraft eignen sich Cepheiden auch für Entfernungsmessungen kosmischer Objekte, die weit außerhalb der Milchstraße gelegen sind. Dies betrifft insbesondere alle Komponenten der „lokalen Gruppe" (ein 1936 von E. Hubble geprägter Begriff). Diese durch Gravitation zusammengehaltene Gruppe besteht aus den großen Galaxien Milchstraße und Andromedanebel, aus der kleinen und großen Magellanschen Wolke, zahlreichen kleinen, meist unregelmäßig geformten Zwerggalaxien sowie aus mehreren Kugelhaufen, die nur einige Hunderttausend Sterne umfassen. Insgesamt handelt es sich um etwa 40 kosmische Objekte.

Die zweite Gruppe von Messsonden, die R, R-Lyrae-Sterne, wurden erstmals 1895 beobachtet, doch erst der etwas später entdeckte Standardtyp R, R-Lyrae im Sternbild Lyra (Leier) fungierte als Namensgeber. Die Pulsation der R, R-Lyrae-Sterne erfolgt sehr schnell, mit Periodizitäten im Bereich von 0,2–1,2 Tagen. Die R, R-Lyrae-Sterne beinhalten nur die 0,5- bis 0,7-fache Masse der Sonne, aber etwa den fünffachen Durchmesser; sie sind wesentlich älter und befinden sich in einem fortgeschritteneren Entwicklungsstadium. Daher handelt es sich hier um rote Riesensterne mit einer Leuchtkraft, welche diejenige der Sonne etwa um den Faktor 100 übertrifft. Aufgrund der geringeren Leuchtkraft verglichen mit den Cepheiden eignen sich die R, R-Lyrae-Sterne vor allem für Entfernungsmessungen innerhalb der Milchstraße und für eng benachbarte Mitglieder der „lokalen Gruppe". Sie haben allerdings den Vorteil, wesentlich häufiger zu sein als die Cepheiden.

Die Nutzung der Pulsationssterne zur Entfernungsmessung beruht auf dem Vergleich von absoluter Helligkeit und scheinbarer Helligkeit, wie sie beim Beobachter ankommt. Für Sterne gilt wie für jede irdische Leuchtquelle, dass Helligkeit (Zahl der Photonen pro Flächeneinheit) mit dem Quadrat der Entfernung abnimmt. Das fundamentale Problem dieser Messmethode besteht in der zuverlässigen und exakten Ermittlung der absoluten Helligkeit.

Zu ihrer Bestimmung hat man die Häufigkeit der R, R-Lyrae-Sterne in Kugelhaufen genutzt. Anhand der spektralen Eigenschaften identifizierte man zunächst in Kugelhaufen Sterne, die der Sonne gleichen und damit auch deren absolute Helligkeit besitzen sollten. Die Helligkeiten der übrigen Sterne wurden dann durch Vergleich mit diesen „Ersatzsonnen" ermittelt. Dabei war entscheidend, dass die Entfernungen innerhalb der Kugelhaufen minimal sind in Relation zur Entfernung von der Erde. Waren alle Sterne gleich weit weg, so musste ihre relative Helligkeit der absoluten Helligkeit proportional sein. In anderen Worten, man eichte die Leuchtkraft aller Sterne der Kugelhaufen letztlich an der Sonne. Es bleibt zu erwähnen, dass bis zum Jahr 2013 noch weiter Methoden zur Distanzmessung ausgearbeitet und ältere Messungen präzisiert wurden.

Im Jahr 1912 bestimmte die amerikanische Astronomin Henriette Swan Leavitt (1868–1921) für Cepheiden der kleinen Magellanschen Wolke eine Beziehung zwischen Pulsationsperiode (P/T), scheinbarer Helligkeit (m) und absoluter Helligkeit (M), die nach späterer Präzisierung folgende Gleichung erfüllt:

$$\mathrm{M} = 2{,}81 \log(\mathrm{P} / \mathrm{Tage}) - 1{,}43$$

Für die Distanzmessung ergab sich dann daraus folgende Gleichung:

$$\mathrm{D} = 10^{(m-M+5)/5}$$

Der ab 1914 am Mount-Wilson-Observatorium (bei Pasadena, Kalifornien) arbeitende Astronom Harlow Shapley (1885–1972) nutzte Cepheiden zur Vermessung der Milchstraße einschließlich der darin zu beobachtenden Nebel und kam zu dem Schluss, dass alle zu beobachtenden kosmischen Objekte zur Milchstraße gehören würden. Ferner war er der Ansicht, dass die Milchstraße einen Durchmesser von etwa 300.000 Lichtjahre besitzen würde und das gesamte Universum ausfülle. Bei dieser Berechnung unterliefen ihm allerdings Fehler, sodass er die tatsächlichen Dimensionen der Milchstraße (100.000 Lichtjahre) erheblich überschätzte.

Diese sog. „big galaxy hypothesis" wurde von dem Astronomen Herbert Curtis (1872–1942) scharf kritisiert. Dieser postulierte eine kleinere Milchstraße und sah in den Nebeln keine Gaswolken, sondern andere Galaxien weit außerhalb der Milchstraße. Am 26. April 1920 kam es zu einem heftigen Schlagabtausch der Experten auf einem Astronomenkongress im National Museum of Natural History in Washington D.C. Diese Konfrontation ging als „Die große Debatte" in die Geschichte der Astronomie ein. Eine neue Vermessung der Cepheiden durch E. Hubble mit dem damals besten Spiegelteleskop brachte 1923 eine Entscheidung zugunsten des Curtis-Models. Dieses Ergebnis bedeutete auch, dass man nun dem Universum unvergleichlich größere Dimensionen zubilligen musste, als H. Shapley und die meisten Astronomen vor 1920 vermutet hatten.

Hubble hatte auf Wunsch seines Vaters Jura studiert, wechselte aber nach dessen Tod seiner Neigung entsprechend zum Astronomiestudium. Nach dem ersten Weltkrieg offerierte ihm der Direktor des Mount-Wilson-Observatoriums, George E. Hale (1868–1938), eine feste Anstellung, die E. Hubble sofort annahm. Dieses Observatorium hatte 1917 das Hooker-Teleskop in Betrieb genommen, das mit einem Spiegeldurchmesser von 2,5 m das beste

Instrument seiner Zeit war. E. Hubble konnte ab 1919 mit diesem Teleskop arbeiten und nun auch Cepheiden weit außerhalb der Milchstraße erkennen und vermessen. Ferner konnte er die sog. Nebel als Galaxien außerhalb der lokalen Gruppe identifizieren.

Schon ab 1917 war auch Milton Humason (1891–1972) am Mount-Wilson-Observatorium als Hilfskraft tätig. G.E. Wilson erkannte sein Talent, gab ihm eine feste Stelle und gestattete ihm auch als Astronom, und zwar als Assistent von E. Hubble, tätig zu werden, obwohl er keinerlei wissenschaftliches Studium vorzuweisen hatte. Es war M. Humason, der die meisten Nächte am Hooker-Teleskop verbrachte und als erster die Rotverschiebung im Licht ferner Galaxien erkannte (es gab auch seltene Fälle mit Blauverschiebung).

Unter Rotverschiebung des Sternenlichtes ist hier folgendes Phänomen zu verstehen: Im Spektrum des Sternenlichtes sind scharfe schwarze oder sehr helle Linien zu beobachten. Diese Linien entstehen, wenn das Licht Gaswolken in der Hülle des Sterns oder im Weltraum durchläuft und Gasatome einzelne Wellenbündel absorbieren (Absorptionsspektrum) oder wenn energiereiche Atome scharf begrenzte Wellenbündel ausstrahlen (Emissionsspektrum). Nun kann man von Sonnenlicht oder Laborexperimenten lernen, bei welchen Wellenzahlen diese Absorptions- oder Emissionslinien liegen, wenn die Lichtquelle die Entfernung zum Beobachter nicht ändert. Entfernt sich die Lichtquelle aber, verschieben sich die Spektrallinien zu größeren Wellenlängen hin, das heißt in Richtung des roten Bereiches im sichtbaren Spektrum der elektromagnetischen Wellen. Nähert sich die Lichtquelle stetig, so erfolgt eine Verschiebung zu kürzeren Wellenlängen hin, das heißt zum blauvioletten Bereich des Spektrums hin. Diesen sog. Dopplereffekt gibt es auch bei Tönen. Nähert sich eine Geräuschquelle, so werden die Töne mit höherer Frequenz gehört, als wenn sie sich entfernt.

Die von M. Humason beobachtete Rotverschiebung von Galaxien war schon 1925 veröffentlicht worden, aber ohne Interpretation als Beweis für ein expandierendes Universum. Jedoch hatte diese Information über Rotverschiebung wohl G. Lemaître zu seiner 1927 publizierten Hypothese eines expandierenden Weltalls einen wesentlichen Stimulus geliefert. E. Hubble präsentierte nun 1929 eine Veröffentlichung mit mehr experimentellen Daten und einer epochemachenden Interpretation. Er hatte herausgefunden, dass sich Galaxien von der Erde umso schneller entfernen, je größer der Abstand war. Trotz erheblicher Streuung seiner Messwerte postulierte er einen linearen Zusammenhang ($v = H_0 \times D$) mit einem Proportionalitätsfaktor H_0, der später als Hubble-Konstante bezeichnet wurde. Rechnet man die Fluchtgeschwindigkeit aller Galaxien zurück, so ergibt sich ein Zeitpunkt, an dem die gesamte Materie und Energie des Universums in einem Punkt versammelt gewesen sein musste, der Ausgangspunkt des Urknalls.

Dieser enorme Fortschritt im Verständnis des Universums wurde von zwei menschlichen Aspekten begleitet, die hier erwähnt werden sollen. Wenn E. Hubble später als Vater der Urknalltheorie geehrt wurde, so war das nur bedingt berechtigt, denn M. Humason und G. Lemaître hatten entscheidende Vorarbeiten geleistet. Aber auch solche Ungerechtigkeiten gehören leider zu den ständigen Begleiterscheinungen der Naturwissenschaften. Andererseits stieß E. Hubble 1929 und noch viele Jahre später bei vielen seiner Fachkollegen auf Hohn und Spott, wie das gemäß der Theorie von T. Kuhn für einen revolutionären Paradigmenwechsel typisch ist (Kap. 5).

Der bedeutende britische Astronom Fred Hoyle (1915–2001) bekämpfte die Urknalltheorie, aber nicht die Fluchtbewegung ferner Galaxien, noch bis zu seinem Tode. Er erklärte die Expansion des Weltalls mit einer kontinuierlichen Neuschöpfung von Materie im interstellaren Raum. Diese und verwandte Theorien können allerdings die Hintergrundstrahlung im Mikrowellenbereich nicht erklären (s. unten). Fred Hoyle ging aber darüber hinaus auch dadurch in die Geschichte der Astronomie ein, dass er den Ausdruck „big bang theory" in einer Radiosendung der BBC am 28. März 1949 aus der Taufe hob. Schließlich soll noch ein jüngerer Zweifler am expandierenden Universum erwähnt werden, nämlich Woody Allen mit der Frage: „Wenn das Universum wirklich expandiert, warum finde ich dann immer seltener einen Parkplatz?"

Ein wichtiger Beweis für die Richtigkeit der Urknalltheorie ergab sich nach1948 aus der Mikrowellenforschung. Kurz nach dem Urknall musste eine hochfrequente elektromagnetische Strahlung von ungeheurer Intensität freigesetzt worden sein, die noch nicht völlig verschwunden sein sollte (z. B. nach Absorption durch die in der Zwischenzeit entstandene Materie). Der Mathematik- und Physikprofessor George Gamov (1904–1968) sowie seine Studenten Ralph Alpher (1921–2007) und Robert Herman (1914–1997) hatten zudem berechnet und 1948 publiziert, dass durch die Ausdehnung und Abkühlung des Universums über eine Zeit von mehr als 10 Mrd. Jahren hinweg diese Strahlung im niederfrequenten Mikrowellenbereich zu finden sein sollte.

Diese Hintergrundstrahlung wurde nun im Jahr 1964 zufälligerweise experimentell nachgewiesen. Die zwei an den Bell Laboratories (New Jersey) arbeitenden Physiker Arno Penzias (geb. 1933) und Robert Woodrow Wilson (geb. 1936) hatten spezielle Antennen mit tiefgekühlten Empfängern gebaut, um Radiosignale aus der Milchstraße zu messen. Sie fanden nun unerwarteterweise bei einer Wellenlänge von 7,35 cm ein Mikrowellenrauschen, das aus allen Himmelsrichtungen kam. Da sich die beiden Physiker den Ursprung dieser über die Dauer von einem Jahr immer wieder gemessenen Strahlung nicht erklären konnten, wandten sie sich an die Physiker der Princeton University um Rat.

Dort gab es die Arbeitsgruppen der Professoren James Peebles (geb. 1935) und Robert Dicke (1916–1997), die Berechnungen der Hintergrundstrahlung angestellt hatten und eine systematische Suche nach ihr planten. R. Dicke und Mitarbeiter hatten eine spezielle Antenne dafür gebaut, aber noch keine erfolgreichen Messungen damit durchgeführt. R. Dicke erkannte schnell, dass A. Penzias und G. Wilson die gesuchte Strahlung zufällig gefunden hatte. Für R. Dicke war dies ein schwerer Schlag, denn es waren jetzt die beiden Physiker der Bell Laboratories, die 1978 den Nobelpreis erhielten. Damit war das Paradigma des statischen Universums, dem fast alle Astronomen und Physiker bis 1929 gehuldigt hatten, endgültig zu Grabe getragen.

Die Beschreibung der weiteren Forschung zur Urknalltheorie würden Sinn und Rahmen dieses Kapitels sprengen, zumal Informationen zu dieser Thematik in Büchern, Zeitschriften sowie im Internet in großer Zahl vorhanden sind. Auch einige der unten zitierten Bücher gehören dazu. Um Missverständnisse des vorigen Textes zu vermeiden, soll hier jedoch erwähnt werden, dass die heutige Urknalltheorie die „Flucht" ferner Galaxien nicht als Bewegung kosmischer Massen in einem statischen begrenzten Raum interpretiert, sondern als ständige Expansion des Raumes. Ferner gibt es keinen Ort des Urknalls als Zentrum unseres Universums, denn mit dem Urknall wurden Raum und Zeit erst erschaffen.

Edwin Powell Hubble

E. Hubble wurde am 20. November 1889 in Marschfield, Missouri, geboren. Seine Eltern, der Versicherungsagent John Powell Hubble und dessen Frau Virginia Lee James, zogen im Jahr 1900 nach Wheaton, Illinois, wo E. Hubble die High School besuchte. Er zeigte in allen Fächern ordentliche Leistungen, außer in Rechtschreibung, und erwies sich als herausragender Sportler. Noch im ersten Jahr nach seinem Wechsel an die Universität von Chicago (1907) führte er deren Basketballteam zu einem Meistertitel. Darüber hinaus war er auch am Fliegenfischen interessiert und betätigte sich regelmäßig als Amateurboxer.

An der Universität Chicago belegte er zunächst Kurse in Astronomie, Mathematik und Philosophie und schloss 1910 mit dem Bachelor of Science ab. Davor hatte er jedoch schon auf Wunsch des Vaters begonnen, Jura zu studieren. Mit einem Stipendium wechselte er nach Oxford (UK), wo er das Jurastudium fortsetzte und den Master-Abschluss erreichte. Nebenbei hatte er noch Literatur und Spanisch studiert.

Seine Familie war 1909 nach Shelbyville, Kemtucky, umgezogen, wo sein Vater 1913 verstarb. Um der Mutter, den zwei Schwestern und zwei Brüdern zu helfen, kehrte er noch im selben Jahr aus Oxford zurück. Da er keine Neigung verspürte, einen juristischen Beruf auszuüben, betätigte er sich zunächst als Physik-, Mathematik- und Spanischlehrer an der High School in New Albany, Indiana. Ein Jahr später, im Alter von 25 Jahren, beschloss er, Astronom zu werden. Mithilfe seines früheren Betreuers an der Universität von Chicago gelang es ihm, einen Studienplatz am Yerks-Observatorium der Universität zu erhalten, und im Jahr 1917 erwarb er den Doktortitel in Astronomie. Unmittelbar darauf wurde er zur Armee eingezogen und nach einer Grundausbildung nach Europa verschifft. Dort traf er erst am 9. Juli 1918 ein und kam daher zu keinem Kampfeinsatz mehr.

Nach dem Kriegsende studierte er für ein Jahr Astronomie in Cambridge (UK) und siedelte dann nach Kalifornien über. George Ellery Hale (1868–1938) der Gründer und Direktor des Mount-Wilson-Observatoriums, das der Carnegie Institution for Science gehörte, hatte ihm eine feste Anstellung angeboten. Das war ein besonderer Glücksfall, denn dieses Observatorium hatte kurz zuvor das weltweit beste Spiegelteleskop, das Hooker-Teleskop, beschafft, mit dem dann E. Hubble seine epochemachenden Studien durchführen konnte. Außerdem hatte er das Glück, das ab 1947 neu installierte Hale-Teleskop auf dem nicht allzu weit entfernten Mount Palomar verwenden zu können. Das Mount-Palomar-Observatorium war südlich des Mt. Wilson und in größerer Distanz von Los Angeles erbaut worden, um die Luftverschmutzung durch Staub und Gas sowie die Lichtverschmutzung des Nachthimmels besser vermeiden zu können. Diese Hale-Telskop mit einem Spiegeldurchmesser von 5 m war für annähernd vier Jahrzehnte das leistungsstärkste Teleskop der Welt.

Unter diesen optimalen Arbeitsbedingungen fiel es E. Hubble nicht schwer, an seinem Arbeitsplatz auf dem Mt. Wilson sein Leben lang festzuhalten. Seine Arbeitskraft wurde allerdings ab Juli 1949 durch einen Herzinfarkt beeinträchtigt. Gut betreut von seiner Frau Grace konnte er aber noch bis zu seinem Tod am 25. September 1953 weiterarbeiten. Er starb an einem Gehirnschlag und wurde ohne offizielle Trauerfeier beerdigt, auch verriet seine Frau nie die Lage seines Grabes.

Außer durch die zuvor erwähnten Ergebnisse wurde E. Hubble noch durch weiter Leistungen bekannt. So entdeckte er am 30. August 1935 den Asteroid 1373. Vor allem aber entwarf er das am häufigsten gebrauchte System der Klassifizierung von Galaxien und erfand die später nach ihm benannte Hubble-Sequenz für die systematische Gruppierung unterschiedlicher Galaxientypen.

Zu den zahlreichen Ehrungen, die E. Hubble zuteilwurden, gehören die Bruce Medal 1938, die Franklin Medal 1939, die Gold Medal of the Royal Astronomical Society 1940 und die Legion of Merit for outstanding contributions to ballistic research im Jahr 1946. Ein Krater auf dem Mond sowie der Asteroid 2069 wurden nach ihm benannt, ebenso wie das Raumteleskop, das um die Erde kreist. Im Jahr 2008 gab die US Post eine 41-ct-Briefmarke zu seinen Ehren heraus, und einige Schulen und Planetarien in den USA sind nach ihm benannt. Einen Nobelpreis erhielt er nicht, weil es keine Nobelpreise für Astronomie gibt und weil zu seinen Lebzeiten die Astronomie vom Nobelpreiskomitee noch nicht als Teil der Physik anerkannt war.

Literatur

Alpher RA, Bethe H, Gammow G (1948) The Origin of Chemical Elements. Physical Review 73 (7): 803

Asimov I (1995) Die exakten Geheimnisse unsere Welt, 6. Aufl. Knaur, München

Börner G, Bartelmann M (2002) Astronomen entziffern das Buch der Schöpfung. Physik in unserer Zeit 33 (3): 114

Bojowald M (2009) Zurück vor den Urknall: Die ganze Geschichte des Universums. S. Fischer, Frankfurt a. M.

Gaßner JM, Lesch H (2012) Urknall, Weltall und das Leben. Komplett-Media, München

Hoyle F (1963) Das grenzenlose All. Knaur, München

Hubble E (1929) A Relation between distance and radial velocity among extragalactic nebulae. PNAS 15 (3): 168

Lehmann H (1992) George Lemaitre. Biographisches Bibliographische Kirchenlexikon, Bd. 4. Bautz, Herzberg

Nussbaumer H (2003) Cepheiden: Meilensteine im Universum. Stern und Weltraum 10: 48–49

Nussbaumer H (2007) Achtzig Jahre expandierendes Universum. Sterne und Weltraum 6: 36

Satz H (2013) Gottes unsichtbare Würfel – Die Physik an den Grenzen des Erforschbaren. C.H. Beck, München

Shapley H, von Koskull HJ (1965) Wir Kinder der Milchstraße – Die Evolution aus den Tiefen des Weltraums. Econ, Düsseldorf

Sharov AS, Novikov ID(1994) Edwin Hubble, der Mann, der den Urknall entdeckte. Birkhäuser, Basel

9.5 Wie stabil ist die Erdkruste?

Das einzige Mittel, Irrtümer zu vermeiden, ist Unwissenheit. (Jean-Jaques Rousseau)

Noch bis weit in das 19. Jahrhundert hinein riet die katholische Kirche ihren Gläubigen zu glauben, dass die Welt von Gott vor etwa mehreren Tausend Jahren erschaffen habe. Wie im Kapitel Genesis 1 der Bibel beschrieben, sollte die Welt in sechs Tagen mit all ihren unendlich vielen Komponenten und Erscheinungen entstanden sein und danach bis zum heutigen Tage im Wesentlichen unverändert fortbestanden haben. Diese religiöse Weltsicht ignorierte nicht nur die Evolution von Pflanzen, Tieren und Menschen, sondern sie ignorierte auch eine mehr oder minder kontinuierliche Veränderung der Erdkruste. Die Existenz von Vulkanen konnte man zwar nicht leugnen, bezogen aber auf die gesamte Größe der Erdoberfläche wurden die wenigen in früheren Jahrhunderten bekannten aktiven Vulkane als unbedeutende Randerscheinungen abqualifiziert.

Dessen ungeachtet, hatten sich bis zum Ende des 19. Jahrhunderts schon unzählige Kenntnisse über Aufbau und Dynamik der Erdoberfläche angesammelt und zu einer umfangreichen und weitverzweigten Wissenschaft verdichtet, die den altgriechischen Namen Geologie trug (d. h. Lehre von der Erde). Zumindest seit Beginn der Kupferzeit in Anatolien (etwa 7000 v. Chr.) hatten die Menschen im Vorderen Orient und in Europa begonnen, die Nutzung von Bodenschätzen zu erforschen. Soweit es die begrenzten schriftlichen Quellen über das Wissen der antiken Welt aussagen, entwickelte sich das Interesse der Griechen an Kenntnissen über die Erdoberfläche in zwei Richtungen. Einerseits waren die Griechen wie andere Völker auch an der Nutzung von Bodenschätzen interessiert, andererseits sammelten sie aufgrund ihrer weitgespannten Handelstätigkeit geographische und meteorologische Kenntnisse aller Art. Im Rahmen ihrer Naturphilosophie beschäftigten sie sich auch mit dem Problem des Vulkanismus, der im griechisch besiedelten Süditalien und Sizilien stets aktuell war, und sie suchten nach den Ursachen von Erdbeben. Dazu kam, dass vor allem durch Empedokles und Aristoteles die Frage diskutiert wurde, was Elemente sind und welche Umwandlungen (Transmutationen) sie bewirken können. Entstehung und Umwandlung von Gesteinen und Mineralien fielen ebenfalls unter diese Thematik.

In ihrem ausgedehnten Weltreich verwendeten die Römer alle bekannten Informationen und Techniken, um aus Bodenschätzen Nutzen zu ziehen. Dazu gehörten die Gewinnung von Eisen, Kupfer, Zinn, Gold und Silber, aber auch der Abbau von Tonerde und Alaun. Die Bergbautechnologie erreichte einen neuen Höhepunkt, und auch im Südwesten Deutschlands gab es römische Bergbauaktivitäten (z. B. Silbergewinnung bei Badenweiler).

Im Lauf der Völkerwanderung und später unter dem Einfluss der christlichen Kirche gingen in Zentral- und Westeuropa fast alle diese Kenntnisse wieder verloren. Ein neuer Aufschwung des Denkens und Wissens ergab sich als Folge der Renaissance nach dem 13. Jahrhundert. Neugierige Forschernaturen, die sich nicht mehr durch Glaubensdogmen am Denken hindern lassen wollten, erschienen auf der Bildfläche. Gleichzeitig erhielt das Bergbauwesen einen enormen Auftrieb, als im Inntal (z. B. bei Schwaz) sowie im Erzgebirge (mit Schwerpunkt Joachimsthal) riesige Vorkommen an Silbererzen entdeckt wurden. Auch andere wichtige Metalle wie Kupfer, Zinn, Zink und Blei wurden dabei gefördert. Der verbesserte Zugang zu neuen und bekannten Erzen versorgte wiederum die Alchemisten mit weiteren, teils neuen Mineralien und Chemikalien, welche ihre Experimente förderten und zum besseren Verständnis von Gesteinen und Mineralien beitrugen. Zu den bekannten „Naturwissenschaftlern" dieser Zeit gehörten:

- Theophrastus Bombastus von Hohenheim, genannt Paracelsus (1493–1541), der unter anderem erstmals eine bis heute gültige Definition für Gifte formulierte („Dosis sola facit venenum") und als Arzt sowie durch sein Buch *Astronomia magna* bekannt wurde
- Georgius Agricola (Georg Bauer, 1494–1555), der unter anderem durch mehrere Bücher berühmt wurde, zum Beispiel *De ortu et causis subterraneorum*, *De natura fossilium*, *De veteris et novis metallis*
- Johann Joachim Becher (1635–1682), der unter anderem das Buch *Physica subterranea* herausbrachte

Ferner ist hier der dänische Naturforscher Nicolaus Steno (1638–1686) zu nennen, der 1669 die Arbeitsmethode der Stratigraphie erfand. Diese basiert auf dem Grundsatz, dass die räumliche Anordnung von Sedimentschichten übereinander einer zeitlichen Abfolge von Ablagerungen nacheinander entspricht. Parallel dazu äußerte Robert Hooke (1635–1703) die Ansicht, dass aus dem Fossilgehalt der Gesteinsschichten der zeitliche Ablauf der Gesteinsbildung herausgelesen werden könnte. Damit erblickte erstmals die Idee einer Evolution der Erdkruste das Licht der Welt. So ergaben sich im 17. Jahrhundert wichtige Kenntnisse und Konzepte, welche die Grundlage einer wissenschaftlichen Geologie bildeten.

Das18. Jahrhundert brachte dann den endgültigen Durchbruch der Geologie zu einer modernen Wissenschaft. Auf der praxisorientierten Seite der Geologie waren es Bergbauingenieure und Bergwerksleiter, die damit begannen, die grundlegenden Methoden der geologischen Kartierung auszuarbeiten und stratigraphische Profile zu erstellen. Auf der theoretischen Seite der Geologie wurden erstmals Konzepte entwickelt, die eine Gesamtschau auf die Entwicklung der Erdoberfläche boten. Zwei teilweise widersprüchliche Hypothesen, als Plutonismus und Neptunismus bezeichnet, standen in Konkurrenz zueinander, und diese geistige Auseinandersetzung ging als „erste Kontroverse" in die Geschichte der Geologie ein.

Der Plutonismus wurde von James Hutton (1726–1797) begründet. Er postulierte, dass alle Gesteine vulkanischen Ursprungs seien, doch nahm er an, dass die Erdgeschichte um mehrere Größenordnungen älter sei als die Geschichte der Menschheit. Der Vorreiter des Neptunismus war Gottlieb Werner (1749–1817). Das Konzept dieser Gruppe basierte auf der Annahme, dass alle Gesteine Ablagerungen eines Urozeans seien. Dieses Konzept wurde schließlich verworfen, aber aus dem Diskurs um Plutonismus und Neptunismus ging die bis heute gültige Theorie hervor, dass es in der Erdkruste einen Kreislauf der Gesteine gibt, an dem Magmatismus (Plutonismus), Gesteinsumwandlungen und auch Sedimentation beteiligt sind. Die am Ende dieses Kapitels vorgestellte Plattentektonik lieferte schließlich die überzeugende Vervollständigung dieser Theorie.

Der Anfang des 19. Jahrhunderts brachte einen wesentlichen Fortschritt für die historische Geologie und Paläontologie. Diese Disziplinen sind mit der Erforschung der Geschichte der Erde und der Charakterisierung der Erdzeitalter samt ihrer altertümlichen Lebewesen befasst. Um 1812 demonstrierte William Smith (1769–1839) die Nützlichkeit von Leitfossilien für die relative Datierung von Gesteinsschichten in einer stratigraphischen Abfolge. Bei einem Leitfossil handelt es sich um die Reste eines bestimmten Lebewesens, die nur in ganz bestimmten Schichten auftreten, gleichzeitig aber überregionale Verbreitung haben und möglichst von allen Variationen der Ablagerungen unabhängig sind. Alle Schichten, in denen das Leitfossil vorkommt, haben dann dasselbe Alter.

In der Zeit um 1830 bis 1850 ergab sich dann die sog. „zweite Kontroverse" in der Geschichte der Geologie. Die zwei sich befehdenden Gruppen an Geologen vertraten entweder den „Katastrophismus", der auf Gedanken des französischen Naturforschers Georges de Cuvier (1769–1832) basiert, oder sie favorisierten den „Aktualismus"; dessen Wortführer war der britische Geologe Charles Lyell (1797–1875), der wohl der bedeutendste Geologe des 19. Jahrhunderts genannt werden darf. Der Katastrophismus postulierte, dass es in großen Zeitabständen immer wieder zu katastrophalen Umwälzungen kam, die eine totale Ausrottung der ursprünglich vorhandenen Lebewesen zur Folge hatte, worauf anschließend eine völlige Neuschöpfung von Lebewesen einsetzte. Der Aktualismus postulierte dagegen eine stetige Weiterentwicklung von Erdkruste und Lebewesen mit Änderungen in kleinen Schritten.

Charles Lyells Buch *Principles of geology* begleitete Charles Darwin auf seiner Reise mit der Beagle und inspirierte ihn zu seiner Hypothese, dass sich eine Evolution der Lebewesen in vielen kleinen Schritten vollzogen hat und weiter vollzieht (Abschn. 7.3).

Der weitere Fortschritt der geologischen Forschung zeigte dann, dass die tatsächliche Entwicklung der Erdkruste und ihrer Bewohner Elemente beider Konzepte beinhaltet. Es gab einige wenige große Katastrophen, zwischen denen die Evolution einen relativ stetigen Verlauf nahm, aber auch die großen Katastrophen führten niemals zu einem totalen Aussterben aller Lebewesen. Insgesamt kann man den Verlauf der beiden Kontroversen als typisches Beispiel für einen evolutionären Paradigmenwechsel bezeichnen.

Das 20. Jahrhundert brachte dann der Geologie einen revolutionären Paradigmenwechsel, der durch den deutschen Meteorologen Alfred Wegener herbeigeführt wurde. A. Wegener hatte Meteorologie, Astronomie und Physik studiert und nahm als Meteorologe 1905 sowie 1912/13 an zwei Grönlandexpeditionen teil, die von dänischen Wissenschaftlern geleitet wurden. Er publizierte im Jahr 1911 sein erstes Buch unter dem Titel *Thermodynamik der Atmosphäre*, in dem er auch Ergebnisse seiner ersten Grönlandreise vorstellte. Kurze Zeit später veröffentlichte er einen Artikel, in dem er erstmals seine revolutionäre Idee von der Verschiebung der Kontinente skizzierte. Diese Schrift fand wenig Beachtung, zumal bald nach ihrem Erscheinen der erste Weltkrieg ausbrach. Eine weitere, verbesserte Auflage nach Kriegsende (1922) fand mehr Beachtung, stieß aber bei den weitaus meisten Fachkollegen auf Ablehnung. Typisch für die damalige Situation war eine internationale Tagung der American Association of Petroleum Geologists, auf der Wegeners Theorie der Kontinentalverschiebung diskutiert und von fast allen Tagungsteilnehmern verworfen wurde.

Die zu A. Wegeners Lebzeiten etablierte Theorie der Entstehung von Kontinenten und Meeren basierte auf drei Annahmen:

- Erhebung und Senkung von Kontinenten.
- Schrumpfung der Gebirge durch Abkühlen führt zur Auffaltung von Gebirgen.
- Gleichartige Fossilien in benachbarten, aber durch ein Meer getrennten Kontinenten (z. B. Westküste Afrikas und Ostküste Südamerikas) basieren auf temporären Landbrücken.

A. Wegener nahm an, dass es einen Urkontinent „Pangäa" gegeben habe, der auseinandergebrochen war und dessen Bruchstücke nun weiter auseinanderdrifteten. Die entscheidende Schwäche an A. Wegeners Hypothese war, dass er die Kräfte, die diesen Prozess bewirken sollten, nicht befriedigend erklären konnte. Er nahm zunächst an, dass Zentrifugal- und Gezeitenkräfte dafür verantwortlich waren, aber der britische Geologe Harold Jeffreys (1891–1989) wies schon 1924 nach, dass diese Kräfte viel zu schwach waren, um eine Kontinentaldrift hervorzubringen. Ferner argumentierte sein deutscher Gegenspieler Franz Kosmat (1871–1938), dass die ozeanische Kruste zu fest sei, als dass die Kontinente einfach „hindurchpflügen" könnten. In der vierten und letzten Ausgabe seines Buches (1929) favorisierte A. Wegener schließlich eine Ursache, die auf Gedanken seines Grazer Kollegen Robert Schwinner (1878–1953) zurückging. Dieser hatte die Existenz thermischer Ströme flüssigen Gesteins im Erdinneren postuliert, und A. Wegener nahm nun an, dass solche Gesteinsströme direkt unter den Kontinenten deren Verschiebung bewirkten.

Gegen den ersten Punkt der Standardtheorie – die Erhebung und Senkung von Kontinenten – konnte er vorbringen, dass die weitgehend aus Granit und Gneis bestehenden Kontinente leichter waren als die basaltartigen Ozeanböden, sodass ein Absinken nicht möglich war. Die Existenz von Landbrücken zwischen Afrika und Südamerika oder zwischen Europa und Nordamerika wurden in den Jahren 1924 bis 1927 durch Echolotmessungen des deutschen Forschungsschiffes Meteor widerlegt, das dabei unerwarteterweise den Tausende von Kilometern langen mittelatlantischen Höhenrücken entdeckte. Die Hypothese einer raschen Abkühlung der Erde wurde durch die Entdeckung intensiver, Wärme liefernder Radioaktivität in der Erdkruste (und darunter liegender Schichten) entkräftet. Nichtsdestotrotz wurde A. Wegeners Konzept Zeit seines Lebens von vielen Kollegen angezweifelt oder gar massiv angegriffen. Das Beste, was einer seiner wissenschaftlichen Gegner, Pierre-Marie Termier (1859–1930), äußerte, war: „Seine Theorie ist ein wundervoller Traum der Schönheit und Anmut, der Traum eines großen Poeten."

A. Wegener hatte allerdings auch einige wenige Unterstützer, wie den Paläographen Edgar Dacqué (1878–1945), den Astronomen Milutin Milanković (1879–1958) und den Geologen Alexander du Toit (1878–1948). Dieser publizierte 1937 ein Buch mit dem Titel *The wandering continents*, das er A. Wegener widmete, in dem er allerdings die Existenz zweier Urkontinente postulierte. Nach dem zweiten Weltkrieg brachten neue und verbesserte Messungen, zum Beispiel mittels Seismologie, Bohrungen im Ozeanboden oder GPS-Ortung und Vermessung von Orten auf verschiedenen Kontinenten zahlreiche, eindeutige Beweise für A. Wegeners Theorie, die nun in der etwa ab 1970 allgemein anerkannten Theorie der Plattentektonik mündete.

Diese besagt, dass die Erdkruste in Kontinentalplatten gegliedert ist, die auf dem darunterliegenden Erdmantel schwimmen und sich langsam, aber stetig bewegen. So steigt zum Beispiel im mittelatlantischen Höhenzug stetig Magma aus dem Erdinneren auf und trennt Afrika und Europa stetig von Süd- und Nordamerika. Am Westrand Südamerikas wird dafür Ozeanboden unter die amerikanische Kontinentalplatte gedrückt (Subduktionszone), wodurch die Anden und Kordilleren aufgefaltet werden. Der Druck der afrikanischen Platte gegen Spanien und Italien führt analog zum Auffalten der Pyrenäen und Alpen. In den Subduktionszonen wandern ozeanische Sedimente in das Erdinnere, wo sie zu Magma aufgeschmolzen werden, und so schließt sich der Kreislauf der Gesteine, der schon im 19. Jahrhundert postuliert wurde. Die Triebkräfte dieser Bewegung sind thermische Konvektionsströme flüssigen Gesteins unter der Erdkruste. Diese vollständige Bestätigung von A. Wegeners Theorie der Kontinentaldrift und weitere wichtige Beiträge, die er zur Meteorologie und zur Entstehung von Meteoritenkrater geliefert hatte, führten zu zahlreichen posthumen Ehrungen.

Alfred Wegener

A. Wegener wurde am 1. November 1880 in Berlin geboren, als jüngstes von fünf Kindern des evangelischen Pastors und Altphilologen Richard Wegener. Seine Jugend und Schuljahre verbrachte er in Zechlinerhütte bei Rheinberg. In den Jahren 1900 bis 1904 studierte er Physik, Meteorologie und Astronomie, zuerst in Berlin, dann in Heidelberg und schließlich in Innsbruck. Er promovierte 1905 über Astronomie, wandte sich dann aber für den Rest seines Lebens der Meteorologie und Physik zu. Er arbeitete ab 1905 zusammen mit seinem Bruder Kurt am aeronautischen Observatorium Lindenberg bei Beeskow. Bei einem Ballonaufstieg für meteorologische Beobachtungen stellten die Wegener-Brüder mit einer Flugzeit von 52,5 h einen neuen Dauerrekord für Ballonfahrer auf.

Im selben Jahr nahm A. Wegener an seiner ersten Grönlandexpedition teil, die das Ziel hatte, das letzte noch unbekannte Stück der Nordostküste zu erforschen. Bei einer Erkundungsfahrt mit Schlittenhunden kam der dänische Expeditionsleiter Ludvig Mylius-Erichsen und zwei Mitarbeiter ums Leben, worauf die Expedition vorzeitig abgebrochen wurde. Von da an war A. Wegener von Grönland fasziniert, das auch sein Schicksal werden sollte. Ab 1908 bis zum Ausbruch des ersten Weltkriegs arbeitete er als Privatdozent für Meteorologie und kosmische Physik an der Universität Marburg. In dieser Zeit publizierte er sein erstes Buch mit dem Titel *Thermodynamik der Atmosphäre*, in dem er auch Ergebnisse seiner ersten Grönlandexpedition präsentierte. Im Jahr 1912 publizierte er eine Veröffentlichung, in der er erstmals seine Gedanken zur Kontinentaldrift darlegte.

Vom Herbst 1912 bis Anfang 1913 nahm er an seiner zweiten Grönlandexpedition teil. Nachdem in Island Ponys für den Lastentransport besorgt worden waren, begab sich die Expedition nach Danmarkshaven, dem während der ersten Expedition neu errichteten Basislager an der Ostküste Grönlands.

Dabei geriet das gesamte Expeditionsteam durch das Kalben eines Gletschers in Lebensgefahr, doch brach sich der dänische Expeditionsleiter diesmal nur ein Bein und niemand kam ums Leben. Es wurde dann ein Lager auf dem Inlandeis bezogen, wo während der Winterzeit erstmals systematische Eisbohrungen durchgeführt wurden. Im Sommer 1913 erfolgte die Durchquerung des Inlandeises. Dabei ging den Expeditionsteilnehmern die Nahrung aus, sodass sie Ponys und Schlittenhunde verspeisen mussten, um zu überleben. Im letzten Moment wurden sie an einem Fjord der Westküste vom Pastor von Upernavik aufgelesen, der gerade zu einer entlegenen Gemeinde unterwegs war.

Nach Kriegsausbruch wurde A. Wegener als Reserveoffizier der Infanterie sofort eingezogen und an der Front in Belgien eingesetzt. Nach zwei Schussverletzungen wurde er als für den Felddienst untauglich eingestuft und zum Heereswetterdienst versetzt. Trotz wechselnder Einsatzorte fand er Zeit, an seinem Hauptwerk *Die Entstehung der Kontinente und Ozeane* zu arbeiten. Das Büchlein fand jedoch kaum Beachtung. Bis Kriegsende folgten noch mehrere kleine Publikationen.

Nach dem Krieg erhielt A. Wegener eine Stelle als Meteorologe an der Deutschen Seewarte in Hamburg und wurde 1921 als außerordentlicher Professor an die neugegründete Universität Hamburg berufen. Ab 1919 schrieb er das Buch *Die Klimate der geologischen Vorzeit*, das er zusammen mit seinem früheren Mentor und Schwiegervater W. Köppen publizierte. Ab 1924 übernahm A. Wegener eine ordentliche Professur an der Universität Graz. Im Jahr 1929 unternahm er eine kurze Reise nach Grönland, um seine dritte Expedition vorzubereiten, die für 1930 geplant war. Diese Expedition stand nun unter seiner Leitung und hatte das Ziel, von drei Stationen aus die Mächtigkeit der Eisdecke zu vermessen und ganzjährig das Wetter aufzuzeichnen. Noch im ersten Drittel der Expedition unternahm A. Wegener eine Tour zur Station „Eismitte", um diese mit Proviant zu versorgen. Auf dem Rückweg verstarb er etwa am 16. November 1930, möglicherweise an einem Herzschlag. Am 12. Mai 1931 fand ein Suchtrupp seine Leiche in einem sorgfältig angelegten Grab im Eis. Sein Begleiter, Rasmus Willemsen, und das Tagebuch blieben jedoch verschollen. A. Wegener hatte 1913 in Marburg Else Köppen geheiratet, die Tochter seines Mentors Wladimir Köppen. Sein Tod hinterließ nun eine Witwe mit drei Töchtern.

Zu den posthumen Ehrungen gehörten die im Jahr 1980 in Bremerhaven erfolgte Gründung des Alfred-Wegener-Instituts für Polar- und Meeresforschung. Der Dachverband der geowissenschaftlichen Vereinigungen und Großforschungseinrichtungen wurde nach ihm benannt, ebenso ein Gymnasium in Neuruppin und eine Oberschule in Berlin-Zehlendorf. Die European Geoscience Union verleiht eine Alfred-Wegener-Medaille, die DDR sowie die Deutsche Bundespost brachten jeweils eine Briefmarke heraus, und ein Asteroid sowie ein Mondkrater wurden nach ihm benannt. Im Jahr 2011 veröffentlichte Jo Lendle den Roman „Alles Land", der A. Wegeners Leben literarisch nachzeichnet.

Literatur

Agricola G (1980) Vom Berg- und Hüttenwesen. dtv, München

Bahlburg H, Breitkreuz C (2003) Grundlagen der Geologie, 2. Aufl. Springer Spektrum, Heidelberg

Cutler A (2004) Die Muschel auf dem Berg. Knaus, München

Faupl P(2003) Historische Geologie, 2. Aufl. Facultas, Wien

Fritsche F, Fritsche D (2007) Die Familie des Polarforschers Alfred Wegener und ihre Wurzeln in Wittstock und Neuruppin. Jahrbuch der Kreisverwaltung Ostprignitz-Ruppin

Georgi J (1955) Im Eis vergraben. Erlebnisse auf Station Eismitte der letzten Grönlandexpedition Alfred Wegeners 1930–1931. Brockhaus, Leipzig

Hölter H (1989) Kurze Geschichte der Geologie und Paläontologie. Springer, Heidelberg

Koch JP (1919) Durch die weiße Wüste. Die Dänische Forschungsreise quer durch Nordgrönland 1906–1908. Springer, Heidelberg

Lendle J (2011) Alles Land. DVA, München

Lüdecke C (2007) Der Meteorologe Alfred Wegener. Naturwiss Rundschau 60: 125

Press F, Siever R (2003) Allgemeine Geologie, 3. Aufl. Springer Spektrum, Heidelberg

Reinke-Kunze C (1994) Alfred Wegener, Polarforscher und Entdecker der Kontinentaldrift. Birkhäuser, Basel

Schwarzbach M (1993) Alfred Wegener und die Drift der Kontinente. Freies Geistesleben, Stuttgart

Stanley SM (2001) Historische Geologie, 2. Aufl. Springer Spektrum, Heidelberg

Wutzke U (1997) Durch die weiße Wüste. Leben und Leistungen des Grönlandforschers und Entdeckers der Kontinentaldrift Alfred Wegener. Perthes, Gotha

Zirnstein G (1980) Charles Lyell. In: Biographien hervorragender Naturwissenschaftler, Techniker und Mediziner, Bd. 48. Teubner, Leipzig

Index

MIX
Papier aus verantwortungsvollen Quellen
Paper from responsible sources
FSC® C105338

Printed by Books on Demand, Germany